软件工程专业职教师资培养系列教材

计算机系统概论

朱明放　盛小春　薛小锋　主编

科学出版社

北　京

内 容 简 介

计算机系统概论是职教师资软件工程专业的一门入门性质的专业引导性课程，主要是为了帮助学生建立学科知识体系、软件工程专业学习的基本方法，引导学生树立专业学习信心和做好专业学习规划。

本书主要讲授计算机系统的工作原理，使学生建立系统的计算机软硬件及整机概念，理解应用程序在编译器和操作系统支持下在计算机硬件系统上运行的原理，讲授了计算机作为工具面对的问题及问题的求解策略，使学生掌握基于计算机的问题求解基本方法，有意识地引导学生从一个自然人向计算机专业人转变。讲授计算机学科、软件工程专业的学科体系、软件工程知识领域，以及专业学习的方法，帮助学生建立系统的学科知识概念，树立正确的学习观念。讲授 Windows 7、Office 2010 常用套件的使用方法，并提供实践应用素材，通过使用计算机，增强学生实践动手能力，激发学生的学习兴趣和学习热情。另外也从反面介绍计算机的局限性和软件发展过程中的教训，提出学习计算机相关专业需要思考的问题，引导学生从正反两个方面去认识计算机，拓宽学生的视野和思路。

本书可作为高等学校软件工程及计算机类各专业本科生、专科生的专业引导课程教材，也可作为从事信息化工作相关人员的培训教材或参考书。

图书在版编目（CIP）数据

计算机系统概论/朱明放，盛小春，薛小锋主编. —北京：科学出版社，2016.11
软件工程专业职教师资培养系列教材
ISBN 978-7-03-050598-9

Ⅰ. ①计… Ⅱ. ①朱… ②盛… ③薛… Ⅲ. ①计算机系统—概论—师资培养—教材 Ⅳ. ①TP303

中国版本图书馆 CIP 数据核字（2016）第 271218 号

责任编辑：于海云 / 责任校对：桂伟利
责任印制：张 伟 / 封面设计：迷底书装

科学出版社 出版
北京东黄城根北街 16 号
邮政编码：100717
http://www.sciencep.com

北京虎彩文化传播有限公司 印刷
科学出版社发行 各地新华书店经销

*

2016 年 11 月第 一 版 开本：787×1092 1/16
2022 年 8 月第八次印刷 印张：15 1/2
字数：387 000
定价：**59.00 元**
（如有印装质量问题，我社负责调换）

《教育部财政部职业院校教师素质提高计划成果系列丛书》

《软件工程专业职教师资培养系列教材》

项目牵头单位：江苏理工学院

项目负责人：叶飞跃

项目专家指导委员会

主　任：刘来泉

副主任：王宪成　郭春鸣

成　员：（按姓氏笔画排列）

习哲军　王继平　王乐夫　邓泽民　石伟平　卢双盈　汤生玲

米　靖　刘正安　刘君义　孟庆国　沈　希　李仲阳　李栋学

李梦卿　吴全全　张元利　张建荣　周泽扬　姜大源　郭杰忠

夏金星　徐　流　徐　朔　曹　晔　崔世钢　韩亚兰

丛 书 序

《国家中长期教育改革和发展规划纲要（2010－2020 年）》颁布实施以来，我国职业教育进入到加快构建现代职业教育体系、全面提高技能型人才培养质量的新阶段。加快发展现代职业教育，实现职业教育改革发展新跨越，对职业学校"双师型"教师队伍建设提出了更高的要求。为此，教育部明确提出，要以推动教师专业化为引领，以加强"双师型"教师队伍建设为重点，以创新制度和机制为动力，以完善培养培训体系为保障，以实施素质提高计划为抓手，统筹规划，突出重点，改革创新，狠抓落实，切实提升职业院校教师队伍整体素质和建设水平，加快建成一支师德高尚、素质优良、技艺精湛、结构合理、专兼结合的高素质专业化的"双师型"教师队伍，为建设具有中国特色、世界水平的现代职业教育体系提供强有力的师资保障。

目前，我国共有 60 余所高校正在开展职教师资培养，但由于教师培养标准的缺失和培养课程资源的匮乏，制约了"双师型"教师培养质量的提高。为完善教师培养标准和课程体系，教育部、财政部在"职业院校教师素质提高计划"框架内专门设置了职教师资培养资源开发项目，中央财政划拨 1.5 亿元，系统开发用于本科专业职教师资培养标准、培养方案、核心课程和特色教材等系列资源。其中，包括 88 个专业项目、12 个资格考试制度开发等公共项目。该项目由 42 家开设职业技术师范专业的高等学校牵头，组织近千家科研院所、职业学校、行业企业共同研发，一大批专家学者、优秀校长、一线教师、企业工程技术人员参与其中。

经过三年的努力，培养资源开发项目取得了丰硕成果：一是开发了中等职业学校 88 个专业（类）职教师资本科培养资源项目，内容包括专业教师标准、专业教师培养标准、评价方案，以及一系列专业课程大纲、主干课程教材及数字化资源；二是取得了 6 项公共基础研究成果，内容包括职教师资培养模式、国际职教师资培养、教育理论课程、质量保障体系、教学资源中心建设和学习平台开发等；三是完成了 18 个专业大类职教师资资格标准及认证考试标准开发。上述成果，共计 800 多本正式出版物。总体来说，培养资源开发项目实现了高效益：形成了一大批资源，填补了相关标准和资源的空白；凝聚了一支研发队伍，强化了教师培养的"校-企-校"协同；引领了一批高校的教学改革，带动了"双师型"教师的专业化培养。职教师资培养资源开发项目是支撑专业化培养的一项系统化、基础性工程，是加强职教教师培养培训一体化建设的关键环节，也是对职教师资培养培训基地教师专业化培养实践、教师教育研究能力的系统检阅。

自 2013 年项目立项开题以来，各项目承担单位、项目负责人及全体开发人员做了大量深入细致的工作，结合职教教师培养实践，研发出很多填补空白、体现科学性和前瞻性的成果，有力推进了"双师型"教师专门化培养向更深层次发展。同时，专家指导委员会的各位专家以及项目管理办公室的各位同志，克服了许多困难，按照两部对项目开发工作的总体要求，为实施项目管理、研发、检查等投入了大量时间和心血，也为各个项目提供了专业的咨询和指导，有力地保障了项目实施和质量成果。在此，我们一并表示衷心的感谢。

编写委员会

2016 年 3 月

前　言

计算机系统概论是软件工程专业的重要的入门专业基础课程。以往这类课程的内容主以介绍计算机学科各分支知识为主，缺乏整体性，容易引起学生的困惑，导致学习缺乏热情。本书语言通俗，以问题为导向，引发学生思考，不仅介绍计算机学科的知识体系和专业学习方法，而且强调专业的思维方法和实践操作能力的训练。

本书作为教育部软件工程本科专业职教师资培养资源开发项目的特色教材，在编写过程中充分考虑学科体系的整体性，按计算机学科体系组织编写，对学科中的各分支内容都作了介绍，对重要内容进行重点介绍，保证本书内容既紧凑又完整。考虑到该课程为专业概论性质的课程，涉及的学科领域比较宽泛，而每一个学科领域将在后续的课程中进行深入探讨，因此作为专业概论性质的课程在内容组织上力争将相关学科领域的相互关联的内容与概念展现给读者。为了进一步提高学生的学习兴趣和热情，本书也提供了课后进行实践操作的指导和素材，主要是 Office 常用套件应用和网页制作方面的训练和素材。

全书共分 12 章。第 1 章为概述，主要介绍计算机产生、发展历史，帮助学生建立计算机系统的概念。第 2 章为计算机学科形态及其局限，阐述计算机学科的形成过程、计算机学科的本质及定义、主要存在形式及计算机的局限性。第 3 章为数据与数据表示，主要介绍数据的概念、计算机内部关于各种数据的表示技术和手段。第 4 章为门与电路，介绍门及其表示方法、电路和存储器，讲述电子设备是如何使用电信号来表示信息并对这些信息进行操作、存储等。第 5 章为计算机部件及其工作原理，主要介绍计算机系统的硬件组成及计算机的工作原理。第 6 章为问题求解和算法设计，讨论问题求解的方法，介绍结构化分析设计和面向对象分析设计两种求解问题的思路及其伪码表示方法。第 7 章为程序设计语言，介绍用以实现算法的程序设计语言，以及抽象数据类型、基本的排序和查找算法。第 8 章为软件开发与软件工程概论，介绍计算机软件和软件危机、软件工程以及软件的开发基础、软件工程学科的知识体系。第 9 章为操作系统，介绍操作系统的角色、功能，以及 Windows 7 操作系统的基本操作。第 10 章为常用应用软件简介，简要介绍 Word、Excel 及 PowerPoint 三种软件的基本使用方法。第 11 章为计算机网络及其分类，介绍计算机网络功能、分类等。第 12 章为 Internet 与网页制作，主要介绍几种常见的 Internet 服务及网页的制作方法。

总之，本书在编写过程中注意了学科体系的完整性和教学中的实践性，既从正面体现计算机系统的完备与先进，也从反面讨论计算机的局限性和发展过程中得出的教训，以帮助学生正确认识计算机系统，正确看待专业的发展，拓宽学生的视野和思路，提高学生的思辨能力。

本书在编写过程中参考了众多经典教材、名家观点、网络文章和网络插图，在此谨向所有的参考文献的作者和网站版权的所有者表示谢意。

在编写本书的过程中，我们深感知识的浅薄，以及身上的压力和重担，敬请各位读者以思辨的眼光阅读此书，以宽容之心对待本书中的不足之处。

编　者

2016 年 3 月

目　录

第1章 概　　述

问题讨论

（1）计算机是20世纪最伟大的成就之一，根据你的观察，列出计算机的主要应用。

（2）你使用的电子产品主要用途是什么？它们与计算机有关吗？

（3）从你使用的手机看，试试将它划分成几个组成成分，感受系统的概念。

学习目的

（1）了解计算机的产生和发展。

（2）了解计算机的特点和应用领域。

（3）掌握系统的概念和特点。

（4）掌握计算机系统的概念及组成。

学习重点和难点

（1）计算机发展史中关于划分时代的观点。

（2）组成计算机系统各要素的关系。

（3）计算机主要应用领域。

计算机是20世纪人类最伟大的科技发明之一，是21世纪最主要的信息工具。本课程将让你了解计算机世界，讨论计算机如何运作，它能做什么以及如何做，将让你意识到计算机不仅是一种工具，而且是内容丰富、体系完整的一门学科。计算机系统是把许多不同的元素组织在一起，构成一个整体，而这个整体的功能远远大于各个部件功能的总和，这就好比一个交响乐团由十几个甚至几百个乐手组成，而演奏的效果要比每个乐手单独演奏的效果之和还要好，这就是系统的概念。

我们所说的计算机全称为通用电子数字计算机，"通用"是指计算机可服务于多种用途，"电子"是指计算机是一种电子设备，"数字"是指计算机内部信息均以0和1编码来表示。

本章介绍计算机发展史，包括计算机软件和硬件发展史，使我们能够从整体上把握计算机的发展方向，从而能从发展的观点看待计算机；介绍计算机的分类和特点、计算机的应用领域，使我们对计算机及其应用有整体的认识。

1.1　计算工具发展简史

自古以来，人类就不断地发明和改进计算工具。计算工具的演化经历了由简单到复杂、从低级到高级，从手动、机械式、机电式发展过程到今天的电子计算机发展阶段，它们在不同的历史时期发挥了各自的历史作用，同时孕育了电子计算机的雏形和设计思路。回顾计算工具的发展历史，我们可以得到有益的启示，帮助理解当今的计算机状态，为我们开启计算机学科的大门。

1.1.1　手动计算工具

人类最初是用手指进行计算的，人的两只手共有10个手指，所以自然而然地习惯用手指计数，即采用了十进制计数法。用手指计算的确方便，但计算范围有限，且计算结果无法存储。为此，人们设法发明了一些工具来辅助人们的计算需要，采用绳子、石块等作为工具来扩展手指的计算能力，如我国古书上记载的"结绳记事"。

最原始的人造计算工具是算筹，我国古代劳动人民最先创造和使用了这种工具。算筹最早在何时产生已经无从考证，但在春秋战国时期已经普遍使用了。据史书的记载和考古材料的发现，古代的算筹是一根根同样长短和粗细的小棍子，见图1-1，其一般长13～14cm，径粗0.2～0.3cm，多用竹子制成，也有用木头、兽骨、象牙、金属等材料制成的，大约二百七十几枚为一束，放在一个布袋里，系在腰部随身携带。需要计数和计算的时候，就把它们取出来，放在桌上、炕上或地上都能摆弄。算筹采用十进制计数法，有纵式、横式两种摆法，这两种摆法都可以表示1、2、3、4、5、6、7、8、9九个数字，0用空位表示，如图1-2所示。关于其计算方法参见百度百科。

图1-1 算筹

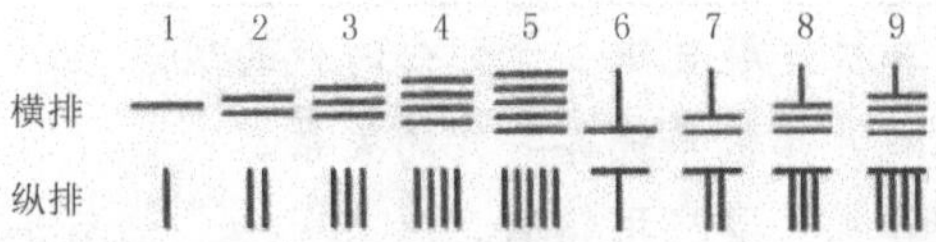

	1	2	3	4	5	6	7	8	9
横排	一	二	三	三	三	⊥	⊥	⊥	三
纵排		|| ||| |||| ||||| T	T	T	T

图1-2 算筹摆法

计算工具发展史上第一次重大改革是算盘，算盘如图1-3所示，它也是我国古代劳动人民首先创造和使用的。珠算是以算盘为工具进行数字计算的一种方法，被誉为中国的第五大发明，2008年被列入中国国家级非物质文化遗产名录，2013年被列入人类非物质文化遗产名录。珠算曾经为减轻学生学习负担而被清理出小学教材的数字计算工具，或将重新回到小学课堂。算盘由算筹演变而来，算盘轻巧灵活，携带方便，能够进行基本的算术运算，在元代后期取代了算筹，成为重要的、应用极为广泛的计算工具，先后流传到日本、朝鲜和东南亚等国，后来传入西方。

图1-3 算盘

在国外，1617年，英国数学家约翰·纳皮尔（John Napier）发明了Napier除法器，也称Napier算筹，该算筹可以用加法和一位数乘法代替多位数乘法，也可以用除数为一位数的除法和减法代替多位数的除法，从而大大简化数值计算过程。1621年，英国数学家威廉·奥特雷德（William Oughtred）发明了圆形计算尺，也称对数计算尺，是根据对数原理用加减运算来实现乘除运算，后来得到了不断改进，到 18 世纪中期，不仅能进行加、减、乘、除、乘方和开方运算，甚至可以计算三角函数、指数函数、对数函数，它一直使用到电子计算器的面世。

1.1.2　机械式计算工具

人类历史上第一台机械式计算工具是 1642 年法国数学家帕斯卡（Blaise Pascal）利用齿轮技术发明的，故称为帕斯卡加法器，如图 1-4 所示。帕斯卡加法器由齿轮组成，发条为其动力，通过转动齿轮实现加减运算，用连杆实现进位，这个思想类似于现在的机械式手表工作原理。帕斯卡加法器的成功得出结论：人的某些思维过程与机械过程没有差别，所以可以设想用机械工具模拟人的思维过程。

1673 年，德国数学家莱布尼茨（G.W. Leibniz）在帕斯卡加法器的基础上，研制了能进行四则运算的机械式计算器，称为莱布尼茨四则运算器，如图 1-5 所示。这台机器在进行乘法运算时采用移位-加（shift-add）的方法，后来演化为二进制，被现代计算机采用。

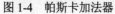

图 1-4　帕斯卡加法器　　　　　　　　图 1-5　莱布尼茨四则运算器

1822 年，英国数学家查尔斯·巴贝奇（Charles Babbage）开始研制差分机，历时 10 年研制成功，它是最早采用寄存器来存储数据的计算工具。1832 年，巴贝奇开始进行分析机的研究，在分析机的设计中，巴贝奇采用了三个具有现代意义的装置：①存储装置，采用齿轮装置的寄存器保存数据，既能存储运算数据，也能存储运算结果；②运算装置，从寄存器中取出数据进行运算，且能根据运算结果的状态改变计算进程；③控制装置，使用指令自动控制操作顺序、选择所需处理的数据以及输出结果。

巴贝奇的分析机是可编程计算机的设计蓝图，实际上，我们今天使用的每一台计算机都是遵循着巴贝奇的基本设计方案。巴贝奇先进的设计思想超越了当时的客观现实，当时的机械加工技术还达不到所要求的精度，使得这部以齿轮为元件、以蒸汽为动力的分析机一直到巴贝奇去世也没有完成。

1.1.3　机电式计算工具

1838 年，德国工程师朱斯（K. Zuses）研制出了人类历史上第一台采用二进制的 Z-1 计算机，接下来的 4 年中，朱斯先后研制出采用继电器的机电式计算机 Z-2、Z-3、Z-4，其中 Z-3 是世界上第一台真正的通用程序控制计算机，不仅全部采用继电器，还采用浮点计数法、二进制运算、带存储地址的指令格式。虽然这些思想不是朱斯提出的，但是他第一次将这些设计思想具体实现了。

　　1886 年，美国统计学家赫尔曼·霍勒瑞斯（Herman Hollerith）采用机电技术取代了纯机械装置，制造了第一台可以自动进行四则运算、累计存档、制作报表的制表机，其外观形状如图 1-6 所示。这台制表机参与了美国 1890 年的人口普查，使得预计 10 年的统计工作仅用了 1 年零 7 个月完成，计算工具的发明和应用极大地提高了人们的工作效率。这是人类历史上第一次利用计算机进行大规模数据处理。

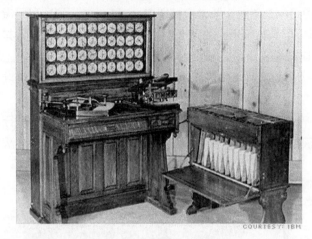
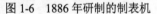

图 1-6　1886 年研制的制表机　　　　　　　图 1-7　Mark-Ⅰ机电式计算机

　　1936 年，美国哈佛大学数学教授霍华德·艾肯（Howard Aiken）提出了机电式的方法实现巴贝奇的分析机。1944 年，在 IBM 公司的资助下，研制成功了长 15.5 米、高 2.4 米，由 75 万个零部件组成的机电式计算机 Mark-Ⅰ，Mark-Ⅰ如图 1-7 所示，它使用了大量的继电器作为开关元件，存储量为 72 个 23 位十进制数，采用穿孔纸带进行程序控制。1947 年研制成功的 Mark-Ⅱ全部使用继电器，继电器的开关速度是 1/100 秒。20 世纪 30 年代已经具备了制造电子计算机的技术能力，机电式计算机和电子计算机几乎同时开始研制，也注定了很快要被电子计算机取代。

1.1.4　电子计算工具

　　1939 年，美国衣阿华州大学数学、物理学教授约翰·阿塔纳索夫（John Atanasoff）和他的研究生贝利（Clifford Berry）一起研制了 ABC（Atanasoff Berry Computer）的电子计算机。在他们的设计方案中第一次提出采用电子技术来提高计算机的运行速度。

　　1943 年，美国宾夕法尼亚大学物理学教授约翰·莫克利（John Mauchly）和他的学生普雷斯帕·埃克特（Presper Eckert）着手研制 ENIAC（Electronic Numberical Intergrator and Computer），直到 1946 年 2 月 15 日，这台标志着人类计算工具历史性变革的巨型机器宣告竣工，图 1-8 展示了当时的 ENIAC 状况。它使用了 17468 个真空电子管、1500 多个继电器、10000 多个电容和 7000 多个电阻，每小时耗电 174 千瓦，占地 170 平方米，重达 30 吨，每秒钟可进行 5000 次加法、300 次乘法运算。虽然它还比不上今天最普通的一台微型计算机，但在当时它已是运算速度的绝对冠军，并且其运算的精确度和准确度也是史无前例的。以圆周率（π）的计算为例，中国古代科学家祖冲之利用算筹，耗费 15 年心血才把圆周率计算到小数点后 7

位数。1000 多年后，英国人香克斯以毕生精力计算圆周率，才计算到小数点后 707 位。而使用 ENIAC 进行计算，仅用了 40 秒就达到了这个记录。

图 1-8 世界上第一台计算机 ENIAC

ENIAC 奠定了电子计算机的发展基础，在计算机发展史上具有划时代的意义，它的问世标志着电子计算机时代的到来。在 1944 年 8 月～1945 年 6 月，美国普林斯顿大学数学教授冯·诺依曼（Von Neumann）与 ENIVA 小组合作，提出了 EDVAC（Electronic Discrete Variable Computer）方案，这是设计方案的重大改进理论，从而确立了现代计算机的基本结构。

EDVAC 方案提出计算机应具有五个基本组成部分，即运算器、控制器、存储器、输入设备和输出设备，描述了这五大部分的功能和相互关系，并提出了"采用二进制"和"存储程序"两个重要的基本思想。冯·诺依曼的这些理论的提出，解决了计算机的运算自动化问题和速度配合问题，对后来计算机的发展起到了决定性的作用。直至今天，绝大部分计算机还是采用冯·诺依曼方式工作。

1.2 计算机发展简史

这里所说的计算机是指电子计算机，它从诞生到现在虽然只有半个多世纪的时间，却取得了惊人的发展，已经经历了 5 代的变革。计算机的产生和发展与电子技术的发展密切相关，每当电子技术有突破性的进展时就会导致计算机的一次重大变革，因此通常以计算机硬件使用的主要器件来对计算机划"代"。另一方面，为建造运算速度更快、处理能力更强的计算机，还与计算机发展各个阶段上所配置的软件和使用方式有关，因此软件发展也成为计算机划"代"的依据和标志之一。

1.2.1 计算机硬件发展简史

计算机硬件是指构成计算机系统的所有物理器件（集成电路、电路板以及其他磁性元件和电子元件）、部件和设备（控制器、运算器、存储器、输入设备和输出设备等）的集合。以计算机硬件发展对计算机发展划代，就是以用于构建计算机硬件所使用的元器件来划分的，划分为电子管、晶体管、集成电路、大规模和超大规模集成电路四代。

1. 第一代电子管计算机（1946～1959）

第一代计算机的硬件建立在电子管基础上。相对来讲，电子管体积大且性能不可靠，使用时会产生大量的热量，因此工作时需要空气调节装置和不断维修，还需要巨大的专用房子。

这个时期计算机的主存储器是磁鼓，磁鼓在被访问时，存储单元旋转到磁鼓的读/写臂下，数据被写入该存储单元或从该单元读出数据。输入设备是读卡机，可以读取穿孔卡片上的孔。输出设备是穿孔卡机和行式打印机。这个时代后期出现了比读卡机快得多的顺序辅助存储设备磁带，有了磁带驱动器。输入设备、输出设备和辅助存储设备一起构成计算机的外围设备。

这一时期计算机的共同特点是：逻辑器件使用电子管；穿孔卡片机是数据和指令的输入设备；磁鼓或磁带作为外存储器；使用机器语言编程。虽然有体积大、速度慢、能耗高、使用不便且经常发生故障的缺点，但还是很快成为科学家、工程师和其他专家不可缺少的工具，显示了强大的生命力，预示着将要改变世界。

2. 第二代晶体管计算机（1959～1965）

第二代计算机以 1959 年美国非尔克公司研制成功的第一台晶体管计算机为标志，晶体管代替电子管成为计算机硬件的主要部件。与电子管相比，晶体管具有体积小、重量轻、发热少、耗电省、速度快、价格低、寿命长等一系列优点，计算机的结构和性能发生了很大改变。

这个时期内存储器技术使用磁芯存储器，这是一种微小的环形设备，每个磁芯可以存储一位信息，若干个磁芯排成一列，构成存储单元，存储单元组合在一起构成存储单位。辅助存储设备出现了磁盘，磁盘上的数据都有自己的位置标识符，称为地址，数据可以被直接送到磁盘上存储所需要的信息的特定位置，因此读写速度要比磁带快。这个时期也出现了通道和中断装置，用于解决主机和外设并行工作的问题，使得主机可以从繁忙的控制输入/输出的工作中解脱出来。

第二代计算机的主要特点是：使用晶体管代替了电子管；内存储器采用了磁芯体；引入了变址寄存器和浮点运算的硬件；利用 I/O 处理机提高输入/输出能力；软件方面配置了子程序和批处理管理程序，推出了 Fortran、COBOL 等高级程序设计语言及相应编译程序。这个时期还无法解决主机的计算速度与输入/输出设备的速度匹配问题。

3. 第三代集成电路计算机（1965～1971）

第三代以 IBM 公司 1965 年研制成功的 360 系列计算机为标志，其特征是集成电路，即将大量的晶体管和其他电路组合在一块硅片上，故也称芯片。硅是地壳里含量第二的常见元素，因此采用硅材料生产计算机芯片可以廉价地批量生产。

这个时期的内存储器用半导体存储器代替了磁芯存储器，使存储容量和存取速度大幅度提高；输入设备出现了键盘，用户可以直接访问计算机；输出设备出现了显示器，可以向用户提供立即响应。

小规模的集成电路每个芯片上的元件数为 100 个上下，中规模集成电路则可集成 100～1000 个元件。这个时期计算机的主要特点是：用小规模或中规模的集成电路代替晶体管等；用半导体存储器代替磁芯存储器；使用微程序设计技术简化处理机结构；软件方面则广泛引入多道程序、并行处理、虚拟内存系统以及完备的操作系统，同时还有大量的面向用户的应用程序。

4. 第四代大规模和超大规模集成电路计算机（1971 年至今）

第四代计算机最为显著的特征就是使用了大规模集成电路和超大规模集成电路，大规模集成电路每个芯片上可集成的元件个数为 1000～10000 个，超大规模集成电路则可以集成 10000 个以上元件。第四代计算机使用了大容量半导体作为内存储器。

第四代计算机出现了三个里程碑的事件：微型计算机、互联网和并行计算机。微型计算机的产生是超大规模集成电路应用的直接结果，微型计算机的"微"主要体现在它体积小、重量轻、功耗低、价格便宜。20 世纪 80 年代，多用户大型机的概念被小型机连接的网络所代替，计算机网络技术使计算机应用从单机走向网络，并逐步从独立的网络走向互联网络。20 世纪 80 年代末出现了并行计算机，即含有多个处理器的计算机，相应地，只有一个处理器的计算机称为串行计算机。

目前，计算机仍然在使用电路板，仍然在使用微处理器，仍然没有突破冯·诺依曼体系结构，所以我们不能将这一代画上休止符。微处理器是指将运算器和控制器集成在一块芯片上，构成中央处理单元，微处理器的发明使计算机在外观、处理能力、价格以及实用性等方面发生了深刻的变化。目前，生物计算机、量子计算机等新型计算机已经出现，我们拭目以待第五代计算机的出现。

1.2.2　计算机软件发展简史

虽然计算机硬件可以启动，但是如果没有构成计算机软件的程序指引，它什么也做不了。了解软件的进化方式，对理解软件在现代计算机系统中如何运作至关重要。我们根据计算机硬件发展阶段相应地将计算机软件发展划分为 5 代。

1. 第一代软件（1946～1959）

这个时期程序是用机器语言编写的，机器语言是内置在计算机电路中的指令，由 0 和 1 组成。不同的计算机使用不同的机器语言，程序员必须记住每条机器语言指令的二进制数字组合表示什么，因此这个时期的程序员只是少数的数学家和工程师。

用机器语言进行程序设计不仅耗时，而且容易出错，非常枯燥乏味。在这个时代后期，有些程序员就开发了一些辅助程序，产生了第一代人工程序设计语言——汇编语言。汇编语言使用助记符表示每条机器指令，相对于机器语言，用汇编语言编程容易多了。

由于程序最终在计算机上执行时采用机器语言指令，所以汇编语言的开发者还创建了一种翻译程序，把用汇编语言编写的程序翻译成机器语言编写的程序，称为汇编器，这些编写辅助工具的程序员就是最初的系统程序员。也就是说，在第一代计算机软件中，使用计算机的人群开始细分，出现了编写工具的程序员和使用工具的程序员分类，因此，汇编语言是程序设计员与机器硬件之间的缓冲器。图 1-9 显示了第一代末期计算机语言的分层。

2. 第二代软件（1959～1965）

当计算机硬件变得更强大时，就需要更强大的工具能有效地使用它们。汇编语言向正确的方向前进了一步，当时程序员还必须单独记住很多汇编指令。第二代软件开始使用高级程序设计语言，即使用类似英语的语句编写指令。高级和低级是相对而言的，一般地，机器语言和汇编语言称为低级语言，指的是要求程序员从机器层次上考虑问题而编写程序的语言，而高级语言的指令形式类似于自然语言和数学语言，所以相对来讲容易学习，方便编程，可读性也增强了。

高级语言的出现加速了多台计算机上运行同一程序，即增加了程序的移植性。每一种高级语言都有配套的翻译程序，这种程序可以把高级语言编写的语句翻译成等价的机器指令。通常，高级语言的语句先被翻译成汇编语言，然后这些汇编语句再被翻译成机器码。这一时期开发的 Fortran 语言、COBOL 语言、Lisp 语言目前仍在使用。

在第二代末期，系统程序员的角色变得更加明显。系统程序员编写诸如汇编器和编译器这些工具，使用这些工具编写程序的人被称为应用程序员。随着包围硬件的软件变得越来越复杂，应用程序员离计算机硬件的距离越来越远了，图 1-10 说明了这种情况。

图 1-9　第一代末期计算机语言分层　　　图 1-10　第二代末期计算机语言的分层

在第一代和第二代软件时期，软件开发属于个体化软件开发。就是说，程序编写者和使用者往往是同一个或一组人。因为程序规模比较小，编写起来也比较容易，也没有采用系统化的方法，对软件开发过程更没有进行任何管理，除了程序清单之外，没有其他文档资料。

3. 第三代软件（1965～1971）

在第三代商用计算机时期，很显然，人们使计算机的处理速度放慢了，计算机在等待运算器准备下一个作业时，无所事事。解决方法是使所有计算机资源处于计算机的控制中，也就是说，为了使计算机运转得更快，同时为了人们更方便地使用计算机，需要编写一种程序，决定何时运行什么程序，这就是操作系统。操作系统实现了对计算机硬件功能的首次扩充，能够管理所有的计算机资源并向用户提供方便的访问接口。

20 世纪 60 年代以来，计算机用于管理的数据规模更为庞大，应用越来越广泛，同时，多种应用、多种语言相互覆盖地共享数据集合的要求越来越强烈。为解决多用户、多应用共享数据的需求，使数据尽可能多地为应用程序服务，出现了数据库技术，以及统一管理数据的软件系统——数据库管理系统。

在第三代软件中，出现了多用途的应用程序，使得经验不是很丰富的程序员也可以使用这些应用程序解决自己领域的问题，这样就出现了计算机用户的概念，他们不再是传统意义上的程序员。用户与硬件的距离逐渐加大，硬件演化成整个系统的一小部分，由硬件、软件和它们管理的数据构成的计算机系统出现了，图 1-11 和图 1-12 分别展示了这个时期的软件分层和计算机分层结构。

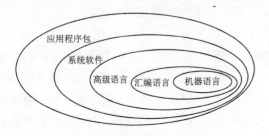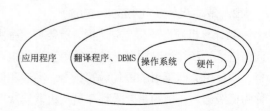

图 1-11　包围硬件的软件分层　　　图 1-12　第三代末计算机分层结构

随着计算机应用的日益普及，软件数量急剧膨胀，在计算机软件的开发和维护过程中出现了一系列的问题，更为严重的是，许多程序的个体化特征使得它们最终不可维护，软件危机就这样出现了。

4. 第四代软件（1971～1989）

1968 年，荷兰计算机科学家迪杰斯特拉（Edsgar W. Dijkstra）发表了论文《GOTO 语句的害处》，指出调试和修改程序的困难与程序中包含 GOTO 语句的数量成正比，从此，各种结构化程序设计理念逐渐确立起来。Pascal 语言和 Modula-2 语言都是采用结构化程序设计规则制定的，BASIC 这种第三代计算机程序设计语言也被升级为具有结构化的版本，此外，还出现了灵活且功能强大的 C 语言。

在第四代软件时期，更好用、更强大的操作系统也被开发出来，为 IBM PC 开发的 PC-DOS 和为兼容机开发的 MS-DOS 都成为微型计算机的标准操作系统。1984 年，Macintosh 机操作系统引入了鼠标的概念和点击式图形界面，彻底改变了人机交互的方式。

20 世纪 80 年代，随着微电子和数字化声像技术的发展，在计算机应用程序中开始使用图像、声音等多媒体信息，出现了多媒体计算机。多媒体技术的发展使计算机应用进入了一个新阶段，为使计算机用户能更方便地使用计算机，出现了图片浏览、文件压缩等各种工具软件。这个时期，软件的概念在程序的基础上得到延伸，早期的软件和程序几乎是同义词，1983 年，IEEE 对软件给出了一个较为全面的定义：软件是计算机程序、方法、规范及其相应的文档以及在计算机上运行时所需的数据。

随着计算机的应用日益渗透到社会的各行各业，出现了为特定行业开发的、在特定的环境中使用的专用软件，如图书管理软件、门诊挂号软件等。这个时期还出现了多用途的应用程序，即通用软件，通用软件面向没有任何计算机经验的用户。典型的通用软件是电子制表软件、文字处理软件和数据库管理软件。Lotus 1-2-3 是第一个商用电子制表软件，WordPerfect 是第一个商用文字处理软件，dBase III 是第一个实用数据库管理软件。

5. 第五代软件（1990 年至今）

第五代软件有三个著名事件：计算机软件业具有主导地位的 Microsoft 公司的崛起，面向对象程序设计方法的出现，以及万维网（World Wide Web，WWW）的普及。

Microsoft 公司的 Windows 操作系统在 PC 市场占有显著的优势。20 世纪 90 年代中期，Microsoft 公司将文字处理软件 Word、电子制表软件 Excel、数据库管理软件 Access 和其他应用程序绑定在一个软件包中，称为办公自动化软件，是最常用的办公软件。

面向对象程序设计最早在 20 世纪 70 年代提出，20 世纪 90 年代，面向对象程序设计逐步代替了结构化程序设计，成为目前最流行的程序设计技术。Java、C++、C#等都是面向对象程序设计语言。

万维网是一个分布式、用于浏览和搜索的系统，能够使用点击式对远程计算机中的文件进行存取，用浏览器来远程浏览这些文件。万维网是 1990 年英国研究院提姆·伯纳李（Tim Berners-Lee）创建的，1991 年开始在互联网上大范围流行起来。

需要强调的是，在计算机软件发展进程中，随着包围计算机硬件的软件变得越来越复杂，计算机提供的功能越来越强大，使用计算机变得越来越容易。应用程序员离计算机硬件也越来越远了，那些仅仅使用高级语言编程的人不需要懂得机器语言和汇编语言，这就降低了对应用程序员在硬件及机器指令方面的要求，那些仅仅使用应用程序的人不需要懂得计算机原理和汇编语言，这就降低了对计算机用户在计算机技术方面的要求。

1.2.3　计算机发展趋势

从 20 世纪 50 年代第一台计算机 ENIAC 产生，当时那样笨重、昂贵、容易出错、仅用于科学计算的机器，到今天可以信赖的、通用的、遍布现代社会每一个角落的设备，发明第一台计算机的人没有预测到计算机技术会如此快速地发展。计算机的产生是人类追求智慧的心血和结晶，计算机的发展也将随着人类对智慧的不懈追求而不断发展。

预测未来 10～20 年计算机发展趋势，最好的办法就是观察目前实验室里的研究成果。虽然我们无法确定实验室里哪些研究成果最终可以获得成功，也无法确定预测未来的结果是否正确，但是有一点是确定的，那就是创造未来完全靠我们自己。

计算机发展趋势可以归结为如下几个方面。

（1）超级计算机。发展速度快、容量大、功能强大的超级计算机，用于处理庞大而复杂的问题，如航天工程、石油勘探、人类遗传基因等现代科学技术和国防尖端技术都需要具有最高速和最大容量的超级计算机。研制超级计算机的技术水平体现了一个国家的综合国力，因此，超级计算机研制是各国在高技术领域竞争的热点。

（2）微型计算机。微型化是大规模集成电路出现后发展最迅速的技术之一，计算机的微型化能更好地促进计算机的广泛应用，微型计算机正逐步由办公设备变为电子消费品。发展体积小、功能强、价格低、可靠性高、适用范围广的微型计算机是计算机发展的一项重要内容。

（3）智能计算机。到目前为止，计算机在处理过程化的计算工作方面已经达到相当高的水平，是人力所不能及的，但在智能性工作方面，计算机还远远不如人脑。如何让计算机具有人脑的智能，模拟人的推理、联想、思维等功能，甚至研制出具有某些情感和智力的计算机，是计算机技术的一个重要的发展方向。

（4）普适计算机。20 世纪 70 年代末，词汇表中出现了个人计算机，人类进入"个人计算机时代"。许多研究人员认为，我们现在进入了"后个人计算机时代"，计算机技术将融入各种工具并完成其功能。当计算机在人类生活中无处不在时，我们就进入了"普适计算机时代"，普适计算机将提供前所未有的便利和效率。

（5）新型计算机。集成电路的发展正在接近理论极限，人们正在努力研究超越物理极限的新方法，新型计算机可能打破计算机现有的体系结构。目前正在研究的新型计算机有生物计算机、光计算机、量子计算机等。

（6）网络与网格。由于互联网和万维网在世界各国已经不同程度的普及和接近成熟，人们关心互联网和万维网之后是什么？是网格。有关专家初步论证：互联网实现了计算机硬件互连，万维网实现了网页的连通，而网格试图实现互联网上所有资源（计算资源、软件资源、信息资源、知识资源等）的连通。

1.3　计算机的分类与应用领域

计算机是一种按照预先存储的程序，自动、高速地对数据进行输入、处理、输出、存储、传输的系统。由于计算机技术发展迅猛，计算机已经成为一个庞大的家族，对人类的科学技术发展产生了深远的影响，极大地增强了人类认识世界和改造世界的能力，在国民经济和社会生活的各个领域有着广泛的应用。

1.3.1　计算机的分类

从计算机处理的对象、计算机的用途以及计算机的规模等不同角度对计算机进行分类。各种计算机虽然在规模、用途、性能、结构等方面有所不同，但它们都具备运算速度快，运算精度高，具有记忆能力、逻辑判断能力并可以存储数据等特点。

按计算机处理对象分类，其数据表示形式可以分为数字计算机、模拟计算机和数字模拟混合计算机。数字计算机输入、处理、输出和存储的数据都是数字量，这些数据在时间上都是离散的，而那些非数字量（如字符、图形、图像、声音等）要经过离散化和编码后进行处理。模拟计算机的输入、处理、输出和存储的数据都是模拟量（如电压、电流、温度等），这些数据在时间上都是连续的。数字模拟计算机是将数字技术和模拟技术相结合，兼有数字计算机和模拟计算机的功能。

按计算机的用途及其使用范围可以将计算机分为通用计算机和专用计算机。所谓通用计算机是指计算机可以用于科学计算、数据处理和过程控制，具有广泛的用途和使用范围。专用计算机是指适用于某一特殊的应用领域的计算机，如智能仪表、生产过程控制、军事装备的自动控制等。

按计算机规模可将其分为巨型计算机、大/中型计算机、小型计算机、微型计算机、工作站、服务器以及网络计算机等。

巨型计算机是指其运算速度每秒超过 1 亿次的超大型计算机，该类计算机主要应用于复杂的科学计算及军事等专门的领域。例如，我国研制的"银河"和"曙光"系列计算机就属于该类。

大/中型计算机也有较高的运算速度，每秒可以执行几千万条指令，并具有较大的存储容量以及较好的通用性，价格比较昂贵，通常被用来作为银行、铁路等大型应用系统中的计算机网络的主机使用。

小型计算机运算速度和存储容量低于大/中型计算机，与终端和各种外部设备连接比较容易，适应于作为联机系统的主机，或者应用于工业生产的过程控制。

微型计算机使用大规模集成电路芯片制作微处理器、存储器和接口，并配置相应的软件，其体积小，功能越来越强，价格却越来越便宜。

工作站是为了某种特殊用途由高性能的微型计算机系统、输入/输出设备以及专用软件组成，如图形工作站等。服务器是一种网络环境下为多个用户提供服务的共享设备，如文件服务器、通信服务器、打印服务器等。网络计算机是一种在网络环境下使用的终端设备，其特点是内存容量大，显示器性能高，通信功能强。

1.3.2　计算机应用领域

计算机的诞生是人类科学技术发展史上的一个里程碑，计算机的应用水平和应用程度已经成为衡量一个国家现代化水平的重要标志。计算机已经在制造业、商业、银行与证券、交通运输、办公自动化与电子政务、教育、医学、科学研究、艺术与娱乐、物联网等行业中有广泛的应用。为了简洁，本节从科学计算、数据处理、实时控制、人工智能、计算机辅助工程和辅助教育、娱乐与游戏等方面介绍计算机的应用领域。

1. 科学计算

所谓科学计算，就是使用计算机完成在科学研究和工程技术领域中提出的大量复杂的数字计算问题，是计算机的传统应用领域。在科学研究和工程技术中通常要将实际问题归结为某一数学模型，如线性方程组、微分方程、积分方程、有限元以及特殊函数等。这些数学问题的公式或方程式复杂、计算量大、要求精度高，只有以计算机为工具来计算才能快速取得满意结果。诸如天气预报、宇宙飞船和火箭发射与控制、人造卫星的研制、原子能的利用、生命科学、材料科学、海洋工程等现代科学技术的研究成果无一不是在计算机的帮助下取得的。

随着计算机的普及和科学计算问题的日益复杂，编制程序的困难越来越突出，为了避免重复劳动、方便用户和提高科学计算水平，人们开发了用于科学计算的标准程序库和软件包，无须用户编写程序，也可获得满意的结果。这里，郑重推荐 MATLAB 和 R 语言工具，它们已经成为所有大学生必备的计算工具，它们入门简单，只需要明确知道要做什么，而怎么做是计算机的事。

2. 数据处理

数据处理是指使用计算机对数据进行输入、分类、加工、整理、合并、统计、制表、检索以及存储等，又称信息处理，是计算机的重要应用领域。在当今信息化的社会中，每时每刻都在生成大量的数据，只有利用计算机才能在浩如烟海的数据中管理和利用这一宝贵资源，诸如管理信息系统（MIS）、制造资源规划软件（MRP）、电子信息交换系统（EDI），即所谓无纸贸易等。

（1）办公自动化。文字处理、表格处理等软件的使用提高了办公室工作的效率和质量，政府机构应用现代信息技术，将管理和服务通过计算机网络技术进行集成，在互联网上实现政府机构和工作流程的优化重组，并向社会提供优质、全方位、规范的管理和服务。

（2）管理信息系统。利用数据库技术开发的管理信息系统实现对一个组织机构进行全面管理，具有分析、计划、预测、控制和决策等功能，及时准确地向各级管理人员提供决策用的信息，提高企业的现代化管理水平。

（3）商业应用。计算机在零售业的应用改变了购物的环境和方式。商场中的 POS 机能自动识别贴在商品上的条形码并快速打印账单，能自动地更新商品的价格、折扣、库存，还可以统计销售情况，分析市场趋势。电子商务作为信息技术与现代经济贸易相结合的产物，已经成为人类进入知识经济、网络经济时代的重要标志。

（4）文献检索。科技文献检索是开展科学研究工作的先导，在进行任何一项科学研究工作之前都必须对该课题国内外研究状况有一个全面、深入的了解，避免浪费不必要的精力去重复他人已经做过的工作或者重蹈他人已经失败的覆辙。在浩如烟海的信息世界里，如果不用计算机来存储和检索信息，将无法正常地进行科学研究和科技成果交流。

（5）医疗保健。计算机在医学领域也是不可或缺的工具，它可以用于患者病情的辅助诊断和治疗、控制各种数字化的医疗仪器、患者监护和健康护理、医学研究与教育以及为缺少药物的地区提供医学专家系统和远程医疗服务。

3. 实时控制

实时控制是指及时采集监测数据、使用计算机快速地进行处理并自动地控制被控对象的动作，实现生产过程的自动化。特别是仪器仪表引进计算机技术后所构成的智能化仪器仪表，将工业自动化推向了一个更高的水平。在钢铁、石油、化工、制造业等工业企业都需要实时控制,以提高生产效率和产品质量。

4. 人工智能

人工智能就是由计算机来模拟或部分模拟人类的智能。传统的计算机程序虽然具有逻辑判断能力,但它只能执行预先设计好的动作,而不能像人类那样进行思维。计算机应用于人工智能研究的主要领域有自然语言理解、专家系统、机器人、定理自动证明等。

5. 计算机辅助工程和辅助教育

(1)计算机辅助设计(CAD)是指利用计算机的计算、逻辑判断、数据处理以及绘图功能,并与人的经验和判断能力结合,来帮助设计人员进行工程设计,以提高设计工作的自动化程度,节省人力和物力。目前,此技术已经在电路、机械、土木建筑、服装设计等领域得到了广泛的应用。CAD 所涉及的主要技术有图形处理技术、工程分析技术、工程数据库管理技术、软件设计技术和接口技术等。

(2)计算机辅助制造(CAM)是指利用计算机进行生产设备的管理、控制与操作,从而提高产品质量,降低生产成本,缩短生产周期,并大大改善了制造人员的工作条件。

(3)计算机集成制造系统(CIMS)是将计算机技术集成到制造工厂的整个制造过程中,使企业内的信息流、物流、能量流和人员活动形成一个统一协调的整体。CIMS 的对象是制造业,手段是计算机信息技术,实现的关键是集成,集成的核心是数据管理。

(4)计算机辅助测试(CAT)是指利用计算机进行复杂而大量的测试工作。

(5)计算机辅助教学(CAI)指利用计算机帮助教师讲授和帮助学生学习的自动化系统,使学生能够轻松自如地从中学到所需要的知识。CAI 涉及的层面比较广,从校园网到 Internet,从 CAI 课件的制作到远程教学,从计算机辅助实验到学校教学管理等,都可以在计算机的辅助下进行。CAI 使用的技术主要有多媒体技术、校园网技术、Internet 与 Web 技术、数据库与管理信息系统技术等。

6. 娱乐与游戏

随着计算机技术、多媒体技术、动画技术以及网络技术的不断发展,计算机能够以图像与声音集成的形式向人们提供最新的娱乐和游戏方式。在计算机上或者通过网络在线或离线观看影视节目、播放歌曲音乐已经成为普通不过的事情。计算机游戏也已经从简单的纸牌、棋类等游戏发展到带有故事情节和复杂动画画面的视频和音频相结合的游戏。

1.4 系统与计算机系统

1.4.1 系统的概念

系统是指由相互联系、相互作用的若干要素构成的具有一定的结构和特定功能的有机整体。钱学森认为:"系统是由相互作用、相互依赖的若干组成部分结合而成的,具有特定功能的有机整体,而且这个有机整体又是它从属的更大系统的组成部分。"系统具有层次性,即抽象层次,当系统层次多于一层时,系统也叫体,或者说,体系就是由系统组成的系统,它可以用数学的方法描述和表示。

系统是普遍存在的,在宇宙间,从基本粒子到河外星系,从人类社会到人的思维,从无机界到有机界，从自然科学到社会科学，系统无所不在。研究系统的目的是更深刻地认识系统演化的规律，使人们从整体上更好地把握系统的发展。

长期以来，系统特征的描述尚无统一规范的定论，系统（System）一词来源于古代希腊文 Systεmα，意为部分组成的整体。《中华大字典》有两种解释：同类事物按一定的关系组成的整体，如组织系统、灌溉系统。有条有理的，如系统学习、系统研究。可见，系统是由要素组成的有机整体，要素相互依存相互转化，一个系统相对较高一级系统时是一个要素(或子系统)，而该要素通常又是较低一级的系统。系统最基本的特性是整体性，其功能是各组成要素在孤立状态时所没有的。它具有结构和功能在涨落作用下的稳定性，具有随环境变化而改变其结构和功能的适应性以及历时性。简要地说，系统由部件组成，部件处于运动之中；部件间存在着联系；系统各分量和的贡献大于各分量贡献的和，即常说的 1+1>2。

举个简单例子，我们常说的知识体系就是一个系统的概念，知识就是由概念这样的元素构成，概念之间的关系，如逻辑关系、推理关系等构成了知识体系。我们学习专业知识就是在掌握、理解和建立专业领域的一系列的概念和它们之间的各种关系，构成专业的知识体系或知识系统，最终解决专业领域科学上或生产中的实际问题。

系统具有以下特点。

（1）具有整体性。整体由部分组成，但这种组成方式不是各部分的随意相加，而是有机的结合，整体内各部分之间的联系是有机的联系。系统的本质是整体与部分的统一，构成系统的整体特性只有在运动过程中才得以体现。

（2）具有相对独立性。一方面，这种独立性表现为：①具有特定的质和量的规定性，从而能区别于环境和周围事物；②具有排他性；③具有稳定性，在一定时期内或一定条件下，系统的基本结构、功能不变，以保持内在特有的稳定状态。另一方面，这种独立性是相对的，任何一个系统都存在于环境和周围事物之中，并与之有密切的联系。世界上根本不存在绝对独立于环境和周围事物的东西，不存在完全独立的、孤立的系统。

（3）结构性。一个系统是其构成要素的集合，这些要素相互联系、相互制约。系统内部各要素之间相对稳定的联系方式、组织秩序及失控关系的内在表现形式就是系统的结构。

（4）有一定的功能。系统要有一定的目的性。系统的功能是指系统与外部环境相互联系和相互作用中表现出来的性质、能力和功能。

（5）系统具有环境适应性。任何系统都处在一定的物质环境之中，并与环境发生相互作用。系统与环境的相互联系和相互作用主要表现在物质、能量和信息的交换方面。

1.4.2　计算机系统

计算机系统体现了一般"系统"的概念，计算机学科中有很多"系统"词汇，如典型操作系统、编译系统、数据库系统、软件系统、硬件系统、信息管理系统等。根据系统的概念，系统是有层次性和相对性的，系统中某一要素可能就是下一层次的系统。

计算机系统由硬件（子）系统和软件（子）系统组成，如图 1-13 所示。硬件系统是借助电、磁、光、机械等原理构成的各种物理部件的有机组合，是系统赖以工作的实体。软件系统是各种程序和文件，用于指挥全系统按指定的要求进行工作。

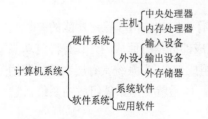

图 1-13　计算机系统

　　硬件系统主要由中央处理器、存储器、输入/输出控制系统和各种外部设备组成。中央处理器是对信息进行高速运算处理的主要部件，其处理速度最高可达每秒几亿次操作。存储器用于存储程序、数据和文件，常由快速的主存储器和慢速海量辅助存储器组成。各种输入/输出外部设备是人机间的信息转换器，由输入/输出控制系统管理外部设备与主存储器(中央处理器)之间的信息交换。

　　软件系统的最内层是系统软件，它由操作系统、实用程序、编译程序等组成。操作系统实施对各种软硬件资源的管理控制。实用程序是为方便用户所设，如文本编辑等。编译程序的功能是把用户用汇编语言或某种高级语言所编写的程序翻译成机器可执行的机器语言程序。支援软件有接口软件、工具软件、环境数据库等，它能支持用机的环境，提供软件研制工具。支援软件也可认为是系统软件的一部分。应用软件是用户按其需要自行编写的专用程序，它借助系统软件和支援软件来运行，是软件系统的最外层。

习　题

一、填空题

1. ACM 的英文全称是_____，中文含义是_____。

2. 1937 年，_____提出了通用计算设备即图灵机的设想，图灵机是一种抽象的计算机模型。

3. 基于冯·诺依曼模型的计算机包括 4 个子系统，分别是_____、_____、_____和_____。

4. 1946 年，美国研制成功世界上第一台现代电子数字计算机，它被命名为_____。

5. 第一代电子计算机的主存储器主要使用水银延迟线存储器、阴极射线示波管存储器和_____存储器。

6. 我国古代数学家_____利用算筹计算出圆周率在 3.1415926 和 3.1415927 之间。

7. 以微处理器为核心的微型计算机属于第_____代计算机。

8. 计算机系统由_____和_____组成。

9. 计算机硬件系统的五大组成部件是_____、_____、_____、_____和_____。

10. 学校使用的学籍管理软件、财务管理软件等，按照计算机应用分类属于_____。

二、选择题

1. 计算机是接受命令、处理输入以及产生_____的系统。

A. 信息　　　　　　　B. 程序　　　　　　C. 数据　　　　　　D. 系统软件

2. 冯·诺依曼的主要贡献是_____。

A. 发明了微型计算机　　　　　　　　　B. 提出了存储程序概念

C. 设计了第一台电子计算机　　　　　　D. 设计了高级程序设计语言

3. 计算机硬件由五个基本部分组成，下面不属于这些基本部分的是_____。

A. 运算器和控制器　　　　　　　　　　B. 存储器

C. 总线　　　　　　　　　　　　　　　D. 输入设备和输出设备

4. 计算机之所以能自动地、连续地进行数据处理，主要是因为_____。

A. 采用了开关电路　　　　　　　　　　B. 采用了半导体器件

C．具有存储程序功能　　　　　　　　D．采用了二进制

5．诞生于 1946 年的电子计算机是_____，它的出现标志着计算机时代的到来。

A．EDVAC　　　　　　　　　　　　B．APPLE

C．IBM PC　　　　　　　　　　　　D．ENIAC

6．计算机系统由_____两部分组成。

A．输入设备和输出设备　　　　　　　B．硬件和软件

C．键盘和打印机　　　　　　　　　　D．以上都不是

7．我国研制的"银河计算机"属于_____。

A．微型计算机　　　　　　　　　　　B．小型计算机

C．大型计算机　　　　　　　　　　　D．巨型计算机

8．信息系统的主要作用是_____。

A．存储信息　　　　　　　　　　　　B．检索信息

C．辅助人们进行统计、分析和决策　　D．以上都是

9．高级程序设计语言是从_____时代开始出现的。

A．电子管时代　　　　　　　　　　　B．晶体管时代

C．集成电路时代　　　　　　　　　　D．机械计算机时代

10．电子计算机主要是以_____划分发展阶段的。

A．集成电路　　　　　　　　　　　　B．电子元件

C．电子管　　　　　　　　　　　　　D．晶体管

11.世界上首次提出存储程序计算机体系结构的是_____。

A．莫奇利　　　　　　　　　　　　　B．图灵

C．乔治·布尔　　　　　　　　　　　D．冯·诺依曼

12．计算机之所以能自动连续地进行运算，是由于计算机采用了_____原理。

A．布尔逻辑　　　　　　　　　　　　B．存储程序

C．数字电路　　　　　　　　　　　　D．集成电路

13．计算机在实现工业自动化方面的应用主要表现在_____上。

A．数据处理　　　　　　　　　　　　B．数值计算

C．人工智能　　　　　　　　　　　　D．实时控制

14．早期的计算机主要是用来进行_____。

A．科学计算　　　　　　　　　　　　B．系统仿真

C．电子商务　　　　　　　　　　　　D．游戏娱乐

15．Fortran 语言、Lisp 语言等高级程序设计语言出现在软件发展史的_____。

A．第一代　　　　　　　　　　　　　B．第二代

C．第三代　　　　　　　　　　　　　D．第四代

16．操作系统出现在软件发展史的_____。

A．第一代　　　　　　　　　　　　　B．第二代

C．第三代　　　　　　　　　　　　　D．第四代

17．结构化程序设计语言出现在软件发展史的_____。

A．第一代　　　　　　　　　　　　　B．第二代

C. 第三代　　　　　　　　　　　　D. 第四代

18. 首次提出"GOTO 语句是有害的"的是_____。

A. 克努斯　　　　　　　　　　　　B. 阿德勒曼

C. 迪杰斯特拉　　　　　　　　　　D. 费根鲍姆

19. 面向对象程序设计语言出现在软件发展史的_____。

A. 第二代　　　　　　　　　　　　B. 第三代

C. 第四代　　　　　　　　　　　　D. 第五代

20.在教育机构中，计算机可以用于以下_____工作。

A. 学生成绩管理　　　　　　　　　B. 学生档案管理

C. 编排课程表　　　　　　　　　　D. 以上全部

三、简答题

1. 什么是电子计算机？

2. 计算机有哪些主要特点？可以分为几类？

3. 计算机有哪些主要用途？

4. 计算机硬件发展经历了几个阶段？

5. 第一台计算机是在哪里发明的？叫什么名字？

6. 计算机软件发展经历了哪些阶段？

7. 什么是高级语言？什么是低级语言？

8. 编译系统的主要作用是什么？

9. 解释冯·诺依曼提出的"存储程序"的概念。

10. 什么是应用程序员？什么是系统程序员？

11. 计算机的主要应用领域有哪些？

12. 什么是系统？什么是计算机系统？

四、讨论题

1. 进行网购，记录自己的购物过程。试比较网上购物和传统购物的区别，讨论电子商务对现代商业运作模式的影响。

2. 娱乐与游戏是计算机应用领域之一，网络犯罪也是这个时代新出现的犯罪形式。试讨论网络的广泛应用带来的积极方面的作用及负面影响。

3. 讨论怎样才能让交通监控系统更加智能化。

4. 讨论计算机在科学研究、教育中还有哪些应用。

第 2 章 计算机学科形态及其局限

问题讨论

（1）据你了解，大学都有什么学科和专业。

（2）说说计算机作为工具，生活中的具体体现有什么？

（3）根据你的了解，计算机类专业有什么特点？对你学习该专业有什么启示？

（4）罗列几个计算机不能解决的问题，说说什么原因。

学习目的

（1）了解计算机的工具特征和学科特征。

（2）理解计算机学科的本质特征、学科三种形态及其关系。

（3）了解计算机学科的知识领域及其主要内容。

（4）了解计算机作为工具的局限性。

学习重点和难点

（1）计算机作为学科的根本任务的论证。

（2）计算机三种学科形态及其相互关系。

（3）计算机局限性告诫我们正确看待计算机作为工具的特征。

在第 1 章的计算机发展历史中，我们看到计算机用户角色不断改变，出现了为使计算机设计程序变得更简单的系统程序员和使用这些工具进行应用程序设计的应用程序员，以及没有计算机背景而使用这些应用程序的从业人员，那么到底谁把计算机作为工具？谁在制造这样的工具？

本章将讨论计算机是工具也是学科，阐述计算机学科的形成过程、计算机学科的本质及定义、它的主要存在形式，使我们对计算机学科有正确认识，建立起明朗的专业学习方法，最后简要讨论计算机学科的局限性。

2.1 计算机学科

计算机作为学科是经过激烈的长期争论的过程，直到 1989 年美国 IEEE/ACM 完成了计算机学科的"存在性"证明，给出了计算机学科的透彻定义，阐明了计算机学科的内涵，提出了覆盖计算机学科的 9 个主要领域和 55 个知识单元，之后，该成果不断地修改和完善，建立了完整的计算机学科概念。本节将对学科的概念、计算机学科的发展历史以及计算机学科研究范畴进行阐述。

2.1.1 学科的概念

学科（Discipline）有两种含义，一是用于学术的分类，即科学知识体系的分类，指一定科学领域或一门学科的分支，如自然科学中的化学、生物学、物理学；社会科学中的法学、社会学等。学科是分化的科学领域，是自然科学、社会科学概念的下位概念。学科的第二种含义是指高校教学、科研等的功能单位，是对高校人才培养、教师教学、科研业务隶属范围的相对界定，学科被定义为一种学习领域，是知识或学习的一门分科，尤指在学习制度中，为了教学将之作为一个完整的部分进行安排。学科是高校的细胞组织，世界上不存在没有学科的高校，高校的各种功能活动都是在学科中展开的，离开了学科，不可能有人才培养，不可能有科学研究，也不可能有社会服务。

我国高等学校本科教育专业设置按"学科门类""学科大类（一级学科）""专业（二级学科）"三个层次来设置。按照国务院学位委员会、教育部 2012 年公布的《普通高等学校本科专业目录和专业介绍（2012 年）》将学科划分为哲学、经济学、法学、教育学、文学、历史学、理学、工学、农学、医学、管理学和艺术学 12 大学科门类，分别编号为 01～13，编号 11 预留。每大门类下设若干专业类，专业类下设置专业，如工学门类下设专业类 31 个，169 种专业。一级学科是学科大类，用四位码表示，如 0809 是计算机类。二级学科是其下的学科小类，用六位码表示，如 080901 是计算机科学与技术，080902 是软件工程。

本科专业目录里的计算机科学与技术、软件工程、网络工程、信息安全、物联网工程、数字媒体技术等 6 个专业，也就是常说的二级学科，就是属于工学门类下的计算机类专业。根据学位授予条例，博士、硕士学位授至二级学科。

2.1.2　计算机学科的历史

以计算机为基础的信息技术已经扩展到社会的各个领域，人类对信息的依赖迅速增长，计算机技术和基于计算机的应用技术已经成为信息社会的重要基础设施。近几年来，行业界和教育界都十分关注"计算""计算思维"这样词汇的含义。从更为广泛的意义上讲，计算机学科也称为计算学科，因为我们现阶段所说的计算活动都是在计算机上进行的。

在几千年的数学发展史中，人们研究了各种各样的计算，创立了许许多多的算法，但以计算或算法本身的性质为研究对象的数学理论是到 20 世纪 30 年代才发展起来的。当时为了解决数学基础的某些理论问题，即是否有的问题不是算法可解的，数理逻辑学家提出了几种不同的（后来证明是彼此等价的）算法定义，从而建立了算法理论（即可计算性理论）。20 世纪 30 年代前期，哥德尔和克林尼等创立了递归函数论，将数论函数的算法可计算性刻画为递归性。30 年代中期，图灵和波斯特彼此独立地提出了理想计算机的概念，将问题的算法可解性刻画为在具有严格定义的理想计算机上的可解性。

20 世纪 30 年代发展起来的算法理论，对在 40 年代后期出现的存储程序型计算机的设计思想是有影响的。图灵提出的理想计算机（称为图灵机）中的一种通用机就是存储程序型的。可见，计算学科的理论基础在第一台现代电子计算机出现之前已经建立起来了，而在其诞生之后，促进了计算机设计、程序设计以及计算机理论等领域的发展。

最早的计算机科学学位课程是由美国普渡大学（Purdue University）于 1962 年开设的，随后斯坦福大学开设了同样的学位课程，但针对"计算机科学"这一名称，在当时引起了激烈争论。当时的计算机主要用于数值计算，大多数科学家认为使用计算机仅仅是编程问题，不需要进行深刻的科学思考，没有必要设置学位，并且很多人认为，计算机从本质上讲，只是一种职业而不是学科。

针对激烈的争论，1985 年，IEEE/ACM 开始了对"计算作为一门学科"的存在性证明，经过四年的工作，研究组提交了《计算作为一门学科》的报告，该报告得到了 ACM 教育委员会的认可并批准执行。该报告对"计算学科"的定义为：计算学科主要在系统地研究信息描述和变换的算法过程，包括它们的理论、分析、设计、效率、实现和应用，指出计算的基本问题是"什么能被（有效地）自动化"。或者更坦率地讲，计算机学科的所有分支领域的根本任务就是进行计算，其实质就是字符串的变换。

该报告还提出了覆盖计算学科的 9 个主要领域，也称计算学科的 9 个主科目，每个科目有若干个知识单元，共 55 个，每个主科目都包含理论、抽象和设计三个过程，9 个科目 3 个过程构成了知识-过程的 9 列 3 行二维定义矩阵。

另一方面，计算学科是理科还是工科的问题也存在长期的争论。计算学科来源于数学逻辑，在构建和测试自然现象的模型时，用数学方法，属于理科；而在设计和构建越来越大的计算系统时，采用的是工程方法，属于工科。《计算作为一门学科》认为：计算机科学与计算机工程在本质上没有区别，因此，无须简单地将计算学科归属于"理科"还是"工科"。体现在本科专业目录上，计算机科学与技术、信息安全就表现了这一点——可授予理学或工学学士。

1990 年，IEEE/ACM 提交了《计算学科教学计划 1991》，简称 CC1991 课程表，尽管各个院校计算机专业的特色和基础各不相同，但它们的教学计划和主要课程设置大致相同。之后，每隔几年，随着计算机技术的发展和学科发展，不断对课程表进行修正和完善，发表了 CC2001、CC2004，我国的计算机教育根据自身发展和世界潮流，也不断推出适合我国计算机教育的课程表。

2.1.3　计算机学科的研究范畴

随着计算机应用范围不断扩大和应用水平不断提高，人们已经充分认识到计算机的工具性特征，作为计算机类专业的学生，不能局限于把"计算"看成一种工具，而更应该理解和掌握计算学科的基本原理、根本问题，以及解决问题的新的思维模式。下面我们看看计算机作为学科研究的主要范畴。

计算机学科是以计算机为研究对象的一门学科，它的研究范畴主要包括计算机理论、计算机硬件、计算机软件、计算机网络、计算机应用等。按照研究的内容，也可以划分为基础理论、专业基础和应用三个方面，它们也构成了计算机学科教育的课程设置大体内容。

计算机理论的研究内容主要包括离散数学、算法分析理论、形式语言与自动机理论、程序设计语言理论、程序设计方法学等。

离散数学以离散事物为研究对象，是计算机学科的理论基础，主要有数理逻辑、集合论、近似代数、图论等。算法分析理论主要有组合数学、概率论、数理统计等，研究算法分析与设计中的数学方法和理论，分析算法的时间复杂性和空间复杂性。程序设计语言理论是运用数序和计算机科学的理论研究程序设计应用的基本规律，包括形式语言文法理论、形式语义学、计算语言等。程序设计方法学研究如何从好结构的程序出发，通过对程序的基本结构分析，给出能保证高质量程序的各种程序设计规范化方法等。

计算机硬件理论研究的主要内容包括元器件与存储介质、微电子技术、计算机组成原理、微型计算机技术、计算机体系结构等。

计算机软件的研究内容主要包括程序设计语言、数据结构与算法、程序设计语言的翻译系统、操作系统、数据库系统、算法设计与分析、软件工程学、可视化技术等。

计算机网络研究内容主要包括网络结构、数据通信与网络协议、网络服务、网络安全等。

网络结构研究局域网、远程网、Internet、Intranet 等各种类型网络的拓扑结构、构成方法以及介入方式等。数据通信和网络协议则研究数据通信的介质、原理、技术以及通信双方遵守的规约等。网络服务研究如何给用户提供各种服务，如远程登录、文件传输、邮电、查询、浏览等。网络安全则研究设备、软件、信息的安全及病毒防治等。

计算机应用研究内容主要包括软件开发工具、完善既有的应用系统、开拓新的应用领域、人机交互等。

需要指出，计算机学科研究范畴十分广泛、发展非常迅速，在以上研究领域中，有些方面前人已经研究得比较透彻，需要在后续课程中学习、掌握和继承；有的方面还不够成熟和完善，需要我们进一步去研究、完善和发展。

2.2　计算机本质及学科定义

计算原本属于数学的概念已经泛化到人类的整个知识领域，并上升为普适的科学概念和哲学概念。抽象地说，计算就是将一个符号串变换成另一个符号串，那么这些变换有什么共同点？为什么它们都叫计算？本节给出计算机的本质以及计算机学科的定义。

2.2.1　计算机本质

计算科学的根本问题是计算学科领域最为本质的科学问题。计算机学科的根本问题具有统率学科全局的作用，要认识这个，必须先认识"计算"的本质，只有这样，才能正确树立计算机学科的概念。

计算是一个无人不知无人不晓的数学概念，无论是日常生活、生产实践还是科学研究，都离不开计算。计算也是一个历史悠久的数学概念，它几乎是伴随着人类的文明起源和发展而起源和发展的。随着计算机日益广泛而深入应用，计算这个原本属于数学的概念已经泛化到人类的整个知识领域，并上升为一种极为普适的科学概念和哲学概念。

从字源上考察，计算的含义就是利用计算工具进行计数，记忆结果。计算首先指的是数的加、减、乘、除、平方、开方等初等运算，其次是函数微分、积分等高等运算，另外还包括方程的求解、代数的简化、定理的证明等。抽象地说，计算就是将一个符号串 f 变换成另一个符号串 g。例如，符号串 12+3 变换成 15 就是一个加法计算；符号串 x^2 变换成 $2x$ 就是一个微分计算；定理证明也是如此，令 f 表示一组公理和推导规则，g 是一个定理，那么 f 到 g 的一系列变换就是定理 g 的证明；从这个角度看，文字翻译也是计算，如果 f 表示一个英文句子，而符号串 g 为含义相同的中文句子，那么从 f 到 g 的变换就是把英文翻译成中文，此类例子都是计算。那么就需要研究这些变换的共同点，从而揭示计算的本质。

公认的"计算的本质"是由图灵揭示出来的。20 世纪 30 年代后期，英国数学家图灵（Alan Turing）从解一个数学问题的一般过程入手，在提出了图灵机的计算模型的基础上，用形式化的方法成功表述了计算的本质：所谓计算就是计算者（人或机器）对一条无限长的工作带上的符号串执行指令，一步一步地改变工作带上的符号串，经过有限步骤，最后得到一个满足预先规定的符号串的变换过程。由于任何数值和非数值（字母、符号等）对象都可以编码成字符串，它们既可以被解释成数据，又可以被解释成指令，因此，任何计算的过程本身也都可以被编码，并存放在存储器中。

图灵机在一定程度上反映了人类最基本、最原始的计算能力，它的基本动作非常简单、机械、确定，因此，可以用机器来实现。事实上，图灵是在理论上证明了通用计算机存在的可能性，并用数学方法精确定义了计算模型，而现代计算机正是这种模型的具体实现。

2.2.2　计算机学科定义

图灵对计算本质的描述揭示了计算的能行性本质，提出了可计算性的概念。称一个问题是可计算的，当且仅当它是图灵可计算的。而一个问题是图灵可计算的，当且仅当它有图灵机的能行算法解。所谓能行算法解，即它是一个算法，且能被一台图灵机执行并能使该图灵机停机。任何计算问题最终可归结为图灵可计算问题，这便是著名的丘奇-图灵论题。

有了对计算本质的认识，就可理解计算科学的研究内容和根本问题。

《计算作为一门学科》报告给出了计算机学科的定义：计算机学科是对描述和变换信息的算法过程，包括对它们的理论、分析、设计、效率、实现和应用等进行系统研究。它起源于对算法理论、数理逻辑、计算模型、自动计算机器的研究。

计算机科学是研究计算机及其周围各种现象和规律的科学，即研究计算机系统结构、软件系统、人工智能以及计算本身的性质和问题的学科，因此计算机学科主要分为三个大的研究方向：计算机系统结构、计算机应用、计算机软件与理论。计算机是一种由电能驱动，在一定控制下能够自动进行算术和逻辑运算的电子设备，通俗地说就是能够进行计算的机器。计算机处理的对象都是信息，因而也可以说，计算机科学是研究信息处理的科学。也就是说，计算机学科是对描述和变换信息的算法过程进行系统研究，研究内容包括从算法的分析、设计、可计算性到根据可计算硬件、软件的实际实现等问题的研究。由此，我们可以得出计算科学的根本问题是：什么能被有效地自动化，即对象的能行性问题。

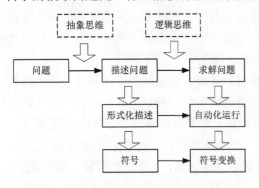

图 2-1　计算机学科的符号化特征

计算机学科的"能行性"特征决定了计算机学科中，问题求解建立在高度抽象的级别上。对问题描述、思考方法采用符号化、形式化的方法，变换过程是一个机械化、自动化的过程，因此，计算机科学家一向被认为思考独立，富有创造性和想象力。图 2-1 描述了计算机学科中的问题描述和求解的形式化过程，体现了采用抽象思维和逻辑思维的特征。

因为连续对象很难进行能行（自动化）处理，因此，计算科学的根本问题——"能行性"的研究，决定了计算机本身的结构和它处理的对象都是离散的。对于现实的连续对象，必须经过离散化后才能被计算机处理。更为直接地说，计算科学的所有分支领域的根本任务就是"计算"，计算的实质就是字符串的变换。

计算机学科研究计算机的设计、制造以及利用计算机进行信息获取、表示、存储、处理等的理论、方法和技术，它具有科学、技术，同时具有较强的工程性质。我们所说的"科学"，就是关于自然、社会和思维的发展和变化规律的知识体系，其核心是发现，计算机学科的科学性表现在研究现象、揭示规律；技术是根据生产实践和科学原理而发展形成的方法、技能或技巧，其核心是发明，计算机学科的技术性表现在研制计算机、研究使用计算机进行信息处理的方法和手段；工程是将科学原理应用到生产实践中去，其核心是建造，计算机学科的工程性表现为理论和实践的结合，如在设计和构建复杂的计算机系统时，采用工程学的技术，计算机类下的网络工程专业、软件工程专业就具有较强的工程性质。

计算机学科的科学性、技术性和工程性之间的界限十分模糊，表现在计算机的理论探索的研究成果转化为技术开发，再到工程应用的周期很短，几乎看不出它们之间明显的区别。我们也注意到，计算机学科的许多实验室产品和最终投向市场的产品之间几乎没有多大差别。基于对计算机学科的认识，学习有关计算机学科的相关知识时，没有必要人为地将它们区别为是科学的还是工程的，这也就是计算机科学与技术专业在国家目录中关于学位授予时，是可授予理学或工学学位的。

2.3　计算机学科形态

每一个学科都有自身的知识结构、学科形态、核心概念和基本工作流程。对于计算机学科，它的知识体系主要随着 ACM 和 IEEE-CS 对计算机学科深入研究而制定的课程表来体现；学科形态是学科研究中表现出来的具有共性的文化方式；核心概念是学科中重复（频繁）出现的具有普遍性、持久性的重要思想、方法和原则的概念；基本工作流程就是描述了认识和实践过程中问题求解的基本方法。本节让我们认识计算机学科的学科形态，有助于我们认识计算机学科的整体知识体系和存在形态，从而建立起学习计算机学科的基本方法和思路。

所谓学科形态是指从事一类学科研究与发展工作表现出具有共性的文化方式。计算机产生前以及产生后的很长一段时间内，有两大学科形态，即理论和实验（抽象），由此产生了理论科学与实验科学两个学科类。随着计算机学科研究和应用的不断深化，一些学者认识到计算已经成为理论和实验之外的第三种学科形态。

从本质上说，计算机学科是研究如何让计算机系统来模拟人的行为处理各种事务，以程序技术来刻画各种形式的计算，这些计算或事务可以是数值计算中的诸如函数计算、方程求根、断言判定、逻辑推导、代数化简等，也可以是非数值中的诸如表格处理、图形图像处理、语言理解、数据分析、目标跟踪、数据传输、创造设计等。也就是说，计算机学科要对各种算法进行研究，要对信息处理的过程进行研究，还要对满足给定规格要求的有效和可靠的软硬件进行设计，即在模拟人的行为处理事务的过程中涉及了理论研究、实验方法和工程设计。

《计算作为一门学科》报告认为：理论、抽象和设计是从事本领域工作的三种主要形态（或称文化方式），它提供了定义计算学科的条件。按照人们对客观事物认识的先后次序，我们将报告中的抽象列为第一个学科形态，理论列为第二个学科形态，设计列为第三个学科形态。

抽象、理论、设计三个学科形态概括了计算机学科的基本内容，是计算机学科认知领域中最基本（原始）的三个概念，它反映了人们的认识是从感性认识（抽象）到理性认识（理论），再由理性认识回到实践中来的科学思维方法。

2.3.1　抽象形态

抽象也称模型化，是指在思维中对同类事物去除现象的、次要的方面，抽取共同的、主要的方面，从而做到从个别中把握一般、从现象中把握本质的认知过程和思维方法。抽象源于现实世界，它研究的内容主要表现在两个方面：①建立对客观事物进行抽象描述的方法；

②采用现有的描述方法建立具体问题的概念模型，从而获得对客观世界的感性认识。

抽象形态基于实验科学的方法，采用实验物理学的研究方法。具体地，按照对客观世界的研究过程，抽象包含以下四个步骤及内容：

（1）确定可能世界（环境）并形成假设。

（2）建造模型并进行预测。

（3）设计实验并收集数据。

（4）对实验结果进行分析。

抽象形态主要出现在计算机学科中及硬件设计和实验有关研究中，如电路中高低电平及其变换，我们用抽象方法建立了用 0、1 来描述它们以及它们之间的运算（算术的、逻辑的）关系，建立了电路的概念模型等。当计算机科学理论比较深奥、理解困难时，科研人员在大致了解理论、方法和技术的情况下，基于经验和技能对这种学科形态开展研究。

2.3.2　理论形态

理论是指为理解一个学科领域中的对象之间的关系而构建的基本概念和符号。科学认识由感性阶段上升为理性阶段，就形成了科学理论。科学理论是经过实践检验的系统化的科学知识体系，它是由科学概念、科学原理以及这些概念、原理的理论论证所组成的体系。理论源于数学，它们已经完全脱离现实事物，不受现实事物的限制，具有精确的、优美的特征，因而更能把握事物的本质。理论研究的内容表现在两个方面：①建立完整的理论体系；②在现有理论下，建立具体问题的数学模型，从而达到对客观世界的理性认识。

理论形态基于计算机科学的数学技术和计算科学理论，广泛采用数学的研究方法。从统一、合理的理论发展过程来看，理论形态包括以下步骤和内容：

（1）表述研究对象的特征（定义和公理）。

（2）假设对象之间的基本性质和对象之间可能存在的关系（定理）。

（3）确定这些关系是否为真（证明）。

（4）解释结果并形成结论。

理论形态的基本特征是其研究内容的构造性数学特征，这是区别于更为广泛的数学学科形态的典型特征。例如，数据库理论的形成是在数据库应用系统中的感性认识经过的抽象而建立起的理论，提出了关系模型、关系代数、关系演算、函数依赖理论等，为数据库的设计奠定了坚实的基础。

2.3.3　设计形态

设计是指构造支持不同应用领域内的计算机系统。设计形态具有较强的实践性、社会性和综合性，设计要具体地实现才有价值，而设计的实现受社会因素、客观条件（包括其他相关学科）的影响。设计源于工程，用于系统或设备开发，以实现给定的任务，它的研究内容表现在两个方面：①在对客观世界的感性认识和理性认识的基础上，完成一个具体的工程任务；②对工程设计中遇到的问题进行总结，提出问题由理论界去解决，同时，还将工程设计中积累的经验和教训进行总结，形成方法去指导以后的工程设计。

设计源于工程，广泛采用工程学的研究方法。按照为解决某个问题而构建系统或装置的过程，设计形态包括以下步骤和内容：

（1）需求分析。

（2）建立规格说明。

（3）设计并实现该系统。

（4）对系统进行测试与分析。

设计形态广泛出现在计算机学科中与硬件、软件、应用有关的设计和实现中。但计算机及科学理论（包括技术理论）已解决某一问题后，科研人员在正确理解理论、方法和技术的情况下，可以十分有效地以这种学科形态方式开展工作。如在数据库应用系统开发中，设计形态的内容是指：在数据库理论的指导下，运用关系模型，实现对问题的感性认识和理性认识，借助某种关系数据库管理系统（RDBMS）实现应用软件的编制，最终形成应用软件和相关文档资料，如需求分析说明书等。

计算机学科的三个学科形态反映了人们的认识是从感性认识（抽象）到理性认识（理论），再由理性认识回到实践的科学思维方法，蕴含着人类认识过程的两次飞跃，第一次是从物质到精神，从实践到认识的飞跃，这次飞跃包括两个决定性环节：科学抽象和科学理论。第二次飞跃是从精神到物质，从认识到实践的飞跃。在计算机学科中，"认识"就是指抽象过程（感性认识）和理论过程（理性认识），"实践"就是指设计过程。三种形态的实质就是要在理论的指导下，以抽象的成果为根据来完成各种设计工作，图 2-2 展示了学科三个形态与认识和实践之间的关系图。

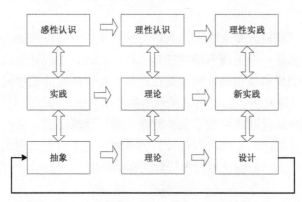

图 2-2　学科的三个形态与认识和实践的关系

抽象、理论和设计三个学科形态概括了计算机学科的基本内容，是计算机学科认知领域的最基本的三个概念。抽象和设计阶段出现了理论，理论和设计阶段需要模型化，理论和抽象阶段需要设计去实现，验证可行性。设计形态以抽象形态和理论形态为基础，没有科学理论依据的设计是不合理的，也是不会成功的。设计形态又是抽象形态和理论形态的具体表现形式。例如，图灵机是理论形态，具体的计算机是设计形态。

设计、抽象和理论三个形态针对具体的研究领域均起作用。在具体研究中，就是要在其理论指导下，运用其抽象工具进行各种设计工作，最终成果将是计算机的软硬件系统及其相关资料。

抽象、理论和设计三个学科形态的划分，反映了计算机学科领域内工作的三种文化方式，有助于我们正确理解学科中三个形态的地位和作用。抽象以实验方式揭示对象的性质和相互关系，理论以形式化方式揭示对象特征和相互关系，设计以生产方式对这些特征和关系的特定实现，完成具体有用的任务。在计算机学科中完全可以从三个学科形态出发独立地开展工作，这种工作方式可以使研究人员将精力集中在所关心的学科形态上，从而促进计算理论的深入研究和计算机技术的发展。

抽象、理论和设计三个学科形态的划分，有助于我们理解大学四年学习的课程以及它们的关系，处理好基础课程与专业课程的关系，明确学习和培养的方向。重视数学思维能力的训练和培养（抽象能力），数学和计算机有着密切的关系，思维过程的数学化对计算机学科专业人员的发展非常重要；重视程序设计能力的训练和培养（设计能力），程序设计语言是计算机学科最富有智慧的成果之一，是程序员与计算机交流的主要根据，因此程序设计是计算机专业学生的基本功之一；注重实验和实践能力的训练和培养，计算机学科就是一门科学与工程并重的学科，表现为理论和实践紧密结合的特征，同时实践能力和动手能力是现代 IT 企业招聘的主要环节；英语作为计算机和 IT 的行业性语言，有着其他语言不能替代的功能，无论学习最新的计算机技术，还是使用最新的计算机软硬件产品，都离不开对英语的熟练掌握，就连编程本身也依赖英语，因此必须重视专业英语能力的训练和培养。

《计算作为一门学科》报告认为：在计算学科中，"三个过程"错综复杂地缠绕在一起，把任何一个作为根本都是不合理的。

2.4 计算机的局限性

计算机科学与技术深刻改变着人们的生产方式和生活方式，帮助人们解决了许多问题，以至于人们认为计算机是一个无所不能的工具。我们知道，现代计算机是图灵机计算模型的具体设计与实现，而图灵机模型的发明就是在回答"是否所有的数学问题在理论上都是可解的"问题的。图灵在《论数字计算在判决难题中的应用》中给出了"可计算性"的数学定义，也就是说，计算机解决的问题是可数学化的问题中的可计算问题，并没有解决人类面临的全部问题。本节讨论计算机的局限性，包括计算机软硬件的局限和问题的复杂性，从而建立起对计算机能力的正确认识，正确使用计算机解决实际问题。

2.4.1 硬件的局限

硬件带给计算机的限制来自几个因素：数字是无限的，而计算机的数字表示是有限的；硬件就是硬件，它是由易坏的机械部件和电子部件构成的；在数据传输方面也会发生问题，无论是从计算机内部一个设备传给另一个内部设备，还是从一台计算机传递给另一台计算机时都会发生问题。

当然，我们可以提出最小化这些影响的一些策略。计算机硬件决定了表示数字的限制，可以用软件方法加以克服，如用一系列比较小的数表示很大的数。硬件故障问题可以进行预防性维护，即定期检测硬件问题，更换损坏的零件。计算机通信问题可以采取检错码和误差校正码等策略来克服或减少。

2.4.2 软件的局限

软件错误是指软件产品中存在的，导致期望的运行结果和实际运行结果之间出现差异的问题，这些问题包括故障、失效、缺陷等。软件故障是指软件运行过程中出现的一种不希望或不可接受的内部状态。软件失效是指软件运行时产生的一种不可接受的外部行为结果。软件缺陷是存在于软件之中的那些不希望或不可接受的偏差。我们或许听过或读过有关具有错误的软件的可怕的故事，这些故事听起来很有趣，像是一个传说。留给我们的问题是：正在运行的程序中软件错误真的经常发生吗？有没有办法使软件错误更少一些？

软件测试能够证明软件中存在 Bug，但不能证明不存在 Bug。由于我们永远不知道软件测试是否发现了软件中的所有问题，那么任何时刻停止测试就是一个风险问题。软件中潜伏着其他 Bug，我们还没有发现，这种可能一直存在。这并不是软件开发者懒惰而造成，而是由于软件的复杂度引起的，因为软件的构造主要是一个人的智力构造过程，其质量必然受人的能力的限制，而不是受到一些物理的限制，因此，软件错误不可避免。

软件不可能完全没有错误，这样讲并不意味着我们应该放弃纠查，相反，我们应该采取一些策略来提高软件质量。软件工程提出了软件生命周期的模型，为了保证软件质量，提出来一套完整的方法和技术，每个阶段都在设法解决软件制作过程中的问题，提高软件质量，如关于软件测试的方法，有走查、审查、验证等。开源软件也对软件质量的提高有所贡献，如 Linux 操作系统就是著名的开源项目。

2.4.3　问题的复杂性

生活中总是充满问题。有些问题能够轻松地开发和实现计算机解决方案；有些问题能实现计算机解决方案，但不能得到日常生活中的结果；有些问题在具有重组的计算机资源下能够开发和实现计算机解决方案；而有些问题是没有计算机解决方案的。计算机是解决问题的工具，对于这个断言，我们就需要回答：什么是问题？什么是问题求解？计算机都能解决哪些问题？

形象地说，问题是复杂的、未解决的，令人感到困惑、痛苦以及烦恼的难题。问题求解就是找到解决这个难题的行动方案。按照这一理解，我们发现我们身边的很多问题是计算机不能解决的，如男女朋友分手问题、政治宗教问题、领土冲突问题等。图灵在《论数字计算在判决难题中的应用》提出了图灵机计算模型，回答了"是否所有的数学问题在理论上都是可解的"问题，并给出"可计算性"的数学定义。也就是说，计算机只是图灵机模型的具体设计和实现，它解决的问题是可数学化的问题中的可计算问题，并没有解决人类面临的全部问题。

对于可计算的问题，有必要进行分类，以便我们更好地理解它。一般地，绝大多数问题的解决方案不止一种，这就出现一个决策，针对具体问题，我们怎样选择算法来解决该问题呢？由此我们需要对算法进行评价，通常算法的选择是由算法的效率决定的，即算法使用计算机系统的资源决定的。计算机资源主要是计算机对问题求解时的运行时间和存储空间，我们依算法对这些资源的使用情况来对算法进行评价，这部分就是算法分析的研究内容，如大 O 规则、多项式时间算法、P 类算法、NP 类算法等。

计算机理论中，一个广为接受的说法：任何直观计算的问题都能被图灵机计算，这就是 Church-Turing 理论。从 Church-Turing 理论我们可以得出这样的结论：如果证明了一个问题的图灵机解决方案不存在，那么这个问题就是不可解的。证明一个问题是不可解决的，或者说我们还没找到解决方案，这就是计算理论中的停机问题。

问题种类很多，从容易解决的问题到根本不能解决的问题。关于问题的复杂性带来的计算机限制，我们可以从这几个方面考虑：大 O 分析可以根据由问题规模决定的计算增长速率来比较算法；多项式时间算法是大 O 复杂度能够用问题规模的多项式表示的算法；P 类问题是能用大处理器在多项式时间内解决的问题；NP 类问题是能用足够多的处理器在多项式时间内解决的问题。

2.5　关于计算机学科的教育

计算机学科的发展速度非常快，计算机软硬件系统不断更新，大学的有限时间与不断快速增长的专业知识的矛盾更为突出。本节讨论计算机教育的目的、计算机教育的理论与实践关系，以及计算机教育的学习方法，以便引导学生培养良好的学习态度。

2.5.1　教育的目的和要求

计算机教育的目的是培养计算机领域的工作能力。工作能力也就是有效的活动能力，它是评价一个人在本领域从事独立的实践活动水平的标准，包括面向学科的思维能力和使用计算机工具的能力。面向学科的思维能力是发现本领域的特征（这些特征会导致新的活动方式和新的工具），以便使这些特征能被他人所利用；使用工具的能力是指利用计算机作为工具有效地对其他领域进行实践活动。

培养能力的教育过程有以下五个步骤。

（1）引起学习该领域知识的激情。

（2）展示该领域的应用，即能做什么。

（3）揭示该领域特色。

（4）弄清该领域特色的历史根源。

（5）实践该领域的这些特色。

计算机学科最初来源于数学与电子科学，学生除了要掌握计算机学科的各个知识领域的基本知识和技术外，还应具有较为扎实的数学功底，掌握科学的研究方法，熟悉计算机如何得以实际应用，并具有有效的沟通能力和良好的团队协作能力。

2.5.2　理论与实践相结合的创新意识培养

计算机学科的学习是一种多层面、多需求的学习模式，它要求以理论为基础，以实践为手段来完善计算机学习。因此，在计算机课程的学习中，要求在出色把握理论基础的层次上进一步提高自己的计算机专业技能水平和实际应用能力，以及采取全新的方法和手段，以培养计算机自学能力为目标，使自己很好地掌握所学的知识，提高操作能力，适应社会发展的需要。

计算机课程既具有很强的理论性，又具有很强的实践性。这就要求学生不仅要很好地掌握理论知识，而且要把所学的知识应用到操作实践中，并在操作中不断发现问题、分析问题和解决问题，因此在培养动手动脑能力上具有很好的作用。然而，在传统的教育教学理论中，教育实践的主要目标是传授知识，在这种理论指导下，学生在学习计算机学科时，老师在课堂上花费很长时间传授理论知识，只有很少的上机时间来上机实践，致使很多学生面对计算机时手足无措。这种理论基础与实践能力相脱节，或者只重视理论而忽视实践的做法，势必导致学生学习效率低下，学习死板，难以面对和解决新问题。

创新就是创造性地提出问题和创造性地解决问题。具体来讲，它是指个体根据一定的目的和任务，利用已有的一切条件，产生新颖、有价值的成果的认知和行动活动。新颖性和价值性就是创新的两个重要特征。

根据创新性在时间和地域范围上的层次性可将创新划分为三个层次：①低级层次，就是只对创造者个体来讲是前所未有的，如日常生活、工作中提出的一些新问题、新建议等；②中级层次，是指具有地区、行业的新颖性，具有一般的社会价值，能产生一定的经济效益和社会效益，如一个新的旅游项目开发、新医疗设备的生产等；③高级层次，具有原创性，具有重大的历史价值，甚至可以改变整个社会的理念，改变科学和技术的面貌，如创建了一个学科理论体系，提出了一种划时代的思想等。

创新教育是指以创新人格的培养为核心，以创新思维的激发为实施手段，培养学生的创新意识、创新精神和基本创新能力，促进学生和谐发展为主要特征的素质教育。教育教学中的创新并不仅仅是指学生进行什么样的发明创造，更重要的是学生在探索式的学习中，成长为独立的"学习者"和"创造者"，这才是教育的关键所在，是最基本的素质教育。

2.5.3　学习方法

学习方法是指人们为了达到或获得一定目标或成果而进行学习所采用的有意识的、合乎逻辑的一系列活动。好的学习方法有利于培养和提高人们在学习活动中的各种学习能力，从而有助于加速人们的学习进程，有助于人们遵循着正确的道路前进，使得人们少走弯路，是人们搞好学习、学有所成的一个必不可少的重要因素。

不同特点的学科的学习应具有不同的学习方法，而计算机是一门以实践为主的学科，这与许多纯理论的学科学习方法有很大差异，学习方法上应有突破才有好的学习效果。学习方法主要包括以下几个方面。

（1）学习计划制定。计划是学习策略的具体化，策略确定后，就是要通过制定计划来体现。

（2）常规学习方法。也就是"课前预习→上课听讲→课后复习→作业与操作→小结"五个环节推进，五个环节形成一个周期，不断循环往复。

（3）理论、抽象、设计三个过程的学习方法。计算机学科有三个学科形态，学习时表现出来的学习方法就是理论、抽象和设计三个过程，把学习三个过程有机地结合起来，以保证学习过程的统一性、完整性和高效性。在大学期间接受计算机学科的方法论指导，了解计算机学科研究的一般程序、操作、技术与正确的思维方法，无疑有助于自己成长。

习　　题

一、选择题

1. 计算机科学是一门实用性很强的学科，它涵盖了许多学科的知识，但是它并没有涵盖_____学科的知识。

A. 电子学　　　　　B. 磁学　　　　　C. 精密机械　　　　　D. 心理学

2. 计算是指_____。

A. 数的加、减、乘、除、平方、开方等　B. 函数的微分、积分等

C. 方程的求解、定理的证明等　　　D. 将一个符号串变换成另一个符号串

3. 计算机科学的分支领域包括_____。

A. 数据结构和算法　　　　　　　　B. 操作系统

C. 程序设计语言　　　　　　　　　D. 数据库和信息检索

4. 计算机学科的根本问题是_____。

A. 什么能被自动执行　　　　　　　B. NP 问题

C. 工程设计　　　　　　　　　　　D. 理论研究

5. 图灵机计算模型的主要贡献是_____。

A. 研究了计算的本质　　　　　　　B. 描述了计算的过程

C. 给出了可计算的定义　　　　　　D. 以上都是

6. 任何一个学科持续发展的主要动力是_____。

A. 优秀人物的不断涌现　　　　　　B. 科学问题的提出与解决

C. 先进的工具和方法　　　　　　　D. 当时的历史条件

7. 计算机学科研究的内容可以分为_____。

A. 基础理论　　　　　　　　　　　B. 专业基础

C. 应用　　　　　　　　　　　　　D. 实验

8. 下列不是计算机学科的学科形态的是_____。

A. 理论　　　　　　　　　　　　　B. 设计

C. 应用　　　　　　　　　　　　　D. 抽象

9. 计算机学科形态的抽象是指_____。

A. 剔除问题中次要因素的一种思维方法 B. 让人看不懂的符号

C. 故弄玄虚　　　　　　　　　　　D. 将一般结论具体化

10. 培养计算机能力的过程有_____。

A. 激发学习计算机的热情　　　　　B. 阐明计算机应用的领域

C. 揭示计算机特色　　　　　　　　D. 弄清计算机特色的历史渊源

E. 实践计算机的特色

二、简答题

1. 为什么说计算机既是工具又是学科？

2. 简述计算机作为学科的证明对现代社会的深远影响。

3. 什么是学科？什么是学科形态？什么是科学问题？

4. 什么是计算的本质？什么是计算机的局限？

5. 什么是计算机的抽象形态？什么是计算机的理论形态？什么是计算机的设计形态？

6. 简述计算机三种形态的关系。

7. 试述计算模型与计算机的联系和区别。

8. 计算机局限性是指什么？都存在哪些局限性？

9. 为什么说计算机存在硬件局限性和软件局限性？

10. 通过对计算机学科形态的了解，你怎样安排未来的学习计划。

三、讨论题

1. 网上购物已经成为非常流行的购物方式。购物必然使得我们可以使用各种银行卡进行

非现金交易。如果因为计算机出错，导致你的银行卡上多出 100 万元，而你在不知情的状况下使用了这些钱，你的行为算不算盗窃银行钱财？你应该负有什么责任？反过来，如果因为同样的计算机出错导致银行从你的卡上多扣了 100 元，算不算银行盗窃你的钱财？银行应该负什么责任？如果计算机系统出错的地方恰好是你编写的一段程序，你应该负什么责任？

2. 计算机学科的根本问题是什么能被自动计算，计算的实质就是串变换。你如何理解计算机学科这个根本问题？如何理解计算机学科符号化特征？这对你的思维有什么指导作用？

3. 以汉诺塔问题或者城市周游为例，说明某些问题在理论上可计算但实际上并不可行。

4. 大学低年级开设了许多基础课程，如数学、英语等，试从计算机学科三个形态的角度讨论这些课程对专业学习的作用，并讨论自己怎样进行大学低年级的学习和生活。

5. 试讨论数学学习与计算机专业学习、数学思维与计算思维的关系。

6. 你认为计算机领域的工作者应该具备什么能力？简述之。

7. 你认为怎样才能做到学习中的理论与实践相结合？

第3章 数据与数据表示

问题讨论

（1）根据你的理解说说什么是数据，罗列你知道的与数据相关联的一些术语。

（2）当你看到你的学号、手机号、车辆牌照等，想想它们能进行什么样的运算。思考数据类型的概念。

（3）在你与计算机打交道的活动中，你与计算机交互的信息有哪些。

（4）根据你对数据的理解，以及计算机是数据加工的工具，想想计算机对数据都应进行什么样的操作。

（5）讨论计算机对音频数据、图形图像数据、视频数据的处理的关键技术是什么。

学习目的

（1）掌握数据的概念及其相关表示方法。

（2）掌握数制的概念、数的二进制表示方法。

（3）掌握数的二进制、八进制、十六进制、十进制的相互转换方法。

（4）掌握数的原码、反码及补码的概念。

（5）掌握实数的浮点及定点表示方法。

（6）了解文本、音频、图形、图像数据的表示方法及其主要技术。

（7）了解基本的文本、音频、视频、图像处理软件及其操作。

学习重点和难点

（1）理解数制的概念，理解二进制的运算规则。

（2）二进制、八进制、十六进制之间的转换关系以及它们的运算规则。

（3）二进制、八进制、十六进制与十进制数之间的转换关系。

（4）原码、反码、补码的概念及其表示。

（5）文本、图形、图像主要数据类型及其关键技术。

通过第 2 章的学习我们认识了计算机是一门学科，认识到计算机就是一台数据处理机，了解了计算机学科的范畴和本质，勾勒出了计算机学科的研究内容和研究应用思路。从本章开始的以后章节，我们采用由内向外的方式学习和探讨计算机系统和计算机的基本操作应用，为今后的专业学习描绘出大蓝图，从而明朗我们今后学习的中心内容。

在计算机世界中，数据是对现实世界的抽象，处理数据就是将数据生成有用的信息，写程序就是描述数据的处理过程。数据就是计算机存储、加工、传输的符号对象，其含义十分广泛，是计算机系统最内层的概念，是计算机系统的核，就像洋葱层状结构的最内层结构。客观世界表达数据的方式主要有数字、文本、音频、图形、图像、视频等，在计算机中称为数据类型。为了表示和处理客观世界的这些数据，就要求计算机内部对它们用不同的存储方式和结构来表达它们之间的关系，同时要兼顾计算机的表示和实现。本章将描述纷繁复杂的客观世界在计算机世界的二进制数据表述方式。我们将学习和理解信息在计算机内的表达方式和运算规则，理解计算机系统如何呈现和描述客观世界。

3.1　数据与二进制

数据在计算机学科中的含义十分广泛，如数字、字符、声音、图形、图像、视频等。我们说的计算机是一台电子设备，因此最好的数据表示和存储方式是电子信号方式，以电子信号的出现和消失的方式来存储数据，也就是说计算机可以以两种状态之一来存储数据。本节主要给出模拟数据和数字数据的概念以及计算机内部的二进制表示法的基本概念。

3.1.1　数据与信息

数据是指存储在某种介质上能够识别的物理符号，如在各种科学研究或技术中用于统计、计算、决策等所依据的数值。信息又称资讯，就是物质和能量，及其自身信息和属性的标识、表现。数据是信息的一种表现形式，数据通过能书写的信息编码表示信息。信息有多种表现形式，如它通过手势、眼神、声音或图形等方式表达，但是数据是信息的最佳表现形式。由于数据能够书写，因而它能够被记录、存储和处理，从中挖掘出更深层的信息。正确的数据可以表达信息，而虚假、错误的数据所表达的谬误不是信息。

数据和信息两个术语通常情况下可以互换使用。数据是指某一目标定性、定量描述的原始资料，包括数字、文字、符号、图形、图像以及它们能够转换成的数据等形式。信息是向人们或机器提供关于现实世界新的事实的知识，是数据、消息中所包含的意义。

本章主要涉及数据与数据表示，经过本章的学习将深入理解数据和信息的概念，如在关于数值的表示中，客观世界同样的一个量值（是信息）在不同基下有不同的呈现（数据），同样的，在数值的定点数值表示法（是数据），根据不同的定点格式（理解）也表达不同信息。数据和信息的关系类似于哲学上的概念的内涵与外延的关系。

计算机可以存储、表示诸如数值、文本、音频、图像和图形、视频等多种数据类型，这些数据在计算机中最终被存储为二进制数字，本章将探讨这些数据类型以及计算机上存储的基本思想。

在讨论数据表示法时，不得不进行数据压缩的讨论。数据压缩就是减少存储一段数据所需要的存储空间，用压缩率来说明压缩的程度。称压缩后数据大小与压缩前数据大小的比值为压缩率，其中数据的大小可以用位数、字符或者其他适用的单位来衡量。可见压缩率是 0~1 的一个数，压缩率越接近 0，压缩程度越高。

根据数据压缩前后信息是否损失将数据压缩技术分为有损压缩和无损压缩，无损压缩就是压缩后没有失去任何原始信息的压缩技术，而有损压缩就是在压缩过程中丢失了一些数据信息的压缩技术。尽管我们不想丢失信息，但在某些情况下，损失是可以接受的，为了节约更多存储空间或传输带宽，有损压缩的结果我们又能接受，有损压缩也是必要的。也就是说在处理数据表示和压缩时，我们需要在精确度和数据大小之间作出权衡。

3.1.2　模拟数据和数字数据

模拟数据也称为模拟量，是相对于数字量而言的，指的是取值范围连续的数值量，如声音、图像、温度、压力。模拟数据一般采用模拟信号（Analog Signal），如用一系列连续变化的电磁波（如无线电与电视广播中的电磁波），或电压信号（如电话传输中的音频电压信号）

来表示。数字数据也称为数字量，相对于模拟量而言，指的是取值范围是离散的变量或者数值。数字数据采用数字信号（Digital Signal），如用一系列断续变化的电压脉冲（如我们可用恒定的正电压表示二进制数 1，用恒定的负电压表示二进制数 0），或光脉冲来表示。

自然界的大部分数据都是连续和无限的，如实数直线图像是连续的，色谱是无限种色度的连续排列等。举一个例子，你和墙之间的距离是一个连续量，从理论上来说你绝对无法真正到达这堵墙，这就是数学上极限的概念。另一方面，计算机的内存和其他硬件设备用来存储和操作一定量的数据空间却是有限的，因此用有限的机器表示无限的世界是不现实的，我们的目标是使表示出来的世界满足我们的计算需要，满足我们视觉及听觉感知需要就够了。

没有数据，计算机将毫无用处。计算机执行的每一个任务都是在以某种特定方式处理数据，因此，用适当的方式表示和组织数据非常重要，这就是数据编码问题。数据编码就是采用少量的符号（称为数码）和一定的组合原则来区别和表示信息，符号的种类和组合原则构成了数据编码的两大要素。现实生活中编码的例子很多，如用字母以及字母组合方法来表示汉语拼音，用 0～9 表示 10 个数码以及组合规则表示数值，表示电话号码等，用 0～9 数字和 A～Z 字母组合表示车牌等，你也可以举出更多例子。

一般地，表示数据的方法有两种：模拟法和数字法。模拟数据是一种连续的表示法，模拟它表示的真实信息；数字数据是一种离散表示法，把信息分割成独立的元素。计算机不能处理模拟数据，我们用计算机存储和处理模拟数据，必须将数据分割成片段，将每一个片段单独表述出来，即需要数字化。图 3-1 显示了一个电压模拟信号和对应二进制数字信号，将高于某一电压值模拟信号用高电平表示，反之，用低电压表示。

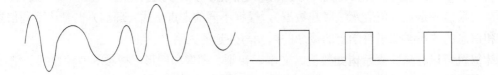

图 3-1　模拟信号和数字信号

3.1.3　二进制表示法

计算机是一种电子设备，自然最好的数据存储方式应该是电子信号，以电子信号的出现和消失的特定方式来存储数据，即以两种状态之一的形式存储数据。我们将信号的出现或消失抽象定义为或者说编码为数字 0 和 1，即两个数码，称为二进制表示法。计算机采用二进制的数字数据来表示和组织信息，也就是说，在计算机存储中，用 0 和 1 以及它们的组合表示所有的信息编码，它们分别代表不同的含义，有的是计算机指令与程序，有的表示二进制数据，有的表示英文字母，有的表示汉字，有的表示色彩和声音等，它们都采用不同的编码方案。也就是说，计算机内部数据只能以二进制模式存储，而在计算机外部却可以呈现多种形式。

虽然有些早期计算机是十进制机器，但是现代计算机都是二进制计算机。可以这么说，计算机中的所有信息都是用二进制形式表示的，其原因在于计算机中的每个存储位只有高电压和低电压两种信号。由于每个存储位的状态只能是高电压和低电压两者之一，没有第三种情况，所以用 0 和 1 表示这两种状态符合逻辑又简单明确。通常，低电压信号等同于抽象符号 0，高电压信号等同于抽象符号 1。在实际工作中，你可以忘记电压这个概念，就认为每个存储位存放的值是 0 或 1。

每个存储单元称为一个二进制数字（或简称位，bit），把 8 位集合在一起就构成了字节（Byte），字节集合在一起构成了字（Word），字中的位数称为计算机的字长，例如，字长为 16、32、64 位等。

现代计算机通常是 32 位的机器（如 Inter 公司的 PentiumⅣ处理器）或 64 位的机器（如 HP 公司的 Alpha 处理器和 Intel 公司的 Itanium 2 处理器）。目前，有些应用设备（如寻呼机）仍使用是 8 位的微处理器。总而言之，无论你使用的是什么计算机器，它们最终采用的都是二进制计数系统。

关于计算机和二进制之间的关系，还有很多是值得探讨的。后面我们将分析各种类型的数据，看看它们在计算机中是如何表示的。

3.2　数　与　数　制

数字对计算至关重要，它是计算的基本单元。本节着重讨论数及计算相关的数制，着重介绍自然数在诸如二进制、八进制、十六进制等各种计数系统中的表示，这些计数系统之间的转换关系，以及它们与我们常用的十进制之间的转换关系。

3.2.1　数字与计算

人类最早用来计数的工具是手指和脚趾，但它们只能表示 20 以内的数字。目前，世界各国都使用阿拉伯数字为标准数字。不同的计数系统可以使用相同的数字，例如，十进制和二进制都会用到数字"0"和"1"。

除了使用计算机执行数字运算以外，所有使用计算机存储和管理的信息类型最终都是以数字形式存储的。在计算机的底层，所有信息都只是用数字 0 和 1 存储的。因此，在开始研究计算机之前，首先需要探讨一下数字。

数字是属于抽象数学系统的一个单位，服从特定的顺序法则，如加法法则和乘法法则。也就是说，数字表示一个值，可以对这些值施加某些算术运算。从我们具备的数学知识知道，数字分为自然数、负数、有理数、无理数等，它们是我们学习数学的最基本的概念。

自然数是 0 和通过在 0 上重复加 1 得到的任何数，主要用于计数。负数是小于 0 的数，在相应的正数前加上负号即为负数。整数包括所有自然数和负数。有理数包括整数和两个整数进行除法运算得到的结果，也就是说，任何有理数都可以被表示为一个分数。

关于数字与计算，我们已经在数学上相当熟悉，现在罗列出来，主要是让读者回忆起这些基本规则，然后将其推广到其他数制系统中。通过这些描述，让读者明白客观世界里同样一件事情，在不同的计数系统中有不同的表示方法。计算机使用的是二进制计数系统，让我们深刻理解计算机使用二进制数值 1 和 0 来表示所有信息的思想精髓。

3.2.2　位置计数法

日常生活中，如果见到形如"943"这样的数字，你脑子里直接的反应是什么？或者准确地说，你知道"943"这个数中有多少实体呢？也就是说，943 这个数表示多少件实物呢？我们脑子习惯的方法，知道 943 是 9 个 100 加 4 个 10 加 3 个 1，或者说，是 900 个 1 加 40 个 1 加 3 个 1。同样的，我们回答 754 中又有多少实体？700 个 1 加 50 个 1 加 4 个 1。现在的问题是，这样说对吗？也许正确。因为问题的答案是由它使用的计数系统的基数决定的。如果这些数字是以 10 为基数的，或者说是十进制，也就是人们日常使用的数制，那么上述答案是正确的。但在其他计数系统中，上述答案就错了。

计数系统的基数规定了这个系统中使用的数字量。一般地，这些数字都是从 0 开始，到比基数小 1 的数字结束。例如，在以 2 为基数的系统中，有两个数字 0 和 1。在以 8 为基数的系统中，有 8 个数字，即 0~7。在以 10 为基数的系统中，有 10 个数字，即 0~9。

数字是用位置计数法编写的，最右边的数位表示它的值乘以基数的 0 次幂，紧挨着这个数位的左边的数位表示它的值乘以基数的 1 次幂，接下来的数位表示它的值乘以基数的 2 次幂，再接下来的数位表示它的值乘以基数的 3 次幂，以此类推。比如，计算 943 中 1 的个数，有：

$$9 \times 10^2 = 9 \times 100 = 900$$
$$+4 \times 10^1 = 4 \times 10 = 40$$
$$+3 \times 10^0 = 3 \times 1 = 3$$

$$\overline{943}$$

可见，位置计数法的定义是用计数系统的基数的多项式表示的值。其中多项式是两个或多个代数项的和，代数项由一个常量乘以一个或多个非负整数幂构成。如 943 可以表示为下列多项式，其中 x 表示基数。

$$9 \times x^2 + 4 \times x^1 + 3 \times x^0$$

推而广之，数字的位置计数方法定义为：如果一个数字采用的是以 R 为基数的计数系统，具有 n 个数位，那么可以用下列多项式表示它，其中，d_i 表示该数从右到左的第 i 个位置的数码值。

$$d_n \times R^{n-1} + d_{n-1} \times R^{n-2} + \cdots + d_2 \times R + d_1$$

如以 10 为基数的数字 63578，这里的 n 等于 5（该数字有 5 个数位），R 等于 10（基数）。根据以上公式，第 5 个数位（最左边的数位）乘以基数的 4 次方，第 4 个数位乘以基数的 3 次方，第 3 个数位乘以基数的 2 次方，第 2 个数位乘以基数的 1 次方，第一个数位什么都不乘，或者说乘以基数的 0 次方。于是，该数的位置表示法（多项式表示法）如下：

$$6 \times 10^4 + 3 \times 10^3 + 5 \times 10^2 + 7 \times 10^1 + 8$$

如果 943 表示的是一个以 13 为基数的值，则要确定 1 的个数，必须先把 943 转换成以 10 为基数的数字，运算采用我们熟悉的十进制运算规则，结果为：

$$9 \times 13^2 = 9 \times 169 = 1521$$
$$+4 \times 13^1 = 4 \times 13 = 52$$
$$+3 \times 13^0 = 3 \times 1 = 3$$

$$\overline{1576}$$

也就是说，以 13 为基数的数 943 等于以 10 为基数的数 1576。我们需要明白，这两个数是等值的，也就是说，它们表示的是同等数量的实体。具体的，如果一个筐中有 943（以 13 为基数）个乒乓球，另一个筐中有 1576（以 10 为基数）个乒乓球，那么两个筐中的乒乓球的数量是完全一样的。计数系统使我们能用多种方式表示数值。

3.2.3　数制转换

在计算机中以 2 为基数（二进制）的计数系统尤其重要，了解以 2 的幂为基数的计数系统（如以 8 为基数的八进制和以 16 为基数的十六进制）同样重要。基数规定了计数系统数字的个数，如以 10 为基数的计数系统具有 0～9 十个数字（符号），以 2 为基数的计数系统具有 2 个数字（0～1），以 8 为基数的计数系统具有 8 个数字（0～7）等。可以看出，数字 943 不可能表示一个基数小于 10 的值，因为在这样的计数系统中，根本不存在数字 9。同样的，2074 是一个以 8 或大于 8 的数为基数的有效数字。

那么在基数大于 10 的计数系统中有哪些数字呢？我们用符号表示相当于十进制中大于等于 10 的值的数字。在以比 10 大的数为基数的计数系统中，我们把字母用作数字，如字母 A 表示数字 10，字母 B 表示 11，字母 C 表示 12,以此类推。因此，以 16 为基数的计数系统中的 16 个数字如下：

$$0、1、2、3、4、5、6、7、8、9、A、B、C、D、E、F$$

我们看一些八进制、十六进制和二进制的数，看看它们表示的十进制数是什么。例如，让我们计算与八进制数（以 8 为基数）754 等值的十进制数。如前所示，我们把这个数字展开成多项式的形式，然后按照十进制的运算规则求和。

$$7 \times 8^2 = 7 \times 64 = 448$$
$$+5 \times 8^1 = 5 \times 8 = 40$$
$$+4 \times 8^0 = 4 \times 1 = 4$$
$$\overline{\qquad\qquad}$$
$$492$$

同样，把十六进制数 ABC 转换成十进制数，方法如下。

$$A \times 16^2 = 10 \times 256 = 2560$$
$$+B \times 16^1 = 11 \times 16 = 176$$
$$+C \times 16^0 = 12 \times 1 = 12$$
$$\overline{\qquad\qquad}$$
$$2748$$

我们发现，把数字转换成十进制数所执行的操作完全一样，只不过使用的基数是根据实际情况确定的，在十六进制中，关于 A、B、C 等字母数字表示的数值需要我们记住，当然，练习得多了，就不会奇怪把字母用作数字了，这就好比你在街上看到的车辆牌照，你也可以估算一个地区可以容纳的机动车辆数。

我们再来试试把二进制（以 2 为基数的）数 1010110 转换成十进制数，执行的步骤仍然相同，只是基数改变了：

$$1 \times 2^6 = 1 \times 64 = 64$$
$$+0 \times 2^5 = 0 \times 32 = 0$$
$$+1 \times 2^4 = 1 \times 16 = 16$$
$$+0 \times 2^3 = 0 \times 8 = 0$$
$$+1 \times 2^2 = 1 \times 4 = 4$$
$$+1 \times 2^1 = 1 \times 2 = 2$$

$$+0\times2^0=0\times1=\ 0$$

$$\overline{\qquad\qquad}$$
$$86$$

3.2.4　计数系统中的运算

在十进制数运算中，0+1 等于 1，1+1 等于 2，2+1 等于 3，以此类推。而当要相加的两个数的和大于基数时，如 1+9 等于 10，因为没有表示 10 的符号，所以只能重复使用已有的数字，并且利用它们的位置。它们是这样给出来的，最右边的值回 0，它左边的位置上发生进位。因此，在以 10 为基数的计数系统中，1+9 等于 10。

二进制运算的规则与十进制运算的类似，不过可用的数字更少而已。如有 0+1 等于 1，1+1 等于 10。同样的规则适用于较大数中的每一个数位，这一操作将持续到没有需要相加的数字为止。

我们试求二进制数 101110 和 11011 的和，竖式如下，其中每个数位之上的值标识了进位。

$$
\begin{array}{r}
11111 \quad \leftarrow 进位 \\
101110 \\
+\quad\ 11011 \\
\hline
1001001
\end{array}
$$

我们分别将它们转换成我们熟悉的十进制数，来确认这个答案是否正确，有 101110 等于十进制的 46，11011 等于 27，它们的和是 73，而 1001001 等于十进制的 73。答案正确。只不过我们习惯了十进制的计算，在各种数制下的运算和十进制的运算是类似的，我们多练习几个，就不会再感到奇怪的。

再来看看减法，9-1 等于 8，8-1 等于 7，以此类推，直到要用一个较小的数减一个较大的数，例如 0-1。要实现这样的减法，必须从减法数字中的下一个左边数位上"借 1"。更确切地说，借的是基数的一次幂。在十进制中，借位时借的是 10，这样的逻辑同样适用于二进制减法。在二进制减法中，每次借位借到的是 2。下面的两个例子中标识出了借位。

$$
\begin{array}{r}
1 \quad \leftarrow 借位 \\
022 \\
111001 \\
-\quad\ 110 \\
\hline
110011
\end{array}
$$

同样的，可以通过把所有值转换成十进制的，进行减法运算后与上面的结果进行比较，看答案是不是正确的，该问题的验证留给读者。

二进制数和八进制数有种非常特殊的关系。假定给定一个二进制数，我们可以很快读出它对应的八进制数，同样地给定一个八进制数，也可以很快读出它对应的二进制数。我们的做法是把八进制的每个数位替换成这个数位对应的三位二进制数，若最左端有 0，则去掉，这样就得到八进制数对应的二进制数。如八进制 754，八进制中的 7 等于二进制的 111，八进制的 5 等于二进制的 101，八进制的 4 等于二进制的 100，所以八进制的 754 等于二进制的 111101100。

为了便于转换，表 3-1 列出了 0～10 的十进制数和它们对应的二进制数及八进制数。

表 3-1　二进制与八进制和十六进制的对应关系

二进制	八进制	十六进制	二进制	八进制	十六进制
0	0	0	1000	10	8
1	1	1	1001	11	9
10	2	2	1010	12	A
11	3	3	1011	13	B
100	4	4	1100	14	C
101	5	5	1101	15	D
110	6	6	1110	16	E
111	7	7	1111	17	F

反过来，我们把二进制从右到左每三位分为一组，若左端不够三位时，在其左端补 0 构成三位，然后每三位二进制数用与其对应一个八进制数表示，这样就获得了二进制数对应的八进制数。如二进制的 111101100 转换成八进制的方法为：

$$\frac{111\ 101\ 100}{7\quad 5\quad 4}$$

二进制数和八进制数之间可以快速转换的原因在于 8 是 2 的幂。在二进制和十六进制之间也存在类似的关系，不过，我们转换时将 3 个数位为一组改为以 4 个数位为一组。如我们把二进制数 1010110 转换成十六进制的，从右到左把每四个数位分成一组。

$$\frac{101\ 0110}{5\quad 6}$$

$$5 \times 16^1 = 5 \times 16 = 80$$
$$+6 \times 16^0 = 6 \times 1 = \quad 6$$

$$\overline{\qquad\qquad}$$
$$86$$

我们再把十六进制数 ABC 转换成二进制数。十六进制中的 A 等于十进制中的 10，等于二进制的 1010。同样的，十六进制的 B 等于二进制的 1011，十六进制的 C 等于二进制的 1100。因此，十六进制数 ABC 等于二进制的 101010111100。

3.2.5　十进制数转换成其他数制的数

与其他进制数字向十进制数字转换时使用多项式表示法相同，若将十进制数转换成其他进制的数字，可以想象，这是上一个过程的逆过程，从算法的角度，可能使用与多项式表示法对偶的方法——长除法。做法是：用这个数除以新基，得到一个商和一个余数，余数将成为新数字中的（从右到左）下一位数，商将代替要转换的数字，持续这个过程直到商为 0 结束，这个余数串就是这个十进制数在新基下的数值。该算法用伪码描述如下。

```
While（商不是 0）
    用新基数除这个十进制数
    把余数作为答案左边的下一个数字
    用商代替这个十进制数
```

这些规则构成了把十进制数转换成其他数制的算法。

使用该算法把十进制数 2748 转换成十六进制数。这里十进制数为 2748，新基是 16，算法开始之前，先用 2748 除以 16 得到商和余数，然后开始以上算法，过程如下。

$$
\begin{array}{r}
1\ \ 7\ \ 1 \leftarrow \text{商} \\
16\overline{)2\ \ 7\ \ 4\ \ 8} \\
1\ \ 6 \\
\hline
1\ \ 1\ \ 4 \\
1\ \ 1\ \ 2 \\
\hline
2\ \ 8 \\
1\ \ 6 \\
\hline
1\ \ 2
\end{array}
$$

余数是十进制的 12，将作为十六进制数中的第一位数，根据十进制数和十六进制数的对应关系，12 用十六进制的数字 C 表示。由于商是 171，不是 0,所以要继续用新基数 16 除它（171）。

$$
\begin{array}{r}
1\ \ 0 \leftarrow \text{商} \\
16\overline{)1\ \ 7\ \ 1} \\
1\ \ 6 \\
\hline
1\ \ 1
\end{array}
$$

余数（11）是答案中左边的下一位数，用十六进制的数字 B 表示。现在，答案是 BC。由于商是 10，仍不是 0，所以要用新基数除它（10）。

$$
\begin{array}{r}
1 \leftarrow \text{商} \\
16\overline{)1\ \ 0} \\
1\ \ 6 \\
\hline
1\ \ 0
\end{array}
$$

余数（10）是答案中左边的下一位数，用数字 A 表示。现在，答案是 ABC。由于商是 0，所以整个过程结束了，最后的答案是 ABC。

以上描述可以更简单地用以下长除法的形式表述。就是每一步记录下商和余数，并将余数写成十六进制的数字形式，然后从下到上依次写下余数在十六进制下的表示，即得到转换后的结果。

$$
\begin{array}{r}
16\underline{|2\ \ 7\ \ 4\ \ 8}\cdots12(C) \\
16\underline{|1\ \ 7\ \ 1}\cdots11(B) \\
16\underline{|1\ \ 1}\cdots10(A) \\
0
\end{array}
$$

十进制向其他进制的转换用同样的方法进行，注意每一步得到的商是十进制的表示，一定要将其转换成新基下的对应数字。

3.3　数字的计算机表示

3.2 节，我们了解了二进制计数系统以及与它等价的八进制和十六进制计数系统，并与我们熟悉的十进制计数系统建立了等价关系，了解了计算机内部信息全部是采用二进制计数系统来表示的，从本节开始的后面几节，我们将看到常见的数据类型计算机表示方法。

我们已经知道，数值是计算机常用的数据类型，在数学上数值一般是指实型数据，所以本节介绍生活中实数这种数据的表示方法。

3.3.1　负数表示法

计算机中表示一个数值数据，需要考虑数的长度、符号的表示方法和小数点的表示方法等三个方面的表示问题。符号就是我们常说的正号和负号，表示数所属的分类——正数类和负数类，一般地，数值都有符号，只不过正号我们常省略而已。数字值表示它的量值，即距离数字 0 多少个单位距离的数量，这种表示方法称为符号数值表示法。

数的长度就是表示数值所占的位数，数学上数的长度不是固定的，实际应用时是几位就写几位，但计算机中，同类型的数据长度一般是固定的，由计算机的字长确定，当数量值不足时，前导部分就用 0 补足。也就是说，计算机中同类型的数据具有相同的长度，与数据的实际长度无关。一般地，因为二进制的每一个位只能是 0 或 1 中的一种状态，所以 n 位二进制数字能表示 2^n 种状态，每增加一位，可以表示的状态数量就增加一倍。

对带符号的整数执行加法和减法操作，可以描述为向一个方向或另一个方向移动一定量的数字单位。如求两个数的和，即找到第一个数的刻度，然后向第二个数的符号表示的方向，数字表示移动的数字单位。执行减法的方式是一样的，即按照符号所示的方向沿着实数直线图移动指定的数字单位。

我们看看十进制的符号数值表示方法，然后依同样的原理将其推广到二进制系统中。

假设能够表示的最大十进制数是 99，我们用一半的数表示正数，即 1～49 表示正数 1～49，用 50～99 表示负数–50～–1。这种表示法的直线图如图 3-2 所示，直线下方的数是上方数对应的符号数值，即对应的负数。

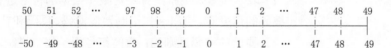

图 3-2　两位十进制负数表示图示

这种模式下执行加法，只需要对两个数求和，舍弃进位即可，而在执行减法时，根据加法和减法的关系，等价于给第一个数加上第二个数的负数，转化为加法，同样进行运算。表 3-2 列出了这种表示模式下的运算举例。

表 3-2　符号数值在新模式下的加法、减法例子

符号数值法	新模式	符号数值法	新模式
5 +)　–6 –1	5 +)　94 99	–2 +)　–4 –6	98 +)　96 94
–4 +)　6 2	96 +)　6 2	–5 –)　3 –6	95 +)　97 92

　　这个例子中，我们只假定有 100 个数值，我们能够用一个直线图来计算一个数的负数表示。我们从中总结规律，要表示负数，可以使用下列公式。

$$Negative(I)=10^k-I，其中 k 是数字位数$$

　　在两位数字表示法中，按照上述公式，求–3 的表示法为：

$$-(3)=10^2-3=97$$

　　在三位数字表示法中，按照上述公式，求–3 的表示法为：

$$-(3)=10^3-3=997$$

　　这种数值表示法称为十进制的补码。我们看到，采用补码表示符号数值，将没有符号表示的问题，这种表示法在计算机中非常有用。由于计算机存储任何数据采用的都是二进制，所以我们采用与十进制补码等价的二进制补码来表示数值。

3.3.2　数的原码、反码和补码

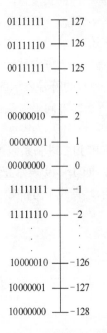

图 3-3　八位二进制的符号数表示

　　假定数字采用定长的八位表示，为了方便查看二进制数，我们仿图 3-1，用垂直直线表示补码形式的数，如图 3-3 所示。

　　加法和减法的运算方式与十进制补码一样进行，如（–127）+1，竖式如下。

$$\begin{array}{r} -127 \\ +)\ \ \ 1 \\ \hline -126 \end{array} \qquad \begin{array}{r} 10000001 \\ +)\ \ 00000001 \\ \hline 10000010 \end{array}$$

　　观察图 3-3，发现八位二进制的负数最高位总为 1，正数最高位总为 0，因此，可把最高位看做是符号位的表示。我们也常说，采用二进制表示的数值数据通常用"0"表示正号，"1"表示负号，也就是说是对数字数据的符号进行了编码。从编码的角度看，引出来二进制数的原码、反码和补码的表示法。

　　原码的编码规则为：数的符号用一位二进制表示，称为符号位，通常正数符号位为 0，负数符号位为 1，将数与符号位一起进行编码的数的表示方法。

　　如 X=+1000101，则它的原码 $[X]_原$ =01000101，若 X=–1000101，则它的原码$[X]_原$=11000101 等。注意到若 X=+0000000，则它的原码$[X]_原$=00000000，而 X=–0000000，则它的原码$[X]_原$=10000000，也就是说 0 的表示方法有两种，这给计算机判定带来了困难。

　　原码编码简单直接，但硬件实现困难，进行四则运算时，符号要单独处理，如加法运算，若为同号，则两数相加，结果的符号为它们共同符号；如两数的符号相异，则要用绝对值大的数减去另一个数，结果的符号取大数的符号，加上 0 的表示法不唯一的问题，因此需要寻求更好的编码方案。

　　反码编码规则为：正数的反码与原码相同，负数符号位与其原码的符号位相同，其他各位分别对它的原码各位取反。反码可以说除在求补码时使用外，几乎不用。

　　对以上例子，我们来用反码表示。X=+1000101，则它的反码$[X]_反$=01000101，若 X=–1000101，则它的反码$[X]_反$=10111010。

补码的编码规则为：正数的补码和原码相同，负数的补码其符号位与其原码符号位相同，其余各位是对其对应的原码的各位取反后，末位再加 1 得到（即它的反码加 1）。

如 X=+1000101，则它的补码$[X]_{补}$=01000101，若 X=−1000101，则它的补码$[X]_{补}$=10111011。

【例 3-1】　用补码表示计算 68−12 的值（假定用八位二进制表示整数）。

解：$(68)_{10}$=$(+1000100)_2$，所以$[68]_{补}$=$(01000100)_2$

$(-12)_{10}$=$(-0001100)_2$，所以$[-12]_{补}$=$[-12]_{反}$+1=$(11110011)_2$+$(1)_2$=$(11110100)_2$

$$\begin{array}{r} 01000100 \\ +\ \ 11110100 \\ \hline 100111000 \end{array} \qquad \begin{array}{r} [68]_{补} \\ +\ [-12]_{补} \\ \hline [56]_{补} \end{array}$$

由于八位二进制表示一个整数，最高位参与运算进位时丢弃，得到正确的结果。

【例 3-2】　用八位二进制表示整数，计算 12−68。

解：$(12)_{10}$=$(+0001100)_2$，所以$[12]_{补}$=$(00001100)_2$

$(-68)_{10}$=$(-1000100)_2$，所以$[-68]_{补}$=$[-68]_{反}$+1=$(10111011)_2$+$(1)_2$=$(10111100)_2$

$$\begin{array}{r} 00001100 \\ +\ \ 10111100 \\ \hline 11001000 \end{array} \qquad \begin{array}{r} [12]_{补} \\ +\ [-68]_{补} \\ \hline [-56]_{补} \end{array}$$

补码表示法克服了原码表示法中的零的表示不唯一问题，同时我们看到，补码表示法很方便进行算术运算，符号位直接参与运算，没有必要单独进行处理。进一步注意到，减法运算是转换成加法运算进行的，从而使正负数的加减法运算转换成单纯的加法运算，这样可以简化运算规则和逻辑电路实现。

需要指出，以上运算对象以及运算结果都是在八位二进制数表示的范围内才是正确的，如果运算对象或者运算结果超出了这个范围，则将产生数字溢出，结果将是错误的。溢出是把无限世界映射到有限机器上发生的典型问题，无论给数字分配多少位，总有潜在的表示这些位不能满足的数的需要，如何解决这个问题，不同的计算机硬件和不同的程序设计语言有各自独特的方法。

3.3.3　实数表示法

回顾一下十进制的数值的位置表示方法，数值的位置上由数值的基决定的，小数点左侧的位置有 1、10、100，以此类推，它们都是基数的幂，从小数点开始向左，每一位身升高一次幂。以小数点为中心，小数点右侧的位置也是这样得到，只不过幂是负数，依次称为十分位、百分位等。

二进制采用同样的规则，只不过基数是 2。形式上，小数点左侧仍然是 1、10、100 等，小数点右侧依次是 0.1、0.01 等，只不过这里的 0、1 是二进制的 0 和 1，这里的 10、100 都是二进制的 10、100 等。二进制中，小数点右侧的位置是二分位、四分位，以此类推。

把十进制整数转换成其他进制时，需要用新基除这个数，余数是结果右边的下一位数字，商是新的被除数，继续这个除法过程，直到商为 0 为止。转换小数部分和整数部分恰好对偶，采用乘法操作，即用新基乘这个小数，得到的整数部分成为结果右边的下一位数字，乘法结果中的小数部分成为新的被乘数，整个过程直到乘法结果中的小数部分为 0 终止。

【例 3-3】 设十进制的 $X=3.625$，将其转换成二进制数表示。

解：首先将整数部分 3 转换成二进制，再将小数部分 0.625 转换成二进制，用小数点将它们连接起来就是需要的结果。

因为 $(3)_{10}=(11)_2$，而 $0.625\times2=1.25$，得到整数部分为 1，小数部分为 0.25，继续 $0.25\times2=0.5$，整数部分是 0，小数部分为 0.5，继续这个过程，$0.5\times2=1$，整数部分是 1，小数部分为 0，结束过程，得到 $(0.625)_{10}=(0.101)_2$。因此，$(3.625)_{10}=(11.101)_2$。

数值不仅有正数和负数之分，还有整数和小数之分。在计算机中，根据小数点的位置采用固定或浮动的表示方法，数值表示分为定点表示法和浮点表示法。

数值的定点表示法是由计算机设计者在机器内部结构中指定的一个不变的位置作为小数点位置，常用的有定点整数和定点小数两种格式。定点整数表示法是将小数点的位置固定在表示数值的最低位置后，定点小数表示法是将小数点的位置固定在符号位和数值位之间，它们的一般格式如图 3-4 所示。

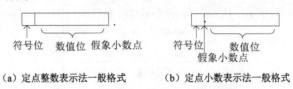

（a）定点整数表示法一般格式　　（b）定点小数表示法一般格式

图 3-4　数值的定点表示法一般格式

处理非常大或非常小的数时，我们常用科学计数法来表示，在计算机中常用浮点表示法来表示数值，科学计数法是浮点表示法的一种形式，其中小数点在最左边非 0 数字的右边，即整数部分只有一位数字。一个实数 X 的科学计数法形式为 $X=M\times r^E$，其中 r 表示基数，E 表示 r 的幂次，M 为 X 的有效数字，称为 X 的尾数，其中的位数反映了 X 的精度。

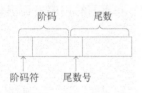

图 3-5　浮点数表示一般格式

计算机中采用二进制表示数据，因此浮点表示法的基数 r 是 2，当然也可以规定为其他基数，一旦规定了就不能改变，因此浮点数表示法中不用再表示基数 r。计算机中浮点数的表示由阶码和尾数两部分组成，其一般格式如图 3-5 所示。图中尾数 M 中的小数点可以随着 E 值的变化而左右浮动，所以称为浮点表示法。目前，大多数计算机都把尾数 M 规定为纯小数，把阶码 E 规定为整数。

在浮点表示法中，阶码和尾数可以采用不同的码制表示，如尾数多采用原码或补码表示，而阶码多采用补码表示。

【例 3-4】 设十进制的 $X=3.625$，假设用 12 位二进制表示一个浮点数，其中阶码占 4 位，尾数占 8 位，求 X 的浮点数表示。

解：由例 3-3 已经知道 $(3.625)_{10}=(11.101)_2=(0.11101\times2^{10})_2$，所以阶码为二进制的 +10，其补码为 010，占 4 位，则阶码表示为 0010；尾数为 +0.11101，其补码为 011101，占 8 位，则尾数表示为 01110100，注意位数占不满时，位数填补 0。最后，得到 X 的浮点数表示为 001001110100。

【例 3-5】　设十进制的 X=3.625，假设用 8 位二进制表示一个浮点数，其中阶码占 3 位，尾数占 5 位，求 X 的浮点数表示。

解：由例 3-4 已经知道 $(3.625)_{10}=(11.101)_2=(0.11101\times2^{10})_2$，所以阶码为二进制的+10，其补码为 010，占 3 位，则阶码表示为 010；尾数为+0.11101，其补码为 011101，占 5 位，位数不够，尾数截断 5 位，表示为 01110。最后，得到 X 的浮点数表示为 01001110。

因为尾数的空间不够大，表示数据时需要截断，由此产生了原始数据的截断误差。目前大多数计算机都使用 32 位二进制表示一个浮点数。

3.4　文本的计算机表示

在任何语言中，文本的片段是用来表示该语言中某个意思的一系列符号。如英文中 26 个字符 A，B，…，Z 表示大写字母，26 个符号 a，b，…，z 表示小写字母，10 个符号 0，1，2，…，9 表示数字字符（注意不是数字）以及标点符号、空格、换行、制表符等。本节讨论文本的数字形式表示，也就是要将文本中每个可能出现的字符表示出来，主要介绍 ASCII 和 Unicode 两种字符集。

3.4.1　ASCII 字符集

要对文本信息进行存储，一个直观的简单的方法是这样的：首先找到文本中出现的所有可能字符，冷静地想想，虽然这些符号可能很多，但它的个数总是有限的。接下来，就是对每个字符分配一个二进制串，那么要存储一个特定的字符，就是保存其对应的位串。因此，对文本信息的存储就是文本中一系列的字符对应的二进制串的存储。

从以上简单的分析可以看出，要对文本进行计算机处理，首先就是找到文本中所有可能的字符，然后根据字符数量和实际需要决定需要多少二进制位来表示一种字符状态，最后考虑什么样的字符编码更为合理、有效，如考虑存储效率、运算效率、存储规律等。

我们将文本中确定的所有字符称为文本的字符集，即字符集是字符和表示它的编码的清单。在当今的计算机中，有多种字符集，但只有本节介绍的 ASCII 和 Unicode 编码等少数几种处于主导地位。

ASCII 是美国信息互换标准代码（American Standard Code for Information Interchange）的缩写。最初，ASCII 字符集用 7 位二进制表示，可表示 128 个不同的字符，每个字节的第八位用作校验位，确保数据传输正确。之后，ASCII 字符用 8 位表示一个字符，可表示 256 个字符，这个版本的正式名字是 Latin-1 扩展 ASCII 字符集。图 3-6 给出了标准 ASCII 字符集。

图 3-6 中的代码是用我们习惯的十进制表示的，需要记住的是，在计算机中存储这些代码是用二进制数。图表的前 32 个 ASCII 字符是为了特殊用途保留的，没有简单的字符表示，如回车、制表符等，处理数据的程序会用特殊方式解释它们。每个 ASCII 字符都有自己的顺序，其顺序是由存储它们使用的代码决定的，每一个字符都有一个相对于其他字符的位置，可以在计算机中用于比较大小和排序等。

ASCII 码值	控制字符	ASCII 码值	字符	ASCII 码值	字符	ASCII 码值	字符
0	NUL	32	space	64	@	96	`
1	SOH	33	!	65	A	97	a
2	STX	34	"	66	B	98	b
3	ETX	35	#	67	C	99	c
4	EOT	36	$	68	D	100	d
5	ENQ	37	%	69	E	101	e
6	ACK	38	&	70	F	102	f
7	BEL	39	'	71	G	103	g
8	BS	40	(	72	H	104	h
9	HT	41	)	73	I	105	i
10	LF	42	*	74	J	106	j
11	VF	43	+	75	K	107	k
12	FF	44	,	76	L	108	l
13	CR	45	-	77	M	109	m
14	SO	46	.	78	N	110	n
15	SI	47	/	79	O	111	o
16	DLE	48	0	80	P	112	p
17	DC1	49	1	81	Q	113	q
18	DC2	50	2	82	R	114	r
19	DC3	51	3	83	S	115	s
20	DC4	52	4	84	T	116	t
21	NAK	53	5	85	U	117	u
22	SYN	54	6	86	V	118	v
23	ETB	55	7	87	W	119	w
24	CAN	56	8	88	X	120	x
25	EM	57	9	89	Y	121	y
26	SUB	58	:	90	Z	122	z
27	ESC	59	;	91	[	123	{
28	FS	60	<	92	\	124	|
29	GS	61	=	93	]	125	}
30	RS	62	>	94	^	126	~
31	US	63	?	95	_	127	del

图 3-6　ASCII 字符集

3.4.2　Unicode 字符集

Unicode（统一码、国际码、万国码、单一码）是国际组织制定的可以容纳世界上所有文字和符号的字符编码方案，而且仍然在不断的发展中。它对世界上大部分的文字系统进行了整理、编码，使得计算机可以用更为简单的方式来呈现和处理文字。目前最新的版本是 2013年 9 月发布的第六版，已收入了超过 10 万个字符。

Unicode 字符集备受认可，并广泛地应用于计算机软件的国际化与本地化过程，如可扩展标记语言、Java 编程语言以及现代操作系统都采用 Unicode 编码。

Unicode 最多可以容纳 1114112 个字符，或者说有 1114112 个码位，码位就是可以分配给字符的数字，并通过 UTF-8、UTF-16、UTF-32 将数字转换到程序数据的编码方案。为了保持一致，Unicode 字符集被设计为 ASCII 的超级，也就是说，Unicode 字符集中的前 256 个字符与 ASCII 字符集完全一样，其编码也一样，因此，即使底层系统采用的是 Unicode 字符集，采用 ASCII 编码的程序也不会受到影响。

3.4.3 文本压缩

文本信息一般是由大量的字符组合而成，采用以上编码方法，势必导致文本信息的存储量非常大，因此为了有效存储和传输文本信息，文本压缩是必要的。下面介绍三种简单的文本压缩方法，即关键字编码、行程长度编码和赫夫曼编码，以便对文本的存储技术有所了解。

关键字编码（Key-Word Encoding）的基本思想就是用单个字符来代替文本中的关键字，以减少存储需要的存储空间，从而达到对文本的压缩目的。这里的关键字就是文本中出现的高频词。在阅读文本时，采用压缩的逆过程称为解码，也就是用相应的完整的词替换单个字符。

下一个问题就是要考虑采用什么样的字符来替换文本中的关键字，以达到采用关键字编码对文本进行压缩。因为替换的关键字的符号也可能是文本中存在的字符，所以要保证对关键字编码的字符不能出现在原始文本中，否则会引起歧义。如果关键字比较长以及出现的频率比较高，则关键字编码的压缩效率比较高。

行程长度编码（Run-Length Compression)又叫迭代编码，是将任何 4 个或更多的重复字符的串被一个标志字符（压缩码）后跟一个重复字符和一个代表重复字符个数的值所取代。

如字符串为 AAAABBBCCCCCCCCDDD hi there EEEEEEEEEFF，如果用*作为压缩码，这个串可以被编码为*A4*B3*C8DDD hi there *E9FF。原字符串包含有 39 个字符，编码后含有 27 个字符，压缩率为 27/39。注意到，我们用一个字符记录了重复次数，看起来我们不能对重复次数大于 9 的序列编码。在计算机中，重复次数是用八位二进制的 ASCII 编码，因此重复次数可以是 0～255 中的任何一个数，加上我们只对长度大于 3 的重复字符编码，因此可以是 4～259 的任何数。

赫夫曼编码（Huffman Encoding）是一种基于统计的变长二进制编码方法，它假定文本数据中的字符并不是均等地出现在文本中，即有些字符出现的频率高，有些出现的频率低，出现越频繁的字符用于编码的位数就越少。这种编码方案保存在一张表中，在数据传输时，它能被传送到接收方调制解调器使其知道如何译码字符。

假设文本的所有字符以及它们的赫夫曼编码如表 3-3 所示，我们来看看这个过程。

表 3-3　赫夫曼编码表

赫夫曼编码	字符	赫夫曼编码	字符
00	A	10010	O
11	E	10011	I
010	T	101000	N
0110	C	101001	F
0111	L	101010	H
1000	S	101011	D
1011	R		

如果赫夫曼编码后的位串为 101000100101010001000111101000100011，我们看看它表示的文本信息是什么。从左到右截取一段位串，将其用该位串对应的字符表示出来，即解码，会得到 NONSENSE，值得注意到是，要使得解码有效，只能解码为这个串。反之，将这个字符串按照赫夫曼编码表也只能编码为以上位串。

赫夫曼编码的重要特征是用于表示一个字符的位串不会是另一个字符的位串的前缀，也就是说，从左到右扫描一个位串时，每当发现一个位串对应于一个字符时，这个位串就一定表示这个字符，而不可能是更长位串的前缀。

如果采用定长 8 位位串表示一个字符，则上例的字符串的二进制形式共需 8 字符×8 位/字符=64 位，它的赫夫曼编码的位数为 35 位，压缩率为 35/64。

关于赫夫曼编码表是怎么根据字符在文本信息中出现的频次来创建，我们将在后续课程中学习。

3.5   音频的计算机表示

音频（audio）是人类能够听到的所有声音，它也可能是噪音。要在计算机内播放或是处理音频文件，就是要对声音文件进行数模转换，这个过程由采样和量化构成，人耳所能听到的声音最低的频率是从 20Hz 起一直到最高频率 20kHz，20kHz 以上人耳是听不到的，因此音频的最大带宽是 20kHz。根据香农采样定理，一般地对声音的采样速率需要在 40~50kHz，而且对每个样本需要更多的量化比特数。音频数字化的标准是每个样本 16 位(16bit，即 96dB)的信噪比，采用线性脉冲编码调制 PCM，每一量化步长都具有相等的长度。

本节主要给出音频的计算机编码格式，关于音频的制作和编辑软件的使用，希望课后通过网络进行了解和学习。

3.5.1   音频格式

音频格式是指要在计算机内播放或是处理的音频文件，是对声音文件进行数模转换的过程。音频格式包括 CD 格式、WAVE（*.WAV）、AIFF、AU、MP3、MIDI、WMA、RealAudio、VQF、OggVorbis、AAC、APE 等。所有格式都是基于模拟信号的采样得到的电压值，但它们格式化的细节方式不同，采用的压缩格式方法也不同。以下简单介绍几种音频文件格式。

CD 格式的音质是比较高的音频格式，标准 CD 格式是以 44.1kHz 的采样频率，速率是 88k/s，16 位量化位数。CD 音频文件是一个*.cda 文件，这只是一个 44 字节长的索引信息，并不是真正的包含声音信息。注意：不能直接复制 CD 格式的*.cda 文件到硬盘上播放，而需要使用一些抓音轨软件把 CD 格式的文件转换成 WAV 格式。

WAVE（*.WAV）是微软公司开发的一种声音文件格式，用于保存 Windows 平台的音频信息资源，被 Windows 平台及其应用程序所支持。"*.WAV"格式支持 MSADPCM、CCITTALaw、CCITTμLaw 等多种压缩算法，支持多种音频位数、采样频率和声道，标准格式的 WAV 文件和 CD 格式一样，也是 44.1kHz 的采样频率，速率为 88k/s，16 位量化位数。因为 WAV 文件格式的缺点是体积较大，所以不适合长时间记录。试想，录制一分钟 44kHz、16bit Stereo 的 WAV 文件，其大小约占用 10MB 的存储空间！

AIFF（Audio Interchange File Format）是音频交换文件格式的英文缩写，和 WAV 非常相像，大多数的音频编辑软件也都支持这种常见的音频格式。AIFF 音频格式是 Apple 公司开发的一种音频文件格式，是 Apple 计算机上面的标准音频格式，属于 QuickTime 技术的一部分。

MIDI（Musical Instrument Digital Interface）格式被经常玩音乐的人使用，MIDI 允许数字合成器和其他设备交换数据。MID 文件格式由 MIDI 继承而来，它并不是一段录制好的声音，而是记录声音的信息，然后告诉声卡如何再现音乐的一组指令。MID 文件主要用于原始乐器作品、流行歌曲的业余表演、游戏音轨以及电子贺卡等。

当前，处于统治地位的音频数据格式是 MP3，主要是因为它的压缩率比较高，因此深受大众的喜爱。我们熟知的还有 MP4，MP4 的文件更小，音质更佳。但 MP3 和 MP4 之间并没有必然的联系，因为 MP3 是一种音频压缩的国际技术标准，而 MP4 只是一个商标的名称。

3.5.2　MP3 音频格式

我们常说的 MP3 有三种含义，第一是一种播放音乐文件的播放器，是前几年很流行的一种电子消费品；第二种含义是采用 MP3 编码方式的音频文件，是目前我们网上听音乐的主要文件格式；第三种含义是音频编码方式，是众多音频编码方式的一种。这里是第三种含义。

MP3 是一种音频压缩技术，其全称是动态影像专家压缩标准音频层面 3（Moving Picture Experts Group Audio Layer Ⅲ），简称 MP3。利用 MPEG Audio Layer 3 的技术，将音乐以 1:10 甚至 1:12 的压缩率压缩成容量较小的文件，对于大多数用户来说，重放的音质与最初的不压缩音频相比没有明显的下降。用 MP3 形式存储的音乐称为 MP3 音乐，能播放 MP3 音乐的机器称为 MP3 播放器。

MP3 格式使用有损压缩和无损压缩两种压缩方法，说它是有损压缩是因为它首先将分析的音频展开，与人类的心理学的数学模型进行比较，舍弃那些人类听不到的信息；说它是无损压缩是因为它采用赫夫曼编码进一步压缩得到的位流。

网上有很多软件工具可以帮助我们创建 MP3 文件，将其他格式的音频文件转换成 MP3 文件格式，减少文件占据的存储空间。解释和播放 MP3 文件的播放器也有很多，这里不再赘述。

3.6　图形与图像的计算机表示

图形和图像是基本的视频信息数据，在现实生活中，它们都是模拟数据，也就是它们都是连续的。图形、图像、视频等视觉信息是人眼对颜色的反映，而颜色是视网膜对各种频率的光的感觉，因此我们要数字化图形、图像，首先要了解表示颜色的方法。本节简单介绍 RGB 颜色表示法和典型的图像图形的文件格式，其详细的技术有专门的课程介绍。

3.6.1　颜色表示法

在计算机中，颜色通常用 RGB（Red-Green-Blue）值表示，RGB 是工业界的一种颜色标准，是通过对红、绿、蓝三个颜色通道的变化以及它们相互之间的叠加来得到各式各样的颜色的，是目前运用最广的颜色系统之一。因为图像中每一个像素的 RGB 分量分配一个 0～255 范围内的强度值，因此每个像素将可能有 256×256×256=16777216 种不同的颜色，通常也被简称为 1600 万色或千万色，也称为 24 位色（2 的 24 次方）。例如，纯红色 R 值为 255，G 值为 0，B 值为 0；灰色的 R、G、B 三个值相等（除了 0 和 255）；白色的 R、G、B 值都为 255；黑色的 R、G、B 值都为 0。

用于表示颜色的数据量称为色深度（亮度），通常用表示颜色的位数来表示，增强色彩指色深度为 16 位的颜色，真彩色是指色深度为 24 位的颜色。24 位真彩色提供的颜色比人眼能够分辨的颜色还要多。

关于颜色的表示，根据不同的模型有不同的表示方法，这就引出了一个色彩空间的概念或模型。颜色空间也称彩色模型（又称彩色空间或彩色系统），它的用途是在某些标准下用通常可接受的方式对彩色加以说明。本质上，彩色模型是坐标系统和子空间的阐述，位于系统的每种颜色都由单个点表示。颜色空间从提出到现在已经有上百种，大部分只是局部的改变或专用于某一领域。颜色空间除了有 RGB，还有 CMY、HSV、HSI 等。

　　CMY 是工业印刷采用的颜色空间，如打印机一般采用四色墨盒，即 CMY 加黑色墨盒等。HSV、HSI 两个颜色空间都是为了更好地数字化处理颜色而提出来的，其中 H 是色调，S 是饱和度，I 是强度。

　　关于色彩空间的理论和应用将在图像处理中有介绍，一般的应用软件也包含色彩的定义和应用。

3.6.2　位图表示法

　　数字化图像简称数字图像、数码图像、数位图像，是以二维数字组形式表示的图像，其数字单元为像素。一幅图使用的像素的个数称为图像的分辨率，如果使用足够多的像素，把它们按照正确的顺序进行排列，就是人们看到的连续的图像。数字图像处理已经成为计算机学科一个重要研究领域，就是研究利用计算机对图像处理的技术和方法，主要是一些变换算法。

　　每个图像的像素通常对应于二维空间中一个特定的"位置"，并且有一个或者多个与那个点相关的采样值组成数值。根据这些采样数目及特性的不同数字图像可以划分为：①二值图像（Binary Image），图像中每个像素的亮度值（Intensity）仅可以取自 0～1 的图像；②灰度图像（Gray Scale Image），也称为灰阶图像，图像中每个像素可以由 0（黑）～255（白）的亮度值表示，0～255 表示不同的灰度级；③彩色图像（Color Image），每幅彩色图像是由三幅不同颜色的灰度图像组合而成，一个为红色，一个为绿色，另一个为蓝色；④立体图像（Stereo Image），立体图像是一物体由不同角度拍摄的一对图像，通常情况下我们可以用立体图像计算出图像的深度信息；⑤三维图像（3D Image），三维图像由一组堆栈的二维图像组成，每一幅图像表示该物体的一个横截面等。

　　图像文件格式是记录和存储影像信息的格式，就是把图像的像素按照一定的方式进行组织和存储，把图像数据存储成文件就得到图像文件。图像文件格式决定了应该在文件中存放何种类型的信息，反映了与各种应用软件兼容和与其他文件的数据交换。将数字图像的信息按照像素顺序逐个存储的方法称为光栅图形格式（Raster-Graphics Format），目前流行的光栅文件格式有 BMP、GIF、JPEG、PNG 等。

　　BMP 文件除了一些管理细节外，将图像的像素颜色值按照从左到右、从上到下的顺序存放。为了减少存储空间，可以采用前面介绍过的行程长度来压缩位图文件。GIF 图像(图像交换格式)由 256 种颜色构成，文件比较小，所以减少了文件的传递时间，在 World Wide Web 和其他网上服务的 HTML(超文本标记语言)文档中普遍应用。

　　JPEG（Joint Photographic Experts Group，联合图片专家组）是目前所有格式中压缩率比较高的静态图像压缩标准，被广泛应用于互联网和数码相机等领域。JPEG 是一种很灵活的格式，具有调节图像质量的功能，允许用不同的压缩比例对文件进行压缩，支持多种压缩级别，压缩比例通常为 40:1～10:1，压缩比例越大，品质就越低，反之品质就越高。如在 Photoshop 中以 JPEG 格式存储时，提供以 0～10 级表示 11 级压缩级别，其中 0 级压缩比最高，图像品质最差。以 BMP 格式保存时得到 4.28MB 图像文件，在采用 JPG 格式保存时，其文件仅为 178KB，压缩比达到 24:1。

PNG (Portable Network Graphic Format)，即可移植网络图形格式，当来存储灰度图像时其深度可多到 16 位，当存储彩色图像时，其深度可多到 48 位，还可存储多到 16 位的 α 通道数据。PNG 使用从 LZ77 派生的无损数据压缩算法，因为它压缩比高，生成文件容量小，逐步被一些网页浏览器接受。PNG 格式有 8 位、24 位、32 位三种形式，其中 8 位 PNG 支持两种不同的透明形式（索引透明和 alpha 透明），24 位 PNG 不支持透明，32 位 PNG 在 24 位基础上增加了 8 位透明通道，因此可展现 256 级透明程度。

3.6.3　矢量表示法

矢量图形也叫向量图、面向对象的图像、绘图图像等，是另外一种图像表示方法，是通过线段或几何形状描述图像，即它存储一系列描述线段的方向、宽度、颜色的命令。一般来说，矢量图形文件的大小与图像中的项目个数有关，一般比位图文件小。

光栅图形要获得不同大小和比例的文件，需要进行多次编码。我们常在计算机上看到有毛刺的图像，就是因为用了较大的比例查看小比例编码的光栅编码的图像文件，而矢量图形则可以通过数学计算动态调整大小。

矢量图只能靠软件生成，如 Adobe 公司的 Illustrator、Corel 公司的 CorelDRAW、FlashMX 等。因为这种类型的图像文件包含独立的分离图像，可以自由无限制地重新组合。它的特点是放大后图像不会失真，和分辨率无关，可以任意放大或缩小图形而不会影响出图的清晰度，可以按最高分辨率显示到输出设备上，适用于图形设计、文字设计和一些标志设计、版式设计等。当前，网络上流行的矢量格式是 Flash 图像。

可见，矢量图不适用于表示真实世界，适合用于艺术线、卡通绘图等，JPEG 图像常常是表示真实世界图像的首选。矢量图的文件大小与图像中的需要描述的对象数目有关，与显示设备的分辨率和大小无关。

习　　题

一、选择题

1. 下面_____可以描述为一个整数或者两个整数的商。

A. 整数　　　　　　　　　　　　B. 负数

C. 有理数　　　　　　　　　　　D. 自然数

2. 二进制数制系统中有_____个数字符号。

A. 1　　　　　　　　　　　　　B. 2

C. 8　　　　　　　　　　　　　D. 10

3. 二进制数制系统最大的数字符号是_____。

A. 1　　　　　　　　　　　　　B. 2

C. 8　　　　　　　　　　　　　D. 10

4. 八进制数制系统中有_____个数字符号。

A. 1　　　　　　　　　　　　　B. 2

C. 8　　　　　　　　　　　　　D. 10

5. 八进制数制系统最大的数字符号是_____。

A. 1　　　　　　　　　　　　　B. 2

C. 8   D. 7

6. 任何数制系统均可以通过_____来表示该数的值。

A. 商   B. 基

C. 多项式   D. 有理数

7. 下列_____能表示任何数制系统的基的数制。

A. 0   B. 2

C. 100   D. 10

8. 在十六进制系统中数字 E 的十进制值为_____。

A. 1   B. 12

C. 13   D. 14

9. 数值 10 是有效值的最小基是_____。

A. 1   B. 2

C. 8   D. 10

10. 数值 1000 是有效值的最小基是_____。

A. 1   B. 8

C. 10   D. 16

11. 数值 987 是有效值的最小基是_____。

A. 1   B. 2

C. 8   D. 10

12. 一位二进制称为_____。

A. 字节   B. 字

C. 位   D. 块

13. 以八位二进制为一组,称为_____。

A. 字节   B. 字

C. 位   D. 块

14. 数值 10 是有效值的最小基是_____。

A. 1   B. 2

C. 8   D. 10

15. 两位二进制可以表达的事物数为_____个。

A. 0   B. 2

C. 4   D. 8

16. n 位二进制可以表达的事物数为_____个。

A. n B. $2n$

C. 2^n D. n^2

17. 要表达 16 个事物,需要二进制的位数最少是_____位。

A. 1   B. 2

C. 4   D. 16

18. 要表示 6 个事物,需要二进制的位数最少是_____位。

A. 1   B. 2

C. 3   D. 6

19．使用十进制补码表示数值的负数值的技术是_____。

A．定点表示法　　　　　　　　　　B．浮点表示法

C．科学计数法　　　　　　　　　　D．小数点表示法

20．引起数值上溢的原因是_____。

A．分配的存储空间不能存下计算结果　　B．使用基小数点替换了十进制小数点

C．因计算产生了无效结果　　　　　　　D．在浮点计算中使用了定点表示法

21．ASCII 字符集中没有的字符是_____。

A．大写英文字母　　　　　　　　　B．小写英文字母

C．英文的标点符号　　　　　　　　D．汉字字符

22．Unicode 字符集表示的字符数量是_____。

A．256　　　　　　　　　　　　　B．1024

C．超过 65000　　　　　　　　　D．超过 100000

23．使用单个字符代替关键字的文本压缩技术称为_____。

A．ASCII 编码　　　　　　　　　B．赫夫曼编码

C．关键字编码　　　　　　　　　D．字符集编码

24．使用字符重复数量代替一串重复字符的文本压缩技术称为_____。

A．ASCII 编码　　　　　　　　　B．赫夫曼编码

C．关键字编码　　　　　　　　　D．字符集编码

25．根据字符出现频率而使用变长二进制串代替字符的文本压缩技术称为_____。

A．ASCII 编码　　　　　　　　　B．赫夫曼编码

C．关键字编码　　　　　　　　　D．字符集编码

26．每隔定长的时间记录音频电压信号水平称为_____。

A．采样　　　　　　　　　　　　B．MP3 分析

C．PCM　　　　　　　　　　　　D．量化

27．当今流行的音频文件格式是_____。

A．WAV　　　　　　　　　　　　B．MP3

C．VQF　　　　　　　　　　　　D．AIFF

28．下列_____不是光栅图形格式压缩标准。

A．BMP　　　　　　　　　　　　B．JPEG

C．GIF　　　　　　　　　　　　D．FALSH

29．下面关于矢量图描述正确的是_____。

A．JPEG 是矢量图格式　　　　　　B．GIF 是矢量图格式

C．它不独立对每个像素点表现　　　D．它依赖空间压缩

30．图像的像素数量称为_____。

A．分辨率　　　　　　　　　　　B．像素

C．位图　　　　　　　　　　　　D．色度

31．网页中常用的矢量图的图像格式为_____。

A．FLASH　　　　　　　　　　　B．PNG

C．JPEG　　　　　　　　　　　　D．BMP

32．数据压缩的主要目的是_____。

A．减少存储和减少传输带宽　　　　B．为了使用指定软件处理

C．为了跨平台使用　　　　　　　　D．为了计算压缩率

二、简答题

1．891 分别以 10、12、13、16 为基数时，有多少个 1？

2．将 891 表示成以上基数的多项式形式。

3．将下列二进制数分别转换成八进制、十六进制和十进制数。

111110110　　1000001　　10000010　　1100010　　10101001

11100111　　01101110　　01101111　　1101010　　11110000

4．将下列八进制数分别转换成二进制、十六进制和十进制数。

777　　605　　445　　541　　1　　123　　10

5．将下列十六进制数分别转换成二进制、八进制和十进制数。

777　　A9　　E7　　10　　6E　　16

6．将下列十进制数分别转换成二进制、八进制和十六进制数。

1　　99　　1066　　998　　43　　65　　2014

7．执行下列八进制运算。

770+665　　101+707　　1234−765　　1076−776　　202+667

8．执行下列十六进制运算。

19AB6+43　　ABC−111　　988−AB　　A9F8−1492　　ABCD+1066

9．解释二进制和八进制、十六进制之间的关系。

10．数据为什么要压缩？什么是有损压缩和无损压缩？

11．解释原码、反码和补码。

12．给定十进制定长的数字模式，在十进制补码公式中 $k=6$，那么这时可以表示多少个正整数？多少个负整数？绘制直线分别表示三个最大、三个最小的正数和负数以及 0。

13．采用 12 题的十进制定长补码编码格式，分别计算 A+B，A−B，B+A，B−A，其中 A=−499999，B=3。

14．采用 8 位定长二进制补码编码格式，分别计算 A+B，A−B，B−A，−（−A），−（B），其中 A=11111110，B=00000010。

15．把下列十进制实数分别转换成固定长度为 5 的二进制和八进制数。

0.50　0.26　0.10　0.25　0.85　0.96

16．把十进制数 175.23 表示为符号、尾数和指数形式。

17．什么是文本的关键字编码？什么是文本的行程长度编码？

18．行程长度编码为*X5*A9 表示什么字符串？

19．什么是 RGB 值？色深度是指什么？

20．简述图形图像两种编码格式的优缺点。

三、讨论题

1．为什么计算机使用二进制，而不使用人们生活中的十进制表示数据信息？

2．如果使用 8 位二进制等距离描述 0～1 的数值，请问其精度怎么计算？

3．如何衡量数据存储空间的大小？都采用哪些单位？它们之间关系如何？

4．除了本书中介绍的四种数据类型的表示，还有视频数据，根据你所学的知识，讨论视频数据的表示及其处理的主要技术。

第4章 门与电路

问题讨论

（1）根据第3章关于数据表示的讨论，数据都需要进行哪些处理？

（2）计算机的数据表示是二进制0和1表示的，那么数据加工处理该怎么表示？

（3）列出一位二进制整数的加和乘运算，并舍掉结果的进位数字，仔细体会，这些运算及其结果和生活中的逻辑真假值以及它们运算结果的关系。

学习目的

（1）掌握门的概念及其运算。

（2）掌握门的三种表示方法及其转换。

（3）掌握通过简单的运算设计由基本门构建的电路。

（4）掌握电路的等价变换。

（5）理解组合电路、加法器、存储器等的电路特征。

（6）理解计算机内部信息，包括数据本身及其运算都是二进制的特点。

学习重点和难点

（1）门的三种表示方法及其等价关系。

（2）电路的设计及简化。

（3）理解加法器、存储器的电路设计方法。

计算机中的门也叫逻辑门，因为一个门执行了一种逻辑函数。门是对电信号执行基本运算的设备，它接收一个或多个输入信号，生成一个输出信号。电路是由门组合而成的，可以执行比较复杂的任务，如执行算术运算和存储值等。

本章主要讨论6种门及其表示方法、电路和存储器。本章介绍计算机的硬件基础，我们在学习了二进制计数系统，了解了计算机中的信息表示后，就需要了解像计算机这样的电子设备如何使用电信号来表示信息并对这些信息进行操作、存储等。这些知识帮助我们更加深入地理解计算机这样的电子设备如何作为信息存储、处理加工的现代化工具。

4.1 门

描述门的方法有布尔代数、逻辑框图和真值表三种，它们虽然互不相同，但都是对门有效的描述工具，并可以相互转化。本节主要介绍6种门及它们的三种表示方法。

布尔代数是采用二值逻辑函数表示门的一种数学表示方法，它能用数学符号来定义和操作电路逻辑。逻辑框图是电路的图形化表示，用图形定义了每一种门，通过不同的方法将这些门连接起来，就真实地表示了这个电路的逻辑。真值表是列出所有可能的输入值和相应的输出值的表，从而定义了电路的功能。

4.1.1 门和电路的三种表示法

我们已经知道，计算机中的"0"和"1"是对实际物理电压高低电平信号的抽象，实际的高低电平及其转换就是我们抽象的二进制表示以及二进制的运算。形式化地看，参与运算的对象和运算的结果都为 0 和 1，即为封闭的，这也就是代数系统，称为布尔代数，可见，布尔代数是描述电路活动的极好方式。

布尔代数是一种数学上专门研究逻辑运算的与、或、非和集合运算的交集、并集、补集性质的一个代数系统。比如，逻辑上，断言 a 和它的否定$\neg a$ 不能同时为真，即（$a \wedge \neg a$）=false，相似于集合中有断言子集 A 和它的补集 A'交集为空集，即 $A \cap A' = \Phi$。这些运算的性质和逻辑电路中表示为二进制或电平十分相似，我们在上一章看到二进制的 0 和 1 无论进行加法运算还是减法运算，其结果仍是 0 或 1，所以布尔代数在电子工程和计算机科学中同在数理逻辑中一样有很多实践应用。

在计算机科学领域常称布尔代数为布尔逻辑，因为处理的是二进制信息，每个输入和输出值只能是 0 或者 1，分别对应相应的低电平和高电平，我们用数学函数的形式描述这个逻辑，称为电路的布尔代数表达式。

在电子工程领域常称布尔代数为逻辑代数。在数字电路中，"门"是实现基本逻辑关系的电路，最基本的逻辑关系是与、或、非，最基本的逻辑门是与门、或门和非门。电路的框图表示是电子工程常用方法，电子工程中对每种门使用了自己专有的符号，使用户直观地理解电路的功能，所以门和电路也常用逻辑框图表示。

如果我们把一种电路和门的所有可能输入和对应的输出罗列成表，从而也定义了这种门和电路的功能，称为真值表表示法。

在 4.1.2 小节，我们就对 6 种基本门分别用这三种方法表示，它们是对门的功能的三种表述方式，所以是等价的，可以相互转化。

4.1.2　常见门及其表示

我们这里学习 6 种类型的门的功能和表示方法，4.2 节将说明如何把这些门组合起来形成电路，执行数学运算。

1. 非门

非门（NOT Gate）又称反相器，是逻辑电路的基本单元，它有一个输入端和一个输出端。非门的功能描述为：当其输入端为高电平（逻辑 1）时输出端为低电平（逻辑 0），当其输入端为低电平时输出端为高电平，也就是说，输入端和输出端的电平状态总是反相的。图 4-1 是非门的三种表示方法，其中 A 表示 0 或 1 的输入信号，X 是值为 0 或 1 的输出信号。

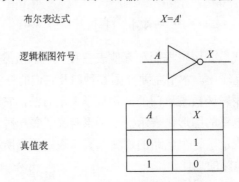

| 布尔表达式 | $X=A'$ |

逻辑框图符号

A	X
0	1
1	0

真值表

图 4-1　非门的三种表示方法

非门的功能用逻辑运算的术语就是"逻辑非"、"非运算（┐）"、"逻辑否定"，用我们熟悉的集合运算来说,是集合"求补(′)"运算。注意,这里与其他类似领域的术语类比的时候,运算对象和运算结果都是二进制的。

2. 与门

与门(AND Gate)又称"与电路",是执行"与"运算的基本门电路。它有两个输入端,一个输出端。其功能描述为:当所有的输入同时为"1"时,输出才为"1",否则输出为"0"。其含义:只有决定一件事情发生的所有条件都具备时,这个事件才会发生。图 4-2 是与门的三种表示方法,其中 A、B 表示 0 或 1 的输入信号,X 是值为 0 或 1 的输出信号。布尔表达式中"•"运算符在不引起歧义的情况下常省略。

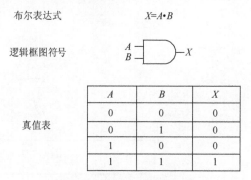

布尔表达式 $X=A•B$

逻辑框图符号

真值表

A	B	X
0	0	0
0	1	0
1	0	0
1	1	1

图 4-2 与门的三种表示方法

与门在逻辑运算中的术语就是"逻辑乘"、"合取运算(∧)",在集合运算中是集合"交集(∩)"运算。

3. 或门

或门(OR Gate)又称"或电路",是执行"或"运算的基本门电路。它有两个输入端,只有一个输出端。其功能描述为:当有一个输入为"1"时,输出就为"1",否则输出为"0",即只有输入全为"0"时,输出为"0",否则输出为"1"。其含义:只有决定一件事情发生的所有条件都不具备时,这个事件才不会发生;或者说当决定一件事情发生的一个条件至少满足一条时,这件事情就发生。图 4-3 是或门的三种表示方法,其中 A、B 表示 0 或 1 的输入信号,X 是值为 0 或 1 的输出信号。

布尔表达式 $X=A+B$

逻辑框图符号

真值表

A	B	X
0	0	0
0	1	1
1	0	1
1	1	1

图 4-3 或门的三种表示方法

或门在逻辑运算中的术语就是"**逻辑加**"、"**析取运算（∨）**"，在集合运算中是集合"**并集（∪）**"运算。

4. 异或门

异或门（Exclusive-OR Gate，简称 XOR Gate，又称 EOR Gate、ExOR Gate）是数字逻辑中实现逻辑异或的逻辑门。异或门有两个输入端和一个输出端。其功能描述为：若两个输入的电平相异，则输出为高电平 1；若两个输入的电平相同，则输出为低电平 0。这一功能可实现二进制的加法运算，半加器就是由异或门和与门组成的。

图4-4 是异或门的三种表示方法，其中 A、B 表示 0 或 1 的输入信号，X 是值为 0 或 1 的输出信号。

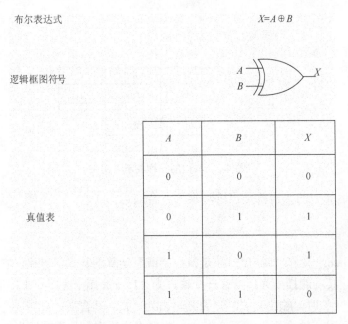

布尔表达式　　　　　　　　　　　　　　　　　$X=A \oplus B$

逻辑框图符号

真值表

A	B	X
0	0	0
0	1	1
1	0	1
1	1	0

图4-4　异或门的三种表示方法

异或门可以采用非门、与门和或门表示，用布尔表达式方式表示为 $X=A \oplus B=A'B+AB'$。

非门、与门和或门在逻辑运算上可以实现其他任何复杂的门电路设计，在实际使用中也经常使用异或门进行设计。与门、或门、异或门进一步和反相器的非门组合，形成与非门、或非门和异或非门，在电路设计中经常使用这 7 种门。以下再介绍与非门和或非门，异或非门留给读者思考。

5. 与非门

与非门（NOT-AND Gate，NAND）是和与门对立的门电路，是与门和非门的结合，是将与门的结果再经过非门而得到输出，也就是说对与门的结果进行求非运算。与非门的具体功能为：若两个输入的电平都为 1，则输出为低电平 0，否则输出为 1。简单地说，与非就是先与后非。

图4-5 是与非门的三种表示方法，其中 A、B 表示 0 或 1 的输入信号，X 的值为 0 或 1 的输出信号。与非门表示在布尔代数中没有专用符号，用与运算和非运算来表示。

布尔表达式　　　　　　　　　　　　　　　　$X = (A \cdot B)'$

逻辑框图符号

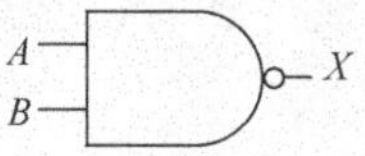

A	B	X
0	0	1
0	1	1
1	0	1
1	1	0

真值表

图 4-5　与非门的三种表示方法

6. 或非门

和与非门对应，或非门（NOT-OR Gate，NOR）是和或门对立的门电路，是或门和非门的结合，是将或门的结果再经过非门而得到输出，也就是说对或门的结果进行求非运算。或非门具体的功能为：若两个输入的电平都为 0，则输出为高电平 1，否则输出为 0。简单地说，或非就是先或后非。

图 4-6 是或非门的三种表示方法，其中 A、B 表示 0 或 1 的输入信号，X 的值为 0 或 1 的输出信号。同样的，或非门表示在布尔代数中没有专用符号，用或运算和非运算来表示。

布尔表达式　　　　　　　　　　　　　　　　$X = (A + B)'$

逻辑框图符号

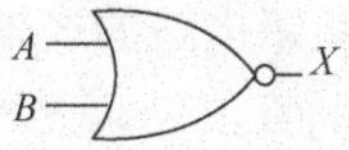

A	B	X
0	0	1
0	1	0
1	0	0
1	1	0

真值表

图 4-6　或非门的三种表示方法

值得一提的是，门可以被设计为接受更多的输入，如三输入的与门、或门、异或门等，它们的定义和两输入值的门定义是一致的。如果门有 n 个输入信号，则它们的输入值有 2^n 种 0 和 1 的组合，真值表就应该有 2^n 行，也就是输入每增加一个，即 n 增加 1，则真值表的行数将增大 2 倍。

4.2　电　路

电路由门组合而成，满足一定输入/输出逻辑关系，可以执行诸如算术运算、逻辑运算、存储数据等复杂操作。一般地，电路可以分为两大类：组合电路和时序电路。组合电路的输入值明确地决定了输出值，时序电路是输入值和电路现有状态的函数。

4.2.1　组合电路

组合电路又名组合逻辑电路，是由最基本的逻辑门电路组合而成。其特点：输出值只与当时的输入值有关，即输出唯一地由当时的输入值决定。也就是说，组合电路没有记忆功能，输出状态随着输入状态的变化而变化，类似于电阻性电路，如加法器、译码器、编码器、数据选择器等都属于此类。

组合逻辑电路也用布尔表达式、逻辑框图和真值表描述整个电路的功能，效果是相同的。表示方法与门的表示一样，只是更复杂些。

对于一个特定的逻辑问题，其真值表是唯一的，但其对应的逻辑电路或逻辑表达式可能不一样，所以实现它的逻辑电路是多种多样的。在实际设计工作中，为了使逻辑电路的设计更简洁，通过各方法对逻辑表达式进行化简是必要的，在满足逻辑功能和技术要求的基础上，力求使电路简单、经济、可靠地实现组合逻辑函数。其一般设计步骤如下。

（1）分析设计要求，列真值表。

（2）进行必要的变换，得出所需要的最简逻辑表达式。

（3）画逻辑图。

【例 4-1】　考虑图 4-7 所示电路的逻辑框图，罗列设计基本策略。

我们分析这个逻辑框图的真值表。该电路输入 3 个信号，所以真值表有 8 行，为了清楚地看到逻辑变换过程，该图共有 6 个信号，把它们当做列，所以真值表共 8 行 6 列，如表 4-1 所示。前 3 列为外部输入 A、B、C，第四列和第五列是中间输出结果 D、E，最后一列是电路的输出 X。我们将八种情况逐一考察，将 D、E、X 对应的输出填写进去。

表 4-1　图 4-7 电路真值表

A	B	C	D	E	X
0	0	0	0	0	0
0	0	1	0	0	0
0	1	0	0	0	0
0	1	1	0	1	1
1	0	0	0	0	0
1	0	1	0	0	0
1	1	0	1	0	1
1	1	1	1	1	1

我们用倒推的办法写出输入/输出的布尔表达式为：

$$X=C+D=AB+BC$$

另一方面，我们从布尔表达式出发，有 $B(A+C)=BA+BC=AB+BC$。需要注意的是，我们虽然还没有学习布尔代数表达式的化简和变换，但是我们已经感受到，这里的逻辑变量和逻辑运算与我们熟知的集合及集合的交、并运算形式上是一样的，这就是数学上代数系统的同构的概念。

从这个布尔代数表达式出发，绘制出它的逻辑框图如图 4-8 所示。

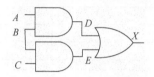

图 4-7 门组合的电路逻辑框图

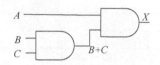

图 4-8 与图 4-7 同样功能的逻辑框图

同样的，我们可以写出图 4-8 的真值表。可以验证，这两个逻辑图的真值表的输入和输出的逻辑值完全一样，也就是说它们的逻辑功能是一样的，称为电路等价。图 4-7 使用了 3 个门电路的组合，而图 4-8 仅用了 2 个门电路的组合，但二者的功能是等价的。

可见，布尔表达式可以让我们利用可证明的数学法则来设计逻辑电路。表 4-2 列出了布尔代数关于逻辑与和逻辑或的运算特征，是我们进行布尔运算的主要依据。

表 4-2 布尔代数的主要运算规则

运算法则	与	或
交换律	$AB=BA$	$A+B=B=A$
结合律	$(AB)C=A(BC)$	$(A+B)+C=A+(B+C)$
分配律	$A(B+C)=(AB)+(AC)$	$A+(BC)=(A+B)(A+C)$
恒等	$A1=A$	$A+0=A$
余式	$A(A')=0$	$A+A'=1$
德·摩根定律	$(AB)'=A'+B'$	$(A+B)'=A'B'$

布尔表达式的运算规则对门的处理理解与真值表和逻辑框图是一致的。比如，在布尔代数中的交换律，逻辑设计的含义就是输入信号的顺序无关紧要，体现在真值表上表明了输入信号列的顺序无关紧要，即门逻辑框图上输入端的编号顺序无关紧要。余式的理解为如果把一个信号和它的非作为与门的输入，则输出一定是 0，而若作为或门的输入，则一定是我们需要熟悉布尔代数的运算规则时，一定能联想到这些规则的物理含义，反过来，我们也要学会根据逻辑电路的信号变换联想到布尔代数的表达和变换。

【例 4-2】 写出布尔表达式 $A'B+(B+C)'$ 对应的逻辑框图和真值表。

解：从布尔表达式直接看出输出信号是 A 经非门后和 B 一起与门得到的信号，再与 B 和 C 经过或门后，再经过非门的信号经或门合成。于是，逻辑框图见图 4-9。

该电路有三个输入信号，一个输出信号，因此真值表为 8 行 4 列，我们为了简洁，没有罗列中间逻辑变量的结果，如表 4-3 所示。

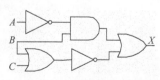

图 4-9 例 4-2 对应的逻辑框图

表 4-3　例 4-2 电路真值表

A	B	C	X
0	0	0	1
0	0	1	0
0	1	0	1
0	1	1	1
1	0	0	1
1	0	1	0
1	1	0	0
1	1	1	0

4.2.2　加法器

计算机能执行的最基本运算可能就是两个数的加法，在计算机内部，加法用二进制执行，由计算机内部称为加法器的电路执行。

两个二进制数的逻辑运算和加法运算非常相似，因为参与逻辑运算的对象和结果都是 0 或 1，而二进制加法运算参与的对象和结果也是 0 和 1，不同的是，加法运算需要保持进位，进位将参与高位计算。

为了设计加法器，先给出三个基本概念：加法器、半加器和全加器。加法器（Adder）就是执行二进制加法运算的电路；把计算两个数位的和并生成正确进位的电路称为半加器（Half Adder）；把计算两个数位的和，并考虑了进位作为输入的电路称为全加器（Full Adder）。也就是说，半加器没有把两个数的可能进位考虑到计算之内，只计算了两个二进制数的和，不能计算多位二进制数的求和运算。

假设 A 和 B 是两个二进制数字，对它们进行加运算。罗列所有可能的和和进位，根据逻辑电路设计方法，第一步是构造真值表，如表 4-4 所示。

表 4-4　半加器的真值表

A	B	和 Sum	进位 Carry
0	0	0	0
0	1	1	0
1	0	1	0
1	1	0	1

这里不同于前面的门和电路部分的内容，输出值有两列：和和进位。从真值表容易发现：二进制数字的和可以通过一个异或门实现，即和 $Sum = A \oplus B$，进位是一个与门实现，即进位 $Carry = AB$。逻辑框图见图 4-10。

图 4-10　一位二进制半加器逻辑电路图

全加器是要将进位作为输入值，进行高位数字的运算，我们利用两个半加器构造全加器。其思想是将两个二进制数字的进位作为进一步运算的输入，最后的输出是和和进位输出。因为有两个数字位输入，再加一个进位输入，所以有 3 个输入，故真值表有 8 行，如表 4-5 所示。

表 4-5 全加器的真值表

A	B	进位输入 C	和 Sum	进位输出 X
0	0	0	0	0
0	0	1	1	0
0	1	0	1	0
0	1	1	0	1
1	0	0	1	0
1	0	1	0	1
1	1	0	0	1
1	1	1	1	1

利用真值表和半加器的逻辑电路，我们设计全加器的逻辑电路框图见图 4-11。读者可以验证该逻辑框图是否满足带进位的二进制数字运算，并练习写出它的代数表达式。

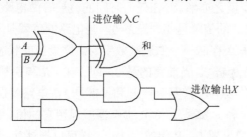

图 4-11 二进制数字的全加器逻辑框图

要进行两个八位二进制值相加，则需要复制 8 次图 4-11 的全加器电路。需要指出的是，在这个电路中，每一个位置的进位输出将作为下一个位置进位的输入，最右边的进位输入是 0，最左边的进位输出将舍弃（溢出错误）。

4.2.3 多路复用

多路复用器（Multiplexer）是使用一些输入控制信号来决定用哪条输入数据线发送输出信号的电路，即是用来选择数字信号通路的，也称为数据选择器。

多路复用器将 N 个输入通道的数据复用到一个输出通道上，图 4-12 是具有 3 条控制线的多路复用器。控制线（地址码）的数量决定了输入信号线（数据码）的数量，控制线代表的二进制值决定了选中的输入信号作为输出信号。在图4-12中，控制线是 $C_1 \sim C_3$，它可以表示 8 种不同的二进制值，分别为输入值 $S_1 \sim S_8$。若 $C_1 \sim C_3$ 都是 0，则输出 D 就是 S_1 的值，若 C_1 是 0，C_2 和 C_3 是 1，则输出 D 就是 S_4 的值……

图 4-12 8 选 1 的多路复用器框图

多路复用器充分利用了通信信道容量，降低系统成本，在数字系统中有着非常重要的应用，N 条控制线决定了选择 2^N 条数据线中哪一条作为输出数据，我们容易列出图 4-12 的真值表，当然，图 4-12 隐藏了执行多路复用的复杂电路，请读者试着写出两个控制信号线的四路复用器的真值表和逻辑电路框图。

4.3　存储电路和集成电路

电路的另一重要作用是存储信息，这就是时序电路。本节简单介绍一种存储电路，首先大致了解信息是怎样被电路存储起来的，接着我们大致了解集成电路和它的分类。

4.3.1　存储电路

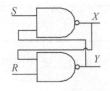

图 4-13　S-R 锁存器

存储器电路有很多种，这里介绍 S-R 锁存器，它可以存储一个二进制数字，可以使用不同的门以不同方式设计 S-R 锁存器。图 4-13 展示了一种使用与非门设计的 S-R 锁存器。

由图 4-13 可以看出，输出 X 和 Y 总是互补的，也就是说当 $X=0$ 时，$Y=1$，反之亦然。X 在任何时间的值被看做电路的当前值，因此，若 $X=1$，则电路的值就是 1，若 $X=0$，则电路的值就是 0。

我们现在验证，它是怎么存储一个二进制数字的。假设当前状态存的是 1，即 $X=1$，若 S 和 R 都为 1，则 $Y=0$，X 仍为 1。若当前存的是 0，即 $X=0$，R 和 S 都是 1，则 $Y=1$，X 仍为 0。也就是说，不管要存的是什么值，只要保持 R 和 S 都是 1，电路就保持着当前状态。

这个解释说明，只要 S 和 R 都是 1，S-R 锁存器就保留它的值。那么最初如何把一个值存入 S-R 锁存器的呢？暂时把 S 置 0，R 保持为 1，这样可以把锁存器设置为 1。如果 S 是 0，则 X 变为 1，S 恢复为 1，S-R 锁存器将保持为 1 的状态；暂时把 R 设置为 0，保持 S 是 1，可以把 S-R 锁存器设置为 0。如果 R 是 0，Y 变为 1，因此 X 变为 0，只要恢复为 1，电路就保持 0 状态。可见，只要很好地控制 S 和 R 的值，电路就可以存储 0 或 1，将这个思想扩展到较大的电路，就可以升级出容量较大的存储设备。

4.3.2　集成电路

集成电路（Integrated Circuit IC）又称微电路（Microcircuit）、微芯片（Microchip）、芯片（Chip）等，是一个嵌入了多个门电路的硅片，并被封装在塑料或陶瓷中，边沿有引脚，可以焊接在电路板上或者插入到合适的插槽中，每个引脚连接着一个门的输入或输出、电源或地线。一个微小的 $1/4\mathrm{in}^2$ 的集成电路可以包含超过 100 万个电路器件，所以称为集成电路。

集成电路具有体积小，重量轻，引出线和焊接点少，寿命长，可靠性高，性能好等优点，同时成本低，便于大规模生产。集成电路不仅在工用、民用电子设备如收录机、电视机、计算机等方面得到广泛的应用，同时在军事、通信、遥控等方面也得到了广泛的应用。用集成电路来装配电子设备，其装配密度比晶体管可提高几十倍至几千倍，设备的稳定工作时间也可大大提高。

集成电路按照功能、结构分为模拟集成电路、数字集成电路和数/模混合集成电路三大类。计算机中经常按照集成度的高低进行划分，可分为小规模集成电路（Small Scale Integrated circuits，SSI）、中规模集成电路（Medium Scale Integrated circuits，MSI）、大规模集成电路（Large Scale Integrated circuits，LSI）、超大规模集成电路（Very Large Scale Integrated circuits，VLSI）、特大规模集成电路（Ultra Large Scale Integrated circuits，ULSI）、巨大规模集成电路也被称为极大规模集成电路或超特大规模集成电路（Giga Scale Integration，GSI）等。还有其他的一些划分方法，如按照工艺、导电类型、用途、应用领域等进行划分。

在计算机中最重要的集成电路有中央处理器（CPU）、存储器、输入/输出设备等，可以说没有集成电路技术，就没有现代意义下的计算机，也就没有现代诸多的电子产品。从计算机划代就知道，集成电路是计算机发展史中第三代的标志（前两代分别是电子管计算机、晶体管计算机）。

习　　题

一、选择题

1. 执行电信号基本操作的装置称为_____。

A. 电路 　　　　　　　　　　　　B. 门

C. 逻辑符合 　　　　　　　　　　D. 真值表

2. _____能将输入的所有可能的组合及其对应输出列出来。

A. 真值表 　　　　　　　　　　　B. 布尔表达式

C. 逻辑框图 　　　　　　　　　　D. 电路

3. 当_____的所有输入为 1 时输出为 1，否则输出为 0。

A. AND 门 　　　　　　　　　　　B. OR 门

C. NOT 门 　　　　　　　　　　　D. NAND 门

4. 当_____的所有输入为 0 时输出为 0，否则输出为 1。

A. AND 门 　　　　　　　　　　　B. OR 门

C. NOT 门 　　　　　　　　　　　D. NAND 门

5. 当_____的所有输入相同时输出为 1，否则输出为 0。

A. AND 门 　　　　　　　　　　　B. OR 门

C. XOR 门 　　　　　　　　　　　D. NAND 门

6. 当_____的所有输入为 1 时输出为 0，否则输出为 1。

A. AND 门 　　　　　　　　　　　B. OR 门

C. NOT 门 　　　　　　　　　　　D. NAND 门

7. 当_____的所有输入为 0 时输出为 1，否则输出为 0。

A. AND 门 　　　　　　　　　　　B. NOR 门

C. NOT 门 　　　　　　　　　　　D. NAND 门

8. 具有三输入的 OR 门，其输入的所有组合有_____种。

A. 2 　　　　　　　　　　　　　　B. 4

C. 8 　　　　　　　　　　　　　　D. 16

9. 一般地，具有 n 个输入的门，其输入组合数有_____种。

A. 2 　　　　　　　　　　　　　　B. 4

C. $2n$ 　　　　　　　　　　　　　D. 2^n

10. 组合电路的输出值由_____决定。

A. 输入值 　　　　　　　　　　　B. 输入值和电路当前状态

C. 输入值和进位值 　　　　　　　D. 输入值和选择信号

11. 时序电路的输出值由_____决定。

A. 输入值　　　　　　　　　　　　B. 输入值和电路当前状态

C. 输入值和进位值　　　　　　　　D. 输入值和选择信号

12. 电路等价的含义是_____。

A. 它们输入值相同

B. 一个的输出与另一个的输出相反

C. 它们在所有可能的输入下的输出都相同

D. 它们的输出值总是 1

13. 半加器中，_____门产生了两个二进制位的和部分。

A. AND　　　　　　　　　　　　　B. XOR

C. NAND　　　　　　　　　　　　D. NOR

14. 半加器中，_____门产生了两个二进制位的进位部分。

A. AND　　　　　　　　　　　　　B. XOR

C. NAND　　　　　　　　　　　　D. NOR

15. 半加器中，_____门产生了两个二进制位的进位部分。

A. AND　　　　　　　　　　　　　B. XOR

C. NAND　　　　　　　　　　　　D. NOR

16. 多路复用器是_____。

A. 考虑了进位的两位二进制加　　　B. 从一组输入值中选择一个输出值

C. 将多个输入值合并成一个输出值　D. 包含许多 S-R 锁存器的电路

17. 一个 S-R 锁存器是_____。

A. 考虑了进位的两位二进制加　　　B. 从一组输入值中选择一个输出值

C. 将多个输入值合并成一个输出值　D. 存储了一位二进制位的电路

18. 一个超大规模集成电路芯片上有_____个门。

A. 1　　　　　　　　　　　　　　B. 10

C. 100～100000　　　　　　　　　D. 超过 100000

19. 计算机的 CPU 是_____。

A. 全加器　　　　　　　　　　　　B. S-R 锁存器

C. 多路复用器　　　　　　　　　　D. 集成电路

20. 门与电路的关系是_____。

A. 门是电路的基础　　　　　　　　B. 没有关系

C. 电路是门的基础　　　　　　　　D. 门由复杂的电路组成

二、简答题

1. 什么是门？什么是电路？

2. 描述门和电路行为的三种方法分别是什么？

3. 门可以有几个输入信号？又有几个输出信号？

4. 罗列出六种门电路的名称，并说出它们的含义。

5. 给定下列三输入的门逻辑框图，请列出它们的真值表和布尔表达式。

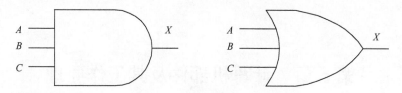

图 4-14 习题 5 门逻辑框图

6. 给出下列布尔代数表达式，请指出它们的真值表和逻辑框图。

（1）$(A+B)(B+C)$　　（2）$(AB+C)D$　　（3）$A'B+(B+C)'$　　（4）$(AB)'+(CD)'$

7. 列出下列电路的真值表。

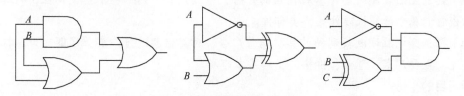

图 4-15 习题 7 电路逻辑框图

8. 什么是电路等价？什么是集成电路？

9. 列出布尔代数表达式 6 个主要运算性质，并解释它们的含义。

10. 什么是多路复用器？

11. 写出 SSI、MSI、LSI、VLSI 的英文全称及汉语意思。

12. 使用与门、或门、非门分别构造与非门、或非门、异或门、异或非门。

13. 画出两位二进制全加器的电路图，并列出真值表。

三、讨论题

1. 讨论门的三种表示方法，阐述它们的等价关系和各自的优点。

2. 根据本章中给出的几种电路，讨论为什么说没有集成电路就没有现代意义下的计算机，观察你身边存在的集成电路。

第 5 章　计算机部件及其工作原理

问题讨论

（1）你接触到的计算机有哪些？它们都有哪些组成部分？

（2）对你接触到的计算机进行概括抽象，指出计算机硬件部件有哪些。

（3）到电脑城收集一些计算机销售的广告，根据广告罗列一些术语、词汇，将其进行归类，指出它们属于计算机硬件的哪类部件。

（4）根据到电脑城收集到的计算机销售广告，对其信息进行归类，了解对计算机硬件的基本描述、主要厂家、型号、价格，了解基本市场。

学习目的

（1）掌握计算机硬件系统的基本构成。

（2）掌握计算机基本工作原理。

（3）掌握计算机硬件各个部件的主要性能指标。

（4）了解计算机硬件各个部件主要型号、价格。

（5）听懂并理解计算机销售的术语。

（6）初步理解计算机组装与系统安装技术和方法。

学习重点和难点

（1）计算机硬件组成部件的划分。

（2）计算机工作原理理解。

（3）计算机硬件各个部件主要技术指标描述。

现代计算机的诞生是 20 世纪人类最伟大的发明创造之一。随着计算机技术的不断发展，计算机的功能不断增强，应用不断扩展，计算机已成为现代社会必不可少的应用工具。虽然计算机系统变得越来越复杂，但它的基本组成和工作原理还是大体相同的。本章主要介绍计算机系统的硬件组成及计算机的工作原理。

5.1　计算机系统的构成

我们已经知道，一个完整的计算机系统由硬件系统和软件系统组成。硬件是指构成计算机的各种物理设备的总称，是看得见摸得着的实体，例如，显示器、鼠标、键盘、硬盘、中央处理器等都是计算机硬件。软件是指计算机系统运行所需的各种程序及其相关资料以及文档的集合。程序用来指挥计算机硬件一步步地进行规定操作，数据则是程序处理的对象，文档是软件设计报告、操作使用说明等，它们都是软件不可缺少的组成部分。计算机系统的组成结构如图 5-1 所示，它是第 1 章描述的计算机系统的细化，以便我们更深入地学习关于计算机的知识。

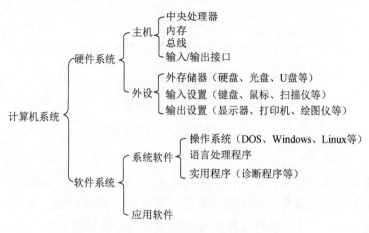

图 5-1　计算机系统组成结构图

5.1.1　冯·诺依曼计算机

现在使用的计算机虽然种类很多，制造技术也发生了很大变化，但计算机的体系结构一直以来沿袭着冯·诺依曼体系结构。

1. 概述

冯·诺依曼，美籍匈牙利数学家，被誉为"计算机之父"和"博弈论之父"，1944 年，冯·诺依曼参与第 1 台计算机的研制。1946 年，世界上第 1 台计算机 ENIAC 诞生，但 ENIAC 本身也存在两大缺点：①没有存储器；②对计算机的控制使用布线接板完成，费时费力。在此基础上，冯·诺依曼提出了新的计算机逻辑设计方法，被称为冯·诺依曼体系结构，其主要思想如下。

（1）规定计算机由 5 个部分组成，包括运算器、控制器、存储器、输入设备和输出设备，并描述了这 5 个部分的职能和相互关系。

（2）根据电子元件的双稳工作特点，建议在电子计算机中采用二进制。

（3）提出"存储程序"思想，把运算程序存储在机器的存储器中，程序设计员只需要在存储器中设置运算指令，机器就能自行计算。

虽然计算机技术发展很快，但存储程序原理至今仍然是计算机内在的基本工作原理。自计算机诞生之日起，这一原理就决定了人们使用计算机的主要方式——编写程序和运行程序。科学家一直致力于如何提高程序设计的自动化水平，改进用户的操作界面，提供各种集成开发工具、环境与平台，其目的都是让人们更加方便地使用计算机，可以少编程甚至不编程来使用计算机，因为计算机编程毕竟是一项复杂的脑力劳动。但不管用户的开发与使用界面如何演变，存储程序原理没有变，它仍然是我们理解计算机系统功能与特征的基础。

2. 冯·诺依曼体系结构

虽然计算机的结构有着多种不同的类别，但其本质上均采用冯·诺依曼体系结构，由运算器、控制器、存储器、输入设备与输出设备五大部件组成，它们之间是通过总线（bus）相连接的，如图 5-2 所示。

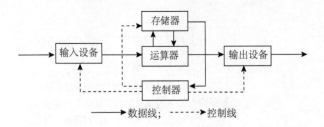

图 5-2　冯·诺依曼体系结构示意图

1）运算器

运算器主要由算术逻辑单元（Arithmetic Logical Unit，ALU）构成，其主要功能是对数据进行算术运算和逻辑运算。算术逻辑单元主要完成对二进制数的加、减、乘、除等算术运算和与、或、非、异或等逻辑运算及各种移位操作。运算器一次运算二进制数的位数称为字长，它是一个衡量计算机性能的重要指标。常用的计算机字长有 8 位、16 位、32 位及 64 位。

2）控制器

控制器主要由指令寄存器、程序计数器、指令译码器等组成，是计算机的指挥控制中心，负责从内存储器中读取指令，完成对指令的分析、指令及操作数的传送并向计算机的各个部件发出控制信号，协调计算机各个部分的工作。计算机中的其他部件都直接或间接接受它的控制，控制器工作的实质就是解释程序，它每次从存储器读取一条指令，经过分析译码产生一串操作命令发给各个部件，控制各部件动作，使整个机器连续地、有条不紊地运行。

3）存储器

存储器是计算机用来存储信息的重要功能部件，它不仅能保存大量二进制数据，而且用于存取计算机处理的程序。

4）输入设备

输入设备是指向计算机输入信息的设备。它将人们熟悉的信息形式变换成计算机能够接收并识别的信息形式。输入的信息可以是数字、字符、文本、图形、图像、声音、动画等多种形式，但输入到计算机的信息都是使用二进制位来表示。常用的输入设备有键盘、鼠标、扫描仪、麦克风等。

5）输出设备

输出设备是指完成计算机输出信息的设备。它将计算机运算结果的二进制信息转换成人类或其他设备所能接收和识别的形式，如数字、字符、文本、图形、图像、声音、动画等。常用的输出设备有打印机、显示器、绘图仪、音箱等。

5.1.2　计算机体系结构

为了理解计算机硬件，就要了解计算机体系结构和计算机组成的概念二者各有不同的含义，但是又有着密切的联系。计算机体系结构（Computer Architecture）通常是指程序设计人员所见到的计算机系统的属性，是硬件子系统的结构概念及其功能特性。计算机组成（Computer Organization）是指如何实现计算机体系结构所体现的属性，它包含许多对程序员来说是透明的硬件细节。随着时间和技术的进步，二者的含义也会有所改变，在某些情况下，有时无须特意地去区分计算机体系结构和计算机组成的不同含义。

1. 现代计算机体系结构

一台计算机可以看成由一些部件组成，它的功能由各个部件的集合功能来决定，每个部件能够根据它们的内部结构和功能来描述。现代计算机基本遵循传统的冯·诺依曼计算机体系结构，也是由 5 个部件组成，如图 5-3 所示。

2. 现代计算机硬件组成

计算机的 5 个部件在控制器的统一指挥下有条不紊地自动工作。其中，控制器和运算器在计算机中直接完成信息处理任务。在大规模集成电路制作工艺出现后，控制器和运算器通常被集成在同一芯片上，因此，将它们合称为中央处理器（Central Processing Unit，CPU）。

存储器分为内存储器（也称为主存储器）和外存储器（也称为辅助存储器）。内存是相对存取速度快而容量小的一类存储器。内存可直接与 CPU 交换数据，当前运行的程序和数据都存放在内存中。外存是相对存取速度慢而容量大的一类存储器，是内存的延伸，用于长期保存数据。计算机在执行程序和加工数据时，外存中的信息送入内存后才能使用，即计算机通过外存与内存间不断交换数据的方式使用外存中的信息。

输入设备和输出设备统称为输入/输出设备，简称 I/O 设备。

中央处理器和内存储器构成了计算机主体，称为主机。输入/输出设备和外存储器称为外围设备，简称外设。于是，计算机硬件又被看成是由主机和外设两大部分组成，如图 5-4 所示。但无论怎样划分，计算机的 5 个部件始终是相对独立的子系统，缺一不可。

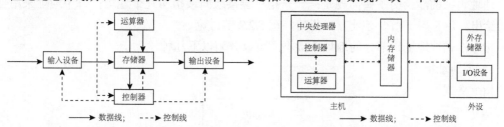

图 5-3　现代计算机体系结构示意图　　　图 5-4　现代计算机硬件组成示意图

5.2　计算机基本工作原理

计算机的基本工作原理是存储程序和程序控制。计算机的工作过程就是执行程序的过程。程序存储在内存中，它通过控制器从内存中逐一取出程序中的每一条指令，然后分析指令并执行相应的操作。本节主要讨论指令格式、指令的寻址方式、指令的执行过程和指令系统。

5.2.1　指令格式

一台计算机能够直接识别并执行的程序只能是机器语言程序。因此，任何问题无论使用哪一种计算机语言（汇编语言或某种高级程序设计语言）来编程实现，都必须通过翻译程序转换成对应的机器语言程序后才能执行。机器语言程序是由机器指令序列组成的，它是产生各种控制信息的基础。一条机器指令是一组有意义的二进制代码，它指示机器硬件应完成哪种基本操作。

1. 指令中的基本信息

计算机是通过执行指令来处理各种数据的。为了指出所执行的操作、操作数的来源和操作结果的去向，以及下一条指令从哪里取，一条指令一般应包含以下信息。

（1）操作码：用来表示该指令所要完成的操作，如加、减、乘、除、数据传送等。一台计算机可能有几十至几百条指令，每一条指令都有一个对应的操作码，CPU 通过识别操作码来控制完成不同的操作。

（2）操作数地址：给出操作数存放的地址，如主存单元地址或寄存器地址。CPU 通过该地址获得所需要的操作数。

（3）操作结果的地址：对操作数进行处理所产生的结果存放在该地址中，以便再次使用。

（4）下一条指令地址：由于存储在主存储器中的程序是按指令执行顺序连续存放的，并且在大多数情况下程序是顺序执行的，因此可以设计一个程序计数器专门用来存放指令地址，每取出一条指令后，该计数器自动增值指出下一条指令地址，这样就不需在指令中直接给出下一条指令的地址。当需要改变程序执行顺序时，可由转移类指令实现。

由此可知，一条指令实际上包括两种信息，即操作码和地址码，因此指令的基本格式如下：

操作码	地址码

操作码（Operation Code）具体说明该指令操作的性质和功能。地址码（Address Code）描述该指令的操作对象，由它给出操作数地址或直接给出操作数，并给出操作结果的存放地址。

2. 地址码结构

地址码结构涉及的主要问题是：一条指令直接或间接指明几个地址；每个地址采用什么方式给出。后者属于指令寻址方式范畴，在 5.2.2 节讨论。

指令格式按地址码部分的地址个数不同可以分为以下几种。

1）零地址指令

指令格式为

OP

OP 表示操作码，指令中只有操作码，不含操作数。这种指令一般有两种可能：一种是不需要操作数的指令，如空操作指令、停机指令等；另一种是操作数是隐含指定的，比如计算机中对堆栈操作的运算指令，所需的操作数事先约定在堆栈中，由堆栈指针 SP 隐含指出，操作结果仍送回堆栈中。

2）一地址指令

指令格式为

OP	A

一地址指令只给出一个目的地址 A，A 既是操作数的地址，又是操作结果的存放地址。其操作是对这一地址所指定的操作数执行 OP 所指定的操作后，产生的结果又送回该地址中。如加 1、减 1 等单操作数指令均采用这种格式。

3）二地址指令

指令格式为

OP	A	B

由 B 地址提供的操作数在运算后仍保存在原处，称为源操作数，B 称为源地址。由 A 地址提供的操作数在运算后不再保留，该地址用来存放运算结果。因为 A 最终是用来存放运算结果的，

所以一开始称由 A 提供的操作数为目的操作数。这是中、小、微型机中最常用的指令格式。

4）三地址指令

指令格式为

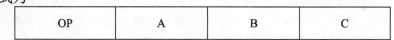

| OP | A | B | C |

A、B 表示操作数地址，C 表示结果存放地址。

5.2.2　寻址方式

一条指令包括操作码和地址码，指令的功能就是根据操作码对地址码提供的操作数完成某种操作。指令中以什么方式提供操作数或操作数地址，称为寻址方式。

CPU 根据指令预定的寻址方式对地址字段的有关信息作出解释，以找到操作数。寻址方式是指令系统设计的重要内容，它在丰富程序设计手段，方便程序编制，提高程序的效率，减少访问主存的次数，以及压缩程序占用主存空间等方面都起着重要的作用。

下面介绍几种常用的寻址方式。

1. 立即寻址

由指令直接给出操作数，在取出指令的同时也就取出了可以立即使用的操作数，这样的数称为立即数，这种寻址方式称为立即寻址方式。它通常用于为程序提供常数或某种初始值。虽然立即寻址方式能快速获得操作数，但在多数场合下，程序所处理的数据是变化的，因此立即寻址方式的适用范围有限。

立即寻址方式指令格式如下：

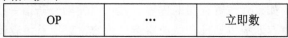

| OP | … | 立即数 |

2. 直接寻址

指令直接给出操作数地址，根据该地址从主存中读取操作数，如图 5-5 所示。由于这个地址就是最后读取操作数的地址，因此它称为绝对地址。

直接寻址方式的优点是简单、直观，便于硬件实现，适用于寻找固定地址的操作数。但它的不足之处有两点：一是有效地址是指令的一部分，不能随程序需要动态改变，因而该指令只能访问某个固定的主存单元；二是指令需给出整个地址码，因而地址码在指令中占位较多，导致指令长度增大。

3. 寄存器寻址

寄存器寻址就是在指令中给出寄存器号，在该寄存器内存放着操作数，如图 5-6 所示。指令中给出了寄存器号 R，从 R 中可直接读取操作数。

图 5-5　直接寻址　　　　　　　　　　　　图 5-6　寄存器寻址

寄存器寻址也是一种"直接"寻址，只不过它是按寄存器号访问寄存器。寄存器寻址有两个优点：一是从寄存器中读取操作数要比访问主存快得多；二是寄存器数量有限，指令中寄存器号所占位数要大大少于主存地址码所占位数。

4. 间接寻址

间接寻址意味着指令中给出的地址 A 不是操作数地址，而是存放操作数地址的主存单元的地址，如图 5-7 所示。在这种寻址方式中，存放操作数地址的主存单元称为间址单元，间址单元本身的地址码称为操作数地址的地址。

采用间接寻址方式可将间址单元当成一个读取操作数的地址指针，它指示操作数在主存中的位置，只要修改指针（即间址单元的内容），则同一条指令就可以用来在不同时间访问不同的存储单元。这种间接一次产生地址的方法提供了编程的灵活性。但间接寻址增加了访问主存的次数，因而降低了工作速度。

5. 寄存器间接寻址

寄存器间接寻址方式的特点是：操作数存放在主存中，指令给出寄存器号，寄存器中存放着操作数的有效地址，如图 5-8 所示。

图 5-7　间接寻址　　　　　　　　　　图 5-8　寄存器间接寻址

采用寄存器间接寻址方式可选取某个寄存器作为地址指针，它指向操作数在主存中的位置。和间接寻址一样，如果修改寄存器的内容，就可以使同一条指令在不同时间访问不同的主存单元。另外，由寄存器提供地址和修改寄存器内容，要比从主存读出和修改快得多，因此在编程中，使用寄存器作为地址指针是一种基本方法。

6. 变址寻址

间址方式是通过多层读取来提供地址的可变性，而变址方式则是通过地址计算使地址灵活可变，二者都是为了增加编程的灵活性。

变址方式是指令的地址部分给出一个形式地址 D，并指定一个寄存器 R 作为变址寄存器，将形式地址与变址寄存器内容（称为变址量 N）相加得到操作数的有效地址，如图 5-9 所示。

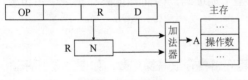

图 5-9　变址寻址

变址寻址的典型应用是将形式地址作为基准地址，将变址寄存器内容作为修改量。高级程序设计语言中的数组元素的访问可采用变址寻址方式实现。

5.2.3　指令执行过程与指令系统

CPU 的主要功能就是执行存放在存储器中的指令序列，即程序。下面简要介绍指令的执行过程和指令系统。

1. 指令执行过程

计算机的工作过程是程序执行的过程。程序是由一系列指令组成的有序集合。程序执行就是将程序中所有指令逐条执行的过程。程序一般是通过外存送入内存储器，然后由 CPU 按照其在内存中的存放地址，依次取出执行。指令的执行过程如图 5-10 所示。

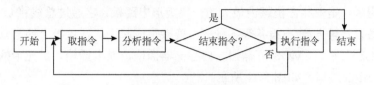

图 5-10　指令执行过程

指令的执行过程可分为如下 3 个步骤。

（1）取指令。按指令计数器（PC）中的地址找到对应的内存单元，从内存中取出指令，并送往指令寄存器，同时改变指令计数器的内容，使之指向下一条指令地址或紧跟当前指令的立即数或地址码，为读取下一条指令做好准备。

（2）分析指令。对指令寄存器中存放的指令进行分析，由译码器对操作码进行译码，确定相应的操作，由地址码确定操作数的地址。

（3）执行指令。执行指令规定的操作，产生相应的运算结果，并将结果存储起来。

当第 1 条指令执行完后，取下一条指令，如此循环，直至指令执行完毕。

2. 指令系统

每一种 CPU 都有它自己独特的一组指令。CPU 所能执行的全部指令称为该 CPU 的指令系统。通常，指令系统中有数以百计的不同的指令，它们分成许多类，例如，在 Core 2 处理器中共有七大类指令，即数据传送类指令、算术运算类指令、逻辑运算类指令、移位操作类指令、位（位串）操作类指令、控制转移类指令和输入/输出类指令。每一类指令又按操作数的性质（如整数还是实数）、长度（16 位、32 位、64 位、128 位等）区分为许多不同的指令。

随着新型号微处理器的不断推出，它们的指令系统也在发展变化。以 Intel 公司用于 PC 的微处理器为例，30 多年来其主要产品的发展过程为：8088（8086）→80286→80386→80486→Pentium→Pentium PRO→Pentium Ⅱ→Pentium Ⅲ→Pentium Ⅳ→Pentium D→Core 2→Core i5/i7。为了解决软件兼容性问题，通常采用"向下兼容方式"来开发新的处理器，即在新处理器中保留老处理器的所有指令，同时扩充功能更强的新指令。这样，使用新处理器的机器可以执行在它之前的所有老机器上的程序，但老机器就不能保证一定可以运行新机器上所有新开发的程序。

不同公司生产的 CPU 各有自己的指令系统，它们未必互相兼容。例如，现在大部分 PC，包括苹果公司生产的 Macintosh 都是用 Intel 公司的微处理器作为 CPU，而一些大型机、平板电脑、智能手机使用的是其他类型的微处理器，它们的指令系统有很大差别。因此 PC 上的程序代码不能直接在大型机、平板电脑、智能手机上运行，反之也是如此。但有些 PC 使用 AMD 公司的微处理器，它们与 Intel 处理器的指令系统一致，因此这些 PC 相互兼容。

5.3　微型计算机的主机组成

微机通常由机箱、显示器、键盘、鼠标器和打印机等组成。机箱内有主板、硬盘、电源、风扇等，其中主板上安装了 CPU、内存、总线、I/O 控制器等部件，它们是微机的核心。

5.3.1　主板

主板又称母板，是安装在机箱内最大的一块矩形电路板，它通过总线将 CPU 和各种运行芯片、存储设备以及输入/输出设备等各种部件连接集成起来。在主板上通常安装有芯片组、CPU 插槽、BIOS 芯片、CMOS 存储器、内存储器插槽、显卡插槽、扩充卡插槽和用于连接外围设备的部分 I/O 接口，如图 5-11 所示。

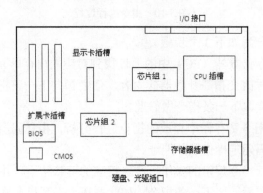

图 5-11　微机主板示意图

主板在结构上主要有 ATX 主板和 BTX 主板等类型。它们之间的区别主要在于各部件在主板上的位置排列、电源的接口外形及控制方式不同，另外在尺寸上也可能稍有不同，但不论何种结构，基本的外设接口（键盘、鼠标、串口、并口等）和总线插槽在主板上的相对位置是固定不变的，如图 5-12 所示。

图 5-12　主板

下面主要介绍微机系统主板上的主要部件及其功能。

1. 芯片组

芯片组由一组超大规模集成电路芯片构成，是微型计算机各组成部分相互连接和通信的枢纽，主要用于控制和协调整个计算机系统的正常运行和各个部件的选型，它们被固定在主板上，不能像 CPU、内存那样进行简单的升级换代，如图 5-13 所示。

典型的芯片组由北桥芯片和南桥芯片两部分构成。北桥芯片是存储控制中心，用于高速连接 CPU、内存条、显卡，并与南桥芯片相连。南桥芯片是 I/O 控制中心，主要负责连接键盘接口、鼠标接口、USB 接口、PCI 总线槽、BIOS 和 CMOS 存储器等。芯片组决定了主板的结构及 CPU 的使用，同时决定了主板安插内存的类型和最大容量。如果说 CPU 是计算机系统的大脑，则芯片组就是计算机系统的心脏，计算机系统的整体性能和功能在很大程度上由主板上的芯片组来决定。

2. BIOS

BIOS 的中文名是基本输入/输出系统，实际上是一组固化到微机主板上的 ROM 芯片中的程序，它保存着计算机最重要的有关基本输入/输出设备的驱动程序、CMOS 设置程序、开机加电自检程序和系统启动自举程序。只读存储器（ROM）的一个重要特性是断电后，其中存储的信息不会丢失。所以 ROM 中存储的软件是非常稳定的，它和被固化的 BIOS 合称为固件。常见的 BIOS 芯片有 Award、AMI、Phoenix、MR 等，在芯片上都能看到厂商的标记，如图 5-14 所示。

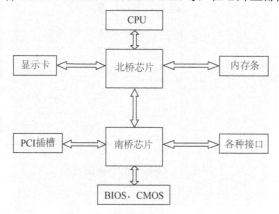

图 5-13　芯片组与其他部件连接

图 5-14　BIOS 芯片

3. CMOS

CMOS 是指微机中一种用电池供电的可读写的 RAM 存储芯片，它主要用来存储系统运行所必需的配置信息。对一台新购买的微型计算机，首先要进行必需的设置工作就是向 CMOS 中置入信息，设置计算机硬件相关参数。这些参数包括系统的日期和时间、系统的口令、存储器、显示器、磁盘驱动器等参数。因 CMOS 由专门的电池供电，使其内部的信息在计算机关机后不会丢失。万一遗忘了设置的 CMOS 密码可将该电池取出放置一段时间后恢复系统的默认设置，消除密码。

5.3.2　中央处理器

中央处理器是计算机系统的核心设备，其基本功能就是按照程序执行指令，并按照指令的要求完成对数据的基本运算和处理。

1. CPU 结构和工作原理

不同型号的 CPU，其指令系统也不完全相同，但不论哪种 CPU，其内部结构是基本相同的，主要由运算器、控制器和寄存器组等组成，如图 5-15 所示。

1）寄存器组

它由十几个甚至几十个寄存器组成，用于临时存放参加运算的数据和运算的中间结果或最后的运算结果。需要运算器处理的数据要预先从内存传送到寄存器，运算的最后结果也需要从寄存器保存到内存。

2）运算器

运算器也称为算术逻辑部件，主要用于对数据进行加、减、乘、除或与、或、非等各种算术和逻辑运算。为了加快运算速度，运算器中的 ALU 可能有多个，有的负责完成整数运算，有的负责完成实数（浮点数）运算，有的还能进行一些特殊的运算处理。

3）控制器

控制器是 CPU 的指挥中心，它主要由指令计数器和指令寄存器组成。指令计数器用于存放 CPU 正在执行的指令的地址；指令寄存器用于存放从内存读取的所要执行的指令，如图 5-15 所示。

CPU 的具体任务是执行程序，它执行程序的过程如图 5-16 所示。

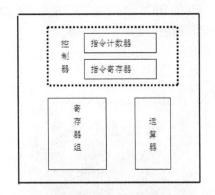

图 5-15　中央处理器　　　　　　图 5-16　CPU 执行程序的过程

2. CPU 主要性能指标

1）主频

主频是指 CPU 的工作频率，也称为 CPU 的时钟主频，单位是 Hz，它决定着 CPU 芯片内部数据传输与操作速度的快慢。一般来说，主频越高，计算机的运算速度也就越快。一般微机的 CPU 主频为 1.8GHz、2.0GHz、2.4GHz 和 3.0GHz 等。

2）字长（位数）

字长是指 CPU 内部各寄存器之间一次能够传送的数据位数，即在单位时间内能一次处理的二进制数的位数。该指标反映了 CPU 内部运算处理的速度和效率，字长的长短直接影响计算机的功能强弱、精度高低、速度快慢。一般地，大多数计算机使用的 CPU 的字长为 32 位，近几年计算机使用的 CPU 的字长为 64 位。

3）高速缓冲存储器的容量

在计算机中，CPU 的速度很快，而内存的速度相对 CPU 来讲很慢，为了解决这一矛盾，在 CPU 和内存之间放置高速缓冲存储器（Cache）。

Cache 也称为"缓存"，是位于 CPU 与主存储器之间的高速存储器，容量较小，但速度快（接近 CPU 速度）。程序运行过程中高速缓存有利于减少 CPU 访问内存的次数，提高 CPU 的处理速度，因此，Cache 通常可作为衡量 CPU 的重要指标。目前，CPU 中的 Cache 一般分为三级：L1 Cache（一级缓存）、L2 Cache（二级缓存）、L3 Cache（三级缓存），但也有分成二级的。对高速缓冲存储器来讲，并不是级别越多越好，最重要的指标是命中率，命中率越高越好。

4）多核

多核是指在一个芯片上集成了多个物理的 CPU 运算内核，这些 CPU 运算内核可以并行、协同地工作。多核 CPU 的出现，使得计算机的处理能力大增强。从 CPU 外观上看，单核和多核并没有多大的区别，但其内部结构是大不相同的。

全世界 CPU 的厂商有很多，如 Intel、AMD、Cyrix 和 IBM 等。目前，人们使用的个人计算机中绝大多数安装的是 Intel 和 AMD 公司的 CPU。当前，Intel 公司的 CPU 主要有 Core i3、Core i5、Core i7；AMD 公司的 CPU 主要有 A10、A8、A6、A4。在同级别的情况下，Intel 公司的 CPU 浮点运算能力比 AMD 公司的 CPU 强，但 AMD 公司的 CPU 图像处理能力比 Intel 公司的 CPU 处理能力强。在价格相同的情况下，AMD 公司的 CPU 配置更高。

5.3.3　内存储器

CPU 在执行指令、处理数据时，其所需要的指令和数据都是保存在不同的存储设备上。计算机内部的这些存储设备的作用、存储原理、存储容量和存取速度都各不一样。通常是存取速度较快的存储器成本较高，存取速度较慢的存储器成本较低。计算机中各存储器往往可以用一个层状的塔式结构表示，如图 5-17 所示。

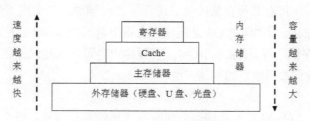

图 5-17　存储器层次结构

内存储器是 CPU 能够直接访问的存储器，用于存放正在运行的程序和数据。目前，内存储器一般是由半导体存储器芯片组成。按是否能随机地读写分为随机存取存储器（RAM）和只读存储器（ROM）两大类。随机存取存储器又分为 DRAM 和 SRAM 两种，而 ROM 也分为不可在线修改的 ROM 和快擦除存储器（Flash ROM），如图 5-18 所示。

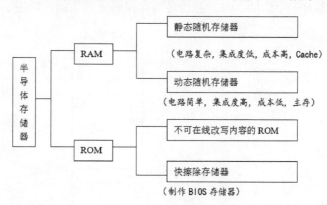

图 5-18　半导体存储器的分类

1. 随机存储器

随机存储器中存放的信息可以随机地读取或写入，通常用来存储用户输入的程序和数据等。通常讲的 PC 内存就是指 RAM，它供操作系统、应用程序使用。这种存储器不仅能读，而且能写。当电源关闭时，存储于其中的数据也会随之消失。随机存储器主要包括动态随机存取存储器（DRAM）和静态随机存取存储器（SRAM）。

1）DRAM

DRAM 芯片的电路简单、集成度高、功耗小、成本较低，适合制作内存储器，也称为主存，即内存条。由于 DRAM 含有成千上万个小型电容，而电容不能长久保持电荷，所以 DRAM 必须定期刷新，否则就会丢失数据。因此，主存的速度较慢，一般比 CPU 慢得多。

2）SRAM

SRAM 与 DRAM 相比，它的电路复杂、集成度低、功耗较大，但 SRAM 比 DRAM 的速度要快得多，也比较贵，主要用于制作高速缓冲存储器。

2. 只读存储器

除了 RAM 之外，内存的另一类是 ROM。ROM 是一种能够永久或半永久性地保存数据的存储器。其特点是只能读数据，不能写，通常关闭计算机电源之后，其中的数据还能保留。随着大规模集成电路技术的发展，出现了多种大规模集成电路 ROM 芯片。其中快速可擦除存储器由于在高电压下可对其所存储的信息进行更改和删除，低电压下信息可读不可写，因此 Flash ROM 比较常用。比如，BIOS 是集成在主板上的一块 ROM 芯片，可用来存储计算机的基本输入/输出程序等，就是 Flash ROM，其程序内容可永久地保留在 ROM 芯片中，不会因掉电而丢失。U 盘和数码相机的存储卡也是 Flash ROM。

3. 主存储器

主存储器主要由 DRAM 芯片组成。它包含有大量的存储单元，每个存储单元可以存放 8 位二进制位，即一字节，用 B 表示。存储器的存储容量就是指它所包含的存储单元的总和。现在计算机内存常用的存储量的单位有 MB 和 GB，其换算公式为：

$$1KB=2^{10}B=1024B$$

$$1MB=2^{20}B=1024KB$$

$$1GB=2^{30}B=1024MB$$

每个存储单元都有一个地址，CPU 按地址对存储器进行访问，如图 5-19 所示。

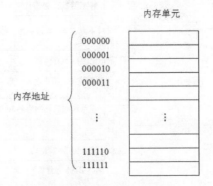

图 5-19　主存储器的结构

主存储器在物理结构上由若干内存条组成，内存条是把若干片 DRAM 芯片焊在一小条印制电路板上做成的部件。内存条必须插入主板中相应的内存插槽中才能使用。内存条的种类主要有 DDR、DDR2 和 DDR3，目前 DDR 已经淘汰，主要使用的是 DDR2 和 DDR3，而 DDR3

的存取速度最快。

5.3.4　I/O 总线与 I/O 接口

在计算机系统中，总线是计算机部件（或设备）之间传输数据的公用通道。从数据传输方式来说，总线可分为串行总线和并行总线。在串行总线中，二进制位数据逐位通过一根数据线发送到目的部件（或设备），如 USB 总线；在并行总线中，数据线有多根，一次能发送多个二进制位数据，如 PCI 总线。从理论上看，并行总线的速度似乎比串行总线快，其实在高频率的条件下，串行总线比并行总线更快。这是因为并行总线对器件和电路结构要求严格，系统设计难度大，成本高，可靠性低。

1. I/O 总线

I/O 总线是指 I/O 设备控制器与 CPU、存储器之间相互交换信息、传输数据的一组公用信号线，也称为主板总线，因为它与主板上扩充插槽中的各扩充板卡（I/O 控制器）直接连接。常见的 I/O 总线有 PCI 和 PCI-E 总线等。

PCI 总线是 Intel 公司 1991 年推出的局部总线标准，是一种 32 位(可扩展到 64 位)的并行总线，总线频率为 33MHz，传输速率达 133MB/s（或 266MB/s），可以用于挂接中等设备的外部设备。

PCI-E 是个人计算机 I/O 总线的一种新型总线标准。它是一种多通道的串行总线，采用高速串行传输以点对点的方式与主机进行通信。PCI-E 除了数据传输速率高的优点之外，由于是串行接口，其插座的引脚数目也大为减少，这样就降低了 PCI-E 设备的体积和生产成本。

PCI-E 采用多通道传输机制，多个通道互相独立，共同组成一条总线。根据通道数不同，PCI-E 分为 PCI-E x1、x4、x8 和 x16 等多种规格，分别包含 1、4、8 和 16 个传输通道。每个通道数据传输速率为 250 MB/s，则 16 个通道可使传输速率提高到 16×250 MB/s，不同的通道数用于满足不同设备对数据传输速率的不同需求。例如，PCI-E x1 可用于连接声卡、网卡等；PCI-E x16 能够更好地满足独立显卡对数据传输的要求，因而，PCI-E x16 接口的显卡已经越来越多地取代了 AGP 接口的显卡。

目前，PCI-E x1 和 PCI-E x16 已经成为 PCI-E 的主流规格，大多数芯片组生产厂商在北桥芯片中添加了对 PCI-E x16 的支持，在南桥芯片中添加了对 PCI-E x1 的支持。

2. I/O 接口

PC 的大多数 I/O 设备没有包含在 PC 的主机箱里，因此，I/O 设备与主机之间必须通过连接器实现互联。计算机中用于连接 I/O 设备的各种插头/插座以及相应的通信规范及电气特性，称为 I/O 设备接口，简称 I/O 接口。

由于不同外设的电气特性不同，其传输数据的方式也就不完全相同，因此，在计算机主板上就出现了多种形式的 I/O 接口。主板上常见的接口有 USB 接口、SATA 接口、HDMI 接口、音频接口、显示器接口、IEEE-1394 接口、网线接口等，如图 5-20 所示。

1）USB 接口

USB 是英文 Universal Serial Bus（通用串行总线）的缩写，这是一种串行总线接口，是 1994 年由 Intel、Compaq、IBM、Microsoft 等多家公司联合提出的计算机接口技术，由于其支持热插拔、传输速率较高等优点，而成为目前外部设备的主流接口标准。

图 5-20　外部设备接口

USB 接口使用 4 引脚线连接，如表 5-1 所示。

表 5-1　USB 接口 4 引脚线连接

引脚线	导线颜色	信号
1	红	VCC（电源）
2	白	−DATA（数据）
3	绿	+DATA（数据）
4		GND（地线）

在 USB 接口中，常用规范有 USB 1.0、USB 1.1、USB 2.0、USB 3.0。其中 USB 1.0 和 USB 1.1 现已很少使用，现在广泛使用的是 USB 2.0 和 USB 3.0。USB 2.0 的最高速率可达 480Mbit/s；USB 3.0 的最高速率可达 3.2Gbit/s。

2）SATA 接口

SATA 接口是串行接口，用于连接硬盘和光盘。

3）HDMI 接口

HDMI 接口是高清晰度多媒体接口，可同时传输视频和音频信号，最高数据传输速度可达 5Gbit/s。

4）IEEE-1394 接口

IEEE-1394 接口是为了连接多媒体设备而设计的一种高速串行接口标准，主要用于连接需要高速传输大量数据的音频和视频设备。IEEE-1394 目前传输速率可达 400Mbit/s。

5.4　外存储器

近年来，计算机上使用最多的外存储器主要是硬盘、U 盘、光盘等其他可移动存储器，它们是计算机保存信息及与外部交换信息的重要设备。

5.4.1　硬盘存储器

硬盘是计算机最重要的存储设备。硬盘存储器以其容量大、体积小、速度快、价格便宜等优点，当之无愧地成为 PC 最主要的外部存储器，也是 PC 必不可少的配置之一。

1. 硬盘的结构

硬盘驱动器主要是由磁盘盘片、主轴与主轴电机、磁头与移动臂等组成，它们全都密封在一个金属盒里。其内部结构如图 5-21 所示。

图 5-21　硬盘的内部结构

硬盘由一组盘片组成，一般有 2～8 片盘片，这一组盘片固定在一个轴上，同时由一个主轴电机驱动主轴高速旋转，从而带动盘片高速旋转。盘片上下两面各有一个磁头，负责读写各自表面的信息。磁盘中的所有磁头全都固定在移动臂上，由移动臂带动磁头沿着盘片的径向高速移动，以便定位到指定的位置。

硬盘工作时，其主轴旋转速度可达每分钟 7200 转，甚至 10000 转。盘片旋转时，磁头与对应的盘片的距离很近，不到 1 微米（1/1000 毫米），漂浮在盘片表面上并不与盘片接触，以避免划伤磁盘表面。这样近的距离主要是为了保证极高的存储密度和定位精度。这就要求硬盘在无灰尘、无污染的环境中工作。

按照盘片直径大小，磁盘也有很多规格。笔记本电脑上通常配置 2.5 英寸、1.8 英寸甚至1.3 英寸的微型磁盘；台式机上使用最多的是 3.5 英寸磁盘，也有用 2.5 英寸磁盘的。现在的硬盘容量可达几千 GB。

硬盘一般固定在计算机内，目前应用最为广泛，最有代表性的硬盘是温彻斯特磁盘，简称温盘。它是一种可移动磁头固定盘片的硬盘，采用密封组合式结构，防尘性好，可靠性高，容量大，主要通过 SATA 接口与主板相连。

2. 硬盘的盘片

硬盘的盘片由铝合金制成，盘片的上下两面都涂有一层很薄的高性能磁性材料，作为存储信息的介质。磁性材料主要由磁性粒子组成，通过磁盘磁性粒子的磁化来记录数据信息。磁性粒子有两种不同的磁化方向，分别用来表示记录的是 "0" 或 "1"。

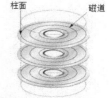

图 5-22　磁道与柱面

硬盘格式化时系统把硬盘盘片的表面划分成一个一个的同心圆，用于存放数据信息，每个同心圆称为一个磁道。磁头读写信息时总是沿着磁道进行，读写时磁头定位后固定不动，而磁盘在高速旋转，形成与磁头的相对运动。为了有效地管理信息，盘片上的每个圆形又被划分成一段一段的区域，称为扇区。硬盘由一组盘片组成，所有盘片上相同半径处的一组磁道称为 "柱面"，如图 5-22 所示。

所以，硬盘的数据信息定位由 3 个参数完成：柱面号、扇区号、磁头号。

3. 硬盘的主要性能指标

1）存储容量

由于每个扇区的存储量为 512B，则硬盘的总容量为：柱面数×扇区数×磁头数×512B。

2）存储密度

存储密度是指单位长度或单位面积磁盘表面所存储的二进制信息量，可用道密度和位密度来表示。道密度指单位长度内的磁道数目，位密度是磁道单位长度内存放的二进制信息的数目。

3）数据传输率

数据传输率是指单位时间内磁盘与主机之间传送数据的二进制位数或字节数。数据传输率与硬盘的转速和位密度有关。

4）平均存取时间

平均存取时间指从发出读写命令后，磁头从原始位置移动到磁盘上所要求读写的记录位置，并准备写入或读出数据所需要的时间。存取时间由寻道时间和等待时间两部分组成，寻道时间指磁头寻找磁道所需的时间，等待时间是指数据所在的扇区转到磁头下所需的时间。硬盘平均等待时间为硬盘每转动一周所需时间的一半，如转速为 3000 转/分的硬盘其平均等待时间约为 10ms。

5）Cache 容量

为了提高 CPU 访问硬盘的速度，硬盘通过将部分数据暂存在一个比其速度快得多的缓冲区中来提高其与 CPU 交换数据的速度，这个缓冲区就是硬盘的高速缓存。高速缓冲存储器能有效地提高硬盘的数据传输性能，理论上 Cache 的速度越快越好，容量越大越好。目前硬盘的 Cache 容量一般为 2MB 或 4MB，也有的高达 8 MB 或 16MB。

5.4.2　光盘存储器

光盘存储器是利用激光原理存储和读取信息的媒介。光盘存储器由两部分组成：光盘片和光盘驱动器，如图 5-23 所示。

1. 光盘

光盘片简称光盘，是用塑料制成的，呈圆盘形，在塑料盘的表面涂了一层薄而平整的铝膜，通过铝膜上极细微的凹坑记录信息，平坦的地方表示"0"，凹坑的边缘处表示"1"。光盘用于记录信息的方式和磁盘不同，它是利用一条由里向外的连续的螺旋曲线，即光道存储信息的，如图 5-24 所示。

图 5-23　光盘存储器

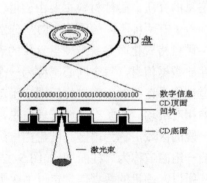

图 5-24　光盘的信息表示

目前常用的光盘有 CD 光盘、DVD 光盘和 BD 光盘。

1）CD 光盘片

CD 光盘片最早是保存音乐的，也称为 CD 唱片，后来作为计算机外存储器使用。常见的有只读 CD 光盘(CD-ROM)、可写一次的 CD 光盘（CD-R）、可多次读写的 CD 光盘（CD-RW）。CD 光盘片的存储容量大约为 650MB。

2）DVD 光盘片

DVD 光盘片采用更有效的压缩编码，具有更高的光道密度，因此，DVD 光盘的容量更大。同 CD 光盘片相似，也分为只读 DVD 光盘(DVD-ROM)、可写一次的 DVD 光盘（DVD-R）、可多次读写的 DVD 光盘（DVD-RW）。DVD 光盘片分为单层和双层两类，因此存储容量不尽相同，一张 DVD 光盘的容量为 4.7～17GB。

3）BD 光盘

BD 光盘是蓝光光盘，是目前最先进的大容量光盘片，单层盘片的容量就达到 25GB，是高清晰影片的理想存储介质。与 CD、DVD 盘片一样，BD 盘片也有 BD-ROM、BD-R、BD-RW 之分。

2．光盘驱动器

光盘驱动器简称光驱，用于带动光盘片旋转并读出盘片上的（或向盘片上刻录）数据。光盘驱动器由驱动主轴、定位机构、激光头等组成。工作时，主轴高速旋转，激光头发出激光束，经过盘片反射，由光敏二极管根据反射回来的激光强度不同，将其转换为"0"或"1"的信号，从而完成光盘信息的读取过程。

目前，光盘驱动器按其信息读写能力分成只读光驱和光盘刻录机。根据读写盘片的不同，光盘驱动器有多种型号，常用的光盘驱动器有 CD 只读光驱、CD 刻录机、DVD 只读光驱、DVD 刻录机、BD 只读光驱、BD 刻录机。

光盘及光盘驱动器的主要技术指标如下。

1）容量

目前一张光盘数据存储量大致在 600MB 到几十 GB 之间。

2）数据传输率

最早的 CD-ROM 驱动器的数据传输率是 150KB/s，一般把这种速率称为 1 倍速光驱，记为 1X。数据传输率为 300KB/s 的 CD-ROM 驱动器称为 2 倍速光驱，记为 2X，以此类推。常见的光驱有 36X、40X、50X 等。目前，CD-ROM 驱动器的最大读取数据传输率为 52 倍速，DVD 的最大读取数据传输率为 8 倍速。对于一般应用来说，目前的光驱速度已不成问题，用户更关心的是光驱的读盘能力，即它的纠错能力。

3）读取时间

读取时间是指光盘驱动器接收到命令后，移动激光头到指定位置，并把第一个数据读入 CD-ROM 驱动器的缓冲存储器这个过程所花费的时间。

5.4.3　可移动存储器

近年来，小巧轻便、价格低廉的移动存储产品正在不断涌现和普及。目前广泛使用的移动存储器有 U 盘、移动硬盘、存储卡和固态硬盘。

1．U 盘

U 盘是一种采用 Flash 技术和 USB 接口技术相结合的存储设备。U 盘具有容量大、防磁、防震、防潮的特点，其性能优良，大大加强了数据的安全性。U 盘可重复使用，性能稳定，可反复擦写达 100 万次，数据至少可保存 10 年。

　　由于 U 盘具有热插拔功能，因此 U 盘无须驱动器，即插即用。现在几乎所有的计算机都提供了 USB 接口，使该设备不需额外的驱动器，应用面非常广。该设备支持热插拔，无须重新启动计算机，能在普通 PC 和苹果机上通用，不存在兼容问题，无须再提供单独的电源，安装非常简单。

　　U 盘尾部通常有一个指示灯，当在传输文件的时候，它会不停地闪烁提示；有的 U 盘还特别设计了写保护开关，把它关闭就能防止文件写入，这样就能保证 U 盘不受到病毒的侵害。

图 5-25　移动硬盘

2. 移动硬盘

　　移动硬盘一般是由笔记本电脑硬盘加上特制的配套硬盘盒构成，性价比较高，如图 5-25 所示。

　　移动硬盘有如下优点。

　　（1）容量大。

　　移动硬盘的容量可达 500GB 或更高，可以满足装载大型图库、数据库、软件库的需要。

　　（2）速度快。

　　移动硬盘盒中的硬盘转速快，并采用 USB 2.0 以上的接口，数据传输率较高。

　　（3）体积小，重量轻。

　　移动硬盘厚度只有 1cm 多，比手掌还小，放在包中或者口袋中都很方便。

　　（4）兼容性好，即插即用。

　　移动硬盘采用 USB 或 IEEE-1394 接口，可以与各种计算机连接。特别是在 Windows XP 和 Windows 7 操作系统下不用安装任何驱动程序，即插即用，非常方便。

　　（5）安全可靠。

　　移动硬盘盘体上精密设计了专有的防震防静电保护膜，提高了抗震能力和防尘能力，可避免锐物、灰尘、磁场或高温对硬盘的伤害。

3. 存储卡

　　存储卡作为外部存储器，主要用在数码相机、数码摄像机、手机等电子产品中。具有和 U 盘相同的多种优点，但只有通过读卡器才能对这些存储卡进行读写。

4. 固态硬盘

　　近年来，固态硬盘作为新的便携式存储器也被广泛使用。它是使用半导体存储芯片制作的一种外部存储器。相比普通硬盘，固态硬盘在性能、安全性、能耗和适应性上具有明显优势。虽然固态硬盘容量不是很大（目前固态硬盘的容量为 128GB 左右），价格也高出一般硬盘不少，但由于其没有普通硬盘的马达等驱动装置，不怕摔，重量轻，所以被计算机用户青睐，如图 5-26 所示。

图 5-26　固态硬盘

5.5　常用输入设备

输入/输出设备是计算机与用户之间进行信息交换的装置，而输入设备是用于向计算机输入命令、数据、图像、声音等信息的设备。计算机常用的输入设备有键盘、鼠标、扫描仪和数码相机等。

5.5.1　键盘

键盘是计算机系统中最常用也是最基本的输入设备。用户通过键盘可以将字母、数字、标点符号等输入字符输入到计算机中，从而向计算机发出命令或输入数据，如图 5-27 所示。

图 5-27　键盘

目前，PC 上主要使用的键盘都是标准键盘。键盘主要由主键盘区、功能键区、数字键区和编辑键区等组成。

下面介绍几个常用键的功能。

Shift：用于输入双字符键上排字符。

Caps Lock：大小写字母转换键。

Num Lock：数字键和编辑键的转换。

Enter：回车键，不论光标处在当前行中什么位置，按此键后光标移至下行行首。结束一个数据或命令的输入也按此键。

Esc：强行退出键，用于命令或程序的退出。

Ctrl：控制键，用于与其他键组合成各种复合控制键。

Alt：交替换挡键，用于与其他键组合成特殊功能键或控制键。

Tab：制表定位键，按此键光标跳 8 个字符的距离。

←（Backspace）：退格键，光标退回一格，即光标左移一个字符的位置，同时抹去原光标左边位置上的字符，用于删除当前行中刚输入的字符。

Space：空格键，位于键盘中下方的长条键，按下此键输入一个空格，光标右移一个字符的位置。

Print Screen：屏幕复制键，用于把当前屏幕的内容复制出来或复制到剪贴板中。

键盘与主机最早是通过 5 芯电缆线相连接的，现在主要使用 USB 接口和主机相连。

5.5.2　鼠标

鼠标器简称鼠标，是一种常用的输入设备。通过移动鼠标可以快速定位屏幕上的对象，操作方便、灵活。鼠标通过电缆与主机连接，由于其外形如老鼠而得名，如图 5-28 所示。

鼠标上一般有两个按键，分别称为左键和右键，其功能可以由所使用的软件来定义。不同的软件中使用鼠标器，其按键的作用可能不相同。鼠标器中间还有一个滚轮，可以用来控制屏幕内容的移动，与窗口右边框滚动条的功能相同。即在看一篇较长文章时，向前或向后转动滚轮，就可使窗口中的内容向上或向下移动。

鼠标器与主机的接口有串行通信口（RS-232）、PS/2 接口和 USB 接口三种，目前广泛使用的是 USB 接口。

图 5-28　鼠标

5.5.3　扫描仪

扫描仪（Scanner）是一种直接将图片（照片）或文字输入到计算机中的输入设备，如图 5-29 所示。

扫描仪的工作原理基于光电转换。把输入的图像划分成若干个点，变成一个点阵图形。通过对点阵图的扫描，依次获得这些点的灰度值或色彩编码值。这样通过光电部件将一幅纸介质的图转换为一个数字信息的阵列，并存入计算机的文件中，于是可用相关的软件对其进行显示和处理。

扫描仪种类很多，按其扫描原理不同来分，有手持式、平板式和滚动式等。

图 5-29　扫描仪

手持式扫描仪需要操作员用手拿着扫描仪在被扫描的图片上移动，它的扫描头较窄，只能扫描较小的图片。平板式扫描仪是最常见的扫描仪，被扫描的图稿置于扫描平台上，由机械传动移动扫描头来扫描图稿。平板式扫描仪广泛用于办公、家用领域，高档的平板式扫描仪可用于广告设计和印刷领域。

滚动式扫描仪是高分辨率的专业扫描仪，应用在专业印刷排版领域。

下面介绍扫描仪的主要性能指标。

（1）分辨率。

分辨率是扫描仪对原稿细节的分辨能力，反映了扫描仪扫描图像的清晰程度，一般用每英寸的像素点(dpi)来表示。目前扫描仪的分辨率大多为 300dpi、600dpi、1200dpi、2400dpi 等。分辨率越高，图像的清晰度越好，而扫描后的数据量也越大。

（2）彩色位数。

彩色位数反映了扫描仪对图像色彩范围的辨析能力。彩色位数越高，计算机能表达的彩色种类越丰富，越接近自然色，扫描的图像效果也越真实，当然生成的图像文件也越大。目前扫描仪的彩色位数一般有 24 位、30 位、36 位等。

（3）扫描幅面。

扫描幅面是指被扫描图稿容许的最大尺寸，如 A4、A3 等。

（4）扫描速度。

扫描速度一般用扫描标准幅面的图稿所用的时间来表示。

5.5.4　数码相机

数码相机是现在非常流行的图像输入设备。它能直接将照片以数字形式记录下来，并输
入计算机进行存储、处理和显示。数码相机与传统相机的
操作基本相同，不同之处是数码相机将影像聚焦在成像芯
片（CCD 或 CMOS）上，并由成像芯片转换成电信号，再
经过模数转换（A/D 转换）变成数字图像，经过必要的图
像处理和数据压缩（大多采用 JPEG 标准）之后，存储在
相机内部的存储器中，如图 5-30 所示。

CCD 像素越多，影像分解的点就越多，最终所得到的
影像的分辨率（清晰度）就越高，图像的质量也就越好。
所以，CCD 像素的数目是数码相机的一个至关重要的性能

图 5-30　数码相机

指标。选用多少像素的数码相机合适，完全取决于使用要求。对于一般用户来讲，300 万（1600
×1200）像素的数码相机完全能满足用户要求，对于专业用户来讲，800 万左右则完全够用。
存储容量是数码相机的另一个重要指标，存储容量越大，可存储的照片数就越多。

5.6　常用输出设备

计算机常用的输出设备是显示器和打印机。

5.6.1　显示器

显示器又称监视器(Monitor)，是微机系统中的主要输出设备之一。它能在程序的控制下，
动态地以字符或图形形式显示程序的内容和运行结果。如果没有显示器，用户就无法了解计
算机的处理结果和所处的工作状态，无法决定自己下一步的操作。

计算机的显示器由两部分组成：显示器和显示控制器。显示器是个独立的设备。显示控
制器一般做成扩充卡，称为显示卡或显卡，显卡插在主板的扩展槽上，通过电缆与显示器连
接。而现在 PC 的显卡的功能大多已经集成到了主板上，称为集成显卡。

1. 显示器的分类

从显示器原理和显示器件来分，目前计算机上使用的显示器主要有阴极射线管（CRT）
显示器和液晶显示器（LCD）。

CRT 显示器的工作原理与电视机相似，即通过显像管中电子枪将电子束发射到荧光屏的
某一点上，使该点发光，该点称为像素。每个像素由红、绿、蓝三种基色组成，通过对三基
色强度的控制可以合成出不同的颜色。电子束从左到右、从上到下逐行逐点地发射，就可产
生所需的图像。

LCD 的工作原理是利用液晶的物理特性，借助液晶对光线进行调制而显示图像的一种显
示器。即通电时液晶排列有秩序，光线易通过；而不通电时液晶排列混乱，阻止光线通过。
液晶是介于固态和液态之间的一种物质，它既有液体的流动性，又具有固态晶体排列的有向

性。它是一种弹性连续体，在电场的作用下能快速地展曲、扭曲或弯曲。

与 CRT 显示器相比，LCD 具有工作电压低、没有辐射、功耗小、重量轻、能大量节省空间等特点。

显示器的主要性能参数如下。

（1）显示屏的尺寸

计算机显示屏尺寸的大小用其对角线的长度来表示，以英寸为单位。目前一般使用的显示器有 15 英寸、17 英寸、19 英寸、22 英寸等。显示屏的水平方向的宽度和垂直方向的高度之比一般为 4:3，现在多数 LCD 的宽度和高度之比为 16:9 或 16:10。

（2）显示器的分辨率

分辨率是指显示器能显示像素的多少，一般用水平分辨率×垂直分辨率来表示，如分辨率为 1024×768、1280×1024、1600×1200 等。显示器的分辨率越高，显示的字符或图像也就越清晰。

（3）像素的颜色数目

像素的颜色数目是指一个像素可显示颜色的多少，一般由表示这个像素的二进制位数决定。彩色显示器由三基色 R、G、B 合成得到其色彩，所以，三个基色的二进制位数之和决定了可显示颜色的数目。例如，R、G、B 分别用 8 个二进制位表示，则它可有 2^{24}=1680 万种不同的颜色。

（4）刷新速率

刷新速率是指显示的图像每秒钟更新的次数。刷新速率越高，图像的稳定性越好。PC 显示器的刷新速率一般在 85Hz 以上。

2. 显示卡

显示卡的主要任务是从 CPU 和内存中获得要显示的数据，先保存起来，再送到显示器中显示。显示卡主要由显示控制电路、绘图处理器、显存和接口电路四部分组成。其中显示控制电路负责对显示卡的操作进行控制和协调；接口电路负责显示卡与 CPU 和内存的数据传输；显存用于存放显示器要显示的内容，能直接影响输出信息的颜色数和精细程度；绘图处理器提供图形加速功能。

5.6.2　打印机

打印机能将输出信息以字符、图形和表格等形式印制在普通的纸上，如同常规的印刷机。目前常用的打印机有针式打印机、喷墨式打印机和激光打印机三种。

1. 针式打印机

针式打印机是一种击打式打印机，是通过打印头的"打印针"击打色带，通过色带上的颜色在打印纸上产生文字或图像的点阵的打印机。打印针一般排成一排或两排，安装在打印头里，常见的有 9 针打印机和 24 针打印机两种。每个打印针的一次打击可以在纸上形成一个小墨点，一行行的小墨点可以组成任何输出样式，可以是文字，也可以是图像，如图 5-31 所示。

针式打印机在很长一段时间内曾被广泛应用，但这种打印方式速度慢、噪声大、打印质量不高，现在家庭和办公场所已很少使用。不过它的优点是耗材成本低，可多层套打，所以在银行、税务、邮电、超市等部门的票据类打印中仍有广泛的应用。

图 5-31　针式打印机

2. 激光打印机

激光打印机是激光技术和复印技术相结合的产物，如图 5-32 所示。激光打印机工作时，它用接收到的信号控制激光束，使其照射到一个具有正电位的硒鼓上，被激光照射的部位转变为负电位，可把墨粉吸附上去。激光束扫描使硒鼓上形成了所需要的结果影像，在硒鼓吸附到墨粉后，再通过压力和加热把影像转移到打印纸上，最后形成输出。

图 5-32　激光打印机

现在常用的激光打印机的颜色系统是多级灰色系统，以 A4 幅面的打印机为主。其特点是速度快、无噪声、分辨率高、输出质量高。虽然激光打印机也有大幅面激光打印机、彩色激光打印机，但市面上并不多见。

3. 喷墨式打印机

喷墨式打印机是将墨水通过喷头喷射到打印纸上形成点阵字符或图像的非击打式的打印机。它和针式打印机不同，喷墨式打印机的打印头上有数十到数百个小喷孔，打印过程中液体墨水从这些小喷孔喷出，直接喷到打印纸上，形成墨点或墨迹，最后形成文字或图像，如图 5-33 所示。

喷墨式打印机由于噪声低，清晰度高，打印效果好，同时可以打印出彩色图像，所以在广告设计行业被广泛使用。但是喷墨式打印机在低质量纸张上墨滴可洇开，所以喷墨式打印机要求质量比较好的纸张，同时需要经常更换墨盒，打印成本较高。

图 5-33　喷墨式打印机

4．打印机的性能指标

打印机的主要性能指标有打印精度、打印速度、色彩数目等。

（1）打印精度。

打印精度是指打印机的分辨率，是衡量图像清晰度的最重要的指标。打印精度用每英寸可打印的点数（dpi）来表示。一般 360dpi 以上的打印效果才能令人基本满意。其中，针式打印机分辨率最低，一般为 180dpi；激光打印机分辨率为 300～800dpi，最高可达 1200dpi，打印效果好；喷墨式打印机分辨率可达 300～360dpi，最高可达 1000dpi。

（2）打印速度。

击打式打印机的打印速度用每秒打印的字符数目表示。喷墨式打印机和激光打印机是一种页式打印机，它们的速度用每分钟打印的页数(PPM)来衡量。家庭使用的低速激光打印机的速度为 4PPM，办公使用的高速激光打印机速度可达 10PPM 以上。

（3）色彩数目。

色彩数目是指打印机可以打印的不同彩色的总数。

习　　题

一、填空题

1．一个完整的计算机系统由_____系统和_____系统组成。

2．CPU 主要由_____、_____和寄存器组三部分构成。

3．CPU 中的运算器用于对数据进行各种算术运算和_____。

4．PC 中的 BIOS 的中文意思是_____。

5．按照冯·诺依曼计算机概念，计算机的基本原理是存储程序和_____。

6．系统总线上有三类信号：数据信号、地址信号和_____信号。

7．一条指令由两部分组成，即_____和_____。

8．目前生产 CPU 的国际公司主要有_____公司和 AMD 公司。

9．对于 Cache、内存、硬盘存储器，存取速度最快的是_____。

10. 主板上最主要的部件是_____。

11. 总线分为串行总线和并行总线两类，PCI-E 是_____总线。

12. KB(千字节)是度量存储器容量大小的常用单位之一，1KB 等于_____B。

二、选择题

1. 从功能上讲，计算机硬件主要由_____部件组成。

A. CPU、存储器、输入/输出设备和总线等

B. 主机和外存储器

C. 中央处理器、主存储器和总线

D. CPU、主存

2. 目前使用的 PC 是基于_____原理进行工作的。

A. 存储程序控制　　　　　　　　　B. 访问局部性

C. 基准程序测试　　　　　　　　　D. 硬拷贝

3. PC 最核心的部件是_____。

A. CPU　　　　　B. 运算器　　　　　C. 控制器　　　　　D. Pentium

4. 磁盘的磁面由很多半径不同的同心圆所组成，这些同心圆称为_____。

A. 扇区　　　　　B. 磁道　　　　　C. 磁柱　　　　　D. 磁头

5. U 盘利用通用的_____接口接插到 PC 上。

A. RS-232　　　　B. 并行　　　　　C. USB　　　　　D. SCSI

6. CD-ROM 存储数据的原理是利用盘上的凹坑表示"0"和"1"，其中凹坑的边缘表示_____，而凹坑和非凹坑的平坦部分表示_____，再使用_____来读出信息。

A. "1"、"0"、激光　　　　　　　　B. "0"、"1"、磁头

C. "1"、"0"、磁头　　　　　　　　D. "0"、"1"、激光

7. 下列对 USB 接口的叙述不正确的是_____。

A. 是一种高速的可以连接多个设备的串行接口

B. 符合即插即用规范，支持热插拔

C. 一个 USB 接口最多能连接 127 个设备

D. 常用外设，如鼠标器，是不使用 USB 接口的

8. 显示卡中的_____用于存储显示屏上所有像素的颜色信息。

A. 显示控制电路　　　　　　　　　B. 显示存储器

C. 接口电路　　　　　　　　　　　D. CRT 显示器

9. 目前使用较广泛的打印机有针式打印机、激光打印机和喷墨式打印机，其中，_____在打印票据方面具有独特的优势。

A. 彩色打印机　　　B. 喷墨式打印机　　　C. 激光打印机　　　D. 针式打印机

10. 某显示器的分辨率是 1024×768，它的含义是_____。

A. 纵向像素数×横向像素数　　　　B. 横向像素数×纵向像素数

C. 纵向字符数×横向字符数　　　　D. 横向字符数×纵向字符数

11. 下列_____属于计算机外部设备。

A. 打印机、鼠标器和硬盘　　　　　B. 键盘、光盘和 RAM

C. RAM、硬盘和显示器　　　　　　D. 主存储器、硬盘和显示器

12. 下列_____属于 PC 硬件的主要性能参数。

①CPU 字长　　　　　　　　　　　②操作系统的类型和版本

③主存性能　　　　　　　　　　　④系统总线传输速率

⑤CPU 工作频率　　　　　　　　　⑥鼠标器的接口类型

A. ①②⑤⑥　　　　B. ②③④⑤　　　　C. ②④⑤⑥　　　　D. ①③④⑤

13. 在计算机中，CPU、内存储器、外存储器和 I/O 设备是通过_____连接起来的。

A. 系统总线　　　　B. 一组数据线　　　　C. 扩展卡　　　　D. I/O 接口

14. 计算机的工作是通过 CPU 一条一条地执行_____来完成的。

A. 用户命令　　　　B. 指令　　　　C. 汇编语句　　　　D. BIOS 程序

15. PC 中扩展卡是_____与_____之间的接口。

A. 系统总线、外设　　　　　　　　B. CPU、外设

C. 外设、外设　　　　　　　　　　D. 主存、外设

16. 计算机的性能在很大程度上是由 CPU 决定的。CPU 的性能主要体现为它的运算速度。下列有关计算机性能的叙述正确的是_____。

A. 计算机中 Cache 的有无和容量的大小对计算机的性能影响不大

B. 计算机上运行的系统软件与应用软件的特性不影响计算机的性能

C. 计算机指令系统的功能不影响计算机的性能

D. 在 CPU 内部采用流水线方式处理指令，目的是提高计算机的性能

17. 下列有关 CPU 结构的叙述正确的是_____。

①CPU 主要由三部分组成，运算器、控制器和 Cache。

②在计算"3+5"时，加法运算是在运算器中实现的，控制器控制着加法运算的实现。

③CPU 中的指令快存和数据快存（Cache）用来临时存放参加运算的数据和得到的中间结果。

④CPU 中包含的数据寄存器的宽度等同于处理整数的算术逻辑运算部件的宽度。

A. ①②③　　　　B. ②③　　　　C. ②　　　　D. ③④

18. 下列有关系统总线的叙述正确的是_____。

A. 计算机中各个组成单元之间传送信息的一组传输线构成了计算机的系统总线

B. 计算机系统中，若 I/O 设备与系统总线直接连接，不仅使得 I/O 设备的更换和扩充变得困难，而且整个计算机系统的性能将下降

C. 系统总线分为输入线、输出线和控制线，分别传送着输入信号、输出信号和控制信号

D. 系统总线最重要的性能是数据传输速率，也称为总线的带宽。总线带宽与数据线的宽度无关，与总线工作频率有关

19. 下列关于"程序存储和程序控制"的描述错误的是_____。

A. 解决问题的程序和需要处理的数据都存放在存储器中

B. 由 CPU 逐条取出指令并执行它所规定的操作

C. 人控制着计算机的全部工作过程，完成数据处理的任务

D. "程序存储和程序控制"的思想是由冯·诺依曼提出的，并且几乎所有的计算机都遵循这一原理进行工作

20. RAM 的特点是_____。

A. 海量存储器

B．存储在其中的信息可以永久保存

C．一旦断电，存储在其上的信息将全部消失，且无法恢复

D．只是用来存储数据的

21．下面关于显示器的叙述中正确的一项是_____。

A．显示器是输入设备　　　　　　　　B．显示器是输入/输出设备

C．显示器是输出设备　　　　　　　　D．显示器是存储设备

22．Cache 可以提高计算机的性能，这是因为它_____。

A．提高了 CPU 的倍频　　　　　　　　B．提高了 CPU 的主频

C．提高了 CPU 的容量　　　　　　　　D．缩短了 CPU 访问数据的时间

23．下面关于 U 盘的描述错误的是_____。

A．U 盘有基本型、增强型和加密型 3 种

B．U 盘的特点是重量轻、体积小

C．U 盘多固定在机箱内，不便携带

D．断电后，U 盘还能保持存储的数据不丢失

24．下列选项中_____不是串行总线。

A．PCI 总线　　　　　　　　　　　　B．PCI-E 总线

C．DMI 总线　　　　　　　　　　　　D．USB 总线

25．下列关于 SATA 接口的说法错误的是_____。

A．结构简单、可靠性高　　　　　　　B．数据传输率高、支持热插拔

C．是一种并行接口，因此传输率高　　D．是一种串行接口

26．计算机技术中，下列不是度量存储器容量的单位的是_____。

A．KB　　　　　　　B．MB　　　　　　　C．GHz　　　　　　　D．GB

27．SRAM 指的是_____。

A．静态随机存储器　　　　　　　　　B．静态只读存储器

C．动态随机存储器　　　　　　　　　D．动态只读存储器

28．Cache 的中文译名是_____。

A．缓冲器　　　　　　　　　　　　　B．只读存储器

C．高速缓冲存储器　　　　　　　　　D．可编程只读存储器

29．CPU 主要技术性能指标有_____。

A．字长、运算速度和时钟主频　　　　B．可靠性和精度

C．耗电量和效率　　　　　　　　　　D．冷却效率

30．当电源关闭后，下列关于存储器的说法正确的是_____。

A．存储在 RAM 中的数据不会丢失　　B．存储在 ROM 中的数据不会丢失

C．存储在软盘中的数据会全部丢失　　D．存储在硬盘中的数据会丢失

31．下列叙述中错误的是_____。

A．计算机硬件主要包括主机、键盘、显示器、鼠标器和打印机五大部件

B．计算机软件分为系统软件和应用软件两大类

C．CPU 主要由运算器和控制器组成

D．内存储器中存储当前正在执行的程序和处理的数据

32．在外部设备中，扫描仪属于_____。

A．输出设备　　　　　B．存储设备　　　C．输入设备　　　　D．特殊设备

33．Caps Lock 键的功能是_____。

A．暂停　　　　　　　　　　　　　　　B．大小写锁定

C．上挡键　　　　　　　　　　　　　　D．数字/光标控制转换

34．下列说法正确的是_____。

A．软盘片的容量远远小于硬盘的容量

B．硬盘的存取速度比软盘的存取速度慢

C．U 盘的容量远大于硬盘的容量

D．软盘驱动器是唯一的外部存储设备

35．下列计算机技术词汇的英文缩写和中文名字对照中错误的是_____。

A．CPU——中央处理器　　　　　　　B．ALU——算术逻辑部件

C．CU——控制部件　　　　　　　　　D．OS——输出服务

36．在计算机中，条码阅读器属于_____。

A．输入设备　　　　B．存储设备　　　C．输出设备　　　　D．计算设备

37．冯·诺依曼在他的 EDVAC 计算机方案中提出了两个重要的概念，它们是_____。

A．采用二进制和存储程序控制的概念　　B．引入 CPU 和内存储器的概念

C．机器语言和十六进制　　　　　　　　D．ASCII 编码和指令系统

38．随机存储器中，有一种存储器需要周期性地补充电荷以保证所存储信息的正确性，它称为_____。

A．静态 RAM(SRAM)　　　　　　　　B．动态 RAM(DRAM)

C．RAM　　　　　　　　　　　　　　D．Cache

39．在 CD 光盘上标记有 CD-RW 字样，此标记表明该光盘_____。

A．只能写入一次，可以反复读出的一次性写入光盘

B．可多次擦除型光盘

C．只能读出，不能写入的只读光盘

D．RW 是 Read and Write 的缩写

40．当前 Intel 的 CPU 主要有 Core 系列，包括 Core i3、Core i5、Core i7，其中有如 2.4G 字样，2.4G 表示_____。

A．处理器的时钟频率是 2.4GHz

B．处理器的运算速度是 2.4GIPS

C．处理器是第 2.4 代

D．处理器与内存间的数据交换频率是 2.4GB/S

三、简答题

1．计算机在逻辑上是由哪些部分组成的？各部分的主要功能是什么？

2．CPU 是由哪几部分组成的？它的作用是什么？

3．什么是指令？什么是指令系统？

4．什么是 BIOS？它有哪些功能？

5．PC 中有哪些存储器？各有什么特性？

6. 数码相机的主要性能指标有哪些？

7. 打印机主要有哪些类型？性能指标主要有哪些？

8. 常用的外存储器有哪些？各自有什么特点？

四、讨论题

1. 根据本章所学模拟配置一台具有一定性价比，在一定时间内能满足学习、娱乐的需要，能连接到互联网的计算机，要求给出详细的硬件配置单及各硬件的当前市场价格。

2. 讨论在选购计算机时你着重会考虑哪些方面的问题。

第6章　问题求解和算法设计

问题讨论

（1）根据你的理解，什么是问题？人们是怎样对问题求解的？

（2）罗列你遇到的几个问题，分别列出你对它们的求解方法，然后对它们进行概括。

（3）计算机是工具，根据你的理解，计算机都解决了什么样的问题？

（4）根据前几章的学习，要用计算机对问题进行求解，你的策略是什么？

（5）根据你的理解说说结构化程序设计和面向对象程序设计分别是什么。

学习目的

（1）了解问题及问题求解的基本概念。

（2）掌握问题求解 Polya 的基本策略。

（3）理解算法的概念及算法基本描述方法。

（4）掌握结构化算法设计、面向对象算法设计的基本概念。

（5）领悟一些常用算法的伪码描述思想。

学习重点和难点

（1）Polya 问题求解的基本策略。

（2）算法的伪码描述及一些常用算法的描述。

（3）结构化算法设计基本思想，三种基本结构的描述。

在第 3 章我们学习了计算机系统的最内核的信息层和数据的机器表示，第 4 章和第 5 章学习计算机硬件知识，了解了数据以及程序以电信号方式的表示技术，了解了计算机存储程序的概念和目前计算机基本工作原理。本章和第 7 章的重点将从计算机系统是什么转移到如何使用它。

本章将分析问题求解的方法以及如何用伪代码编写解决方案（算法），介绍较为成熟的结构化分析设计和面向对象分析设计两种求解问题的思路及其伪码表示方法。第 7 章将介绍如何把伪代码翻译成一种计算机能够运行的程序设计语言，从而达到用计算机解决实际问题的目的。

6.1　问　题　求　解

计算机科学将问题作为自己的研究对象，研究如何用计算机来解决人们面临的各种问题，这就类似生物学将世界上所有生物作为自己的研究对象一样，研究生物的各种问题。利用计算机解决问题，必须事先编写程序，也就是告诉计算机需要做哪些事情，按照怎样的步骤做，并提供所要处理的原始数据，即对现有问题所面临的环境抽象而来的数据。本节将给出计算机所解决的问题是什么，问题解决的一般套路等。

6.1.1　如何解决问题

什么是问题？很难有一个确定的，无异议的定义。在不同语境中，有不同含义。如问题

（Problem）是引起调查、思考或者解答的问题（Question）；如问题是复杂的、未解决的难题，或令人感到困惑、痛苦及烦恼的来源等。我们在这里取问题的含义主要是指"要求回答或解答的问题"。

问题内涵或者来自的领域不同，问题求解也有很多定义。例如，问题求解（Problem Solving）就是找到令人感到困惑、痛苦、烦恼或未解决的难题的解决方案或行动，如解决管理活动中由于意外引起的非预期效应或与预期效应之间的偏差等。这里是指为了实现给定目标而展开的动作序列的执行过程，即所谓的解题技术，包括问题表示、搜索和行动计划等内容。

问题求解的艺术不只是计算机学科独有的，它是几乎与所有领域都有关系的话题。如地区政治危机、梅雨季节的粮食存储、车辆在野外爆胎、男女朋友失恋等都是问题，在第 2 章计算机的局限性中我们已经看到，涉及物理行为和情感问题的，计算机不能解决。

计算机没有智能，它不会分析问题并形成解决问题的方案，计算机解决问题，首先问题是计算机可以解决的，其次还要有人，也就是程序员对问题进行分析，为解决问题开发指令集，即程序，并让计算机执行这些指令。

由此可见，计算机在解决问题时，只是一个按照指令执行解决方案的工具而已。解决问题的方案是人根据具体问题进行分析研究，制定了解决方案，然后将该方案以程序的方式告诉计算机，计算机执行方案后产生输出，人们根据输出，对照实际问题进行分析、研究，以达到解决问题的目的。

6.1.2　Polya 问题求解策略

1945 年，美国数学家 G.Polya 在 *How to Solve It:A New Aspect of Mathematical Method*（《如何解决它：数学方法的新视点》）中概括了为数学问题设计的问题求解策略，尽管这本书描述的问题求解是为数学问题求解而设计的，但是，其中关于问题求解过程的描述非常经典，至今仍然是问题求解所依据的基本原则。数学问题的求解策略给基于计算机的问题求解带来很大的启发。表 6-1 列出了 Polga 问题求解的过程。

表 6-1　"问题求解"列表

	如何解决它
第一步：理解问题	通过分析获得有关问题的信息。如未知量是什么？数据是什么？条件是什么？条件有可能满足吗？条件足够决定未知量吗？或条件不够决定未知量吗？抑或条件是多余的？抑或条件是与未知量矛盾的？绘制一幅图，引入合适的符号，把条件分割成多个部分，能把它们写下来吗？
第二步：设计计划	找到信息和解决方案之间的联系，如果找不到直接的联系，则可能需要考虑辅助问题，最终应该得到解决方案。如以前见过这个问题吗？或者以前见过形式稍有不同的同样问题吗？知道相关的问题吗？知道可能解决这个问题的定理吗？仔细研究未知量，试想一个所熟悉的、具有同样未知量或类似未知量的问题。 有一个曾经解决过的相关问题，可以使用它吗？可以使用它的结果吗？可以使用它的方法吗？为了使用它，需要引入辅助元素吗？能重述问题吗？能换一个方式叙述问题吗？如果不能解决这个问题，先尝试解决一些相关的问题。可以想象一个比较容易解决的相关问题？一个更普适的问题？一个更专用的问题？一个相似的问题？可以解决部分问题吗？只保留一部分条件，舍弃其他条件；未知量又明确了多少？它是如何变化的？能从数据得到一些有用信息吗？可以想出另外一些能够确定未知量的数据吗？可以改变未知量或数据，或者同时改变两者，使新数据和新的未知量更接近吗？是否使用了所有数据？是否使用了所有条件？是否考虑到了该问题涉及的所有关键概念？
第三步：执行计划	执行解决方案，检查每一个步骤。可以清楚地看到每个步骤都正确吗？可以证明它是正确的吗？
第四步：回查	分析得到的解决方案。能检查结果吗？能检查参数吗？可以得到不同的结果吗？看到过这些结果吗？可以用这个结果和方法解决其他的问题吗？

Polya 的书的经典之处在于它的"如何解决它"的列表是普遍适用的，也就是若我们将该列表中的数学术语换成普适的词汇，它就具有一般问题求解的策略，同时，它通过一些启发性的问题引导我们进行问题求解。比如，把文字"未知量"换成"问题"，把"数据"换成"信息"，把"定理"换成"解决方案"，那么这个列表就完全适用于各种类型的问题。这个列表的第二步（找到信息和解决方案之间的联系）是问题求解的核心。

Polya 问题求解策略在计算机应用领域的表现就是计算机求解问题的过程，一般地，该过程分为六个阶段，如图 6-1 所示。当然，在计算机领域还有许多具体问题，该策略都有很好的体现，如我们将要看到的软件工程的一般过程、软件开发的一般过程等都是很好的结合和体现。

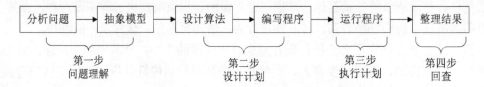

图 6-1　计算机求解问题的一般过程

图 6-1 各阶段的内涵已经很明确，以下主要强调前两个阶段的工作内容。

第一步，必须理解问题。也就是在这一阶段你需要知道"是什么"的问题。面对的问题你了解多少，必须处理哪些信息，怎么就知道你找到了解决问题的方案等，并用规范的方式将其呈现出来，用计算机的术语来讲就是"分析和说明阶段"。

第二步，设计算法和编写代码。我们知道，计算机只是一个大容量、高速运转但没有思维的机器。当我们认识和理解了需要解决的问题，设计了执行方案后，一条鸿沟把需要求解问题的人和没有思维能力的计算机隔离起来，程序成为跨越这个鸿沟的桥梁。对于设计算法，牢记 Never reinvent the wheel，也就是说，如果解决问题的方案已经存在，就用这个方案，而如果以前解决过相同或相似的问题，只需要再次使用成功的解决方案即可。在算法设计上，常用的策略是"分治法"，即将一个大问题划分成几个能解决的小单元。

6.2　算法及其表示

在计算领域，Polya 问题求解中的"解决方案"一词被称为算法，制定求解方案就是设计算法，就是要描述人类解决方案中的各类条件，包括暗含条件。本节将介绍算法的基本概念和描述方法，为下一步程序设计奠定基础。

6.2.1　计算机问题求解过程

算法是在有限的时间内用有限的数据解决问题或子问题的明确的一套指令。这个概念表现了算法几个基本特征：有穷性、确切性、有效性、有输入和输出。

计算领域中的问题求解过程包括四个步骤，即分析和说明阶段、算法开发阶段、实现阶段和维护阶段。图 6-2 表达了这几个阶段的具体内容，第一阶段输出的是清楚的问题描述；第二阶段的输出是第一阶段定义的问题的通用解决方案；第三阶段输出的是计算机可以运行的程序，即问题的计算机解决方案——算法；第四阶段交付使用，进入维护阶段。图 6-3 描述了这几个阶段在问题求解中的交互。图中粗线箭头表示阶段之间的顺序，细线箭头表示发生问题时可以回退前面各个阶段的路径。

1	分析和说明阶段	
	分析	理解（定义）问题
	说明	说明程序要解决的问题
2	算法开发阶段	
	开发算法	开发用于解决问题的逻辑步骤序列
	测试算法	执行列出的步骤，看它们是否能真正地解决问题
3	实现阶段	
	编码	用程序设计语言翻译算法（通用解决方案）
	测试	让计算机执行指令序列。检查结果，修改程序，直到得到正确的答案
4	维护阶段	
	使用	使用程序
	维护	修改程序，使它满足改变了的要求，或者纠正其中的错误

图 6-2　计算机的问题求解过程

基于计算机问题求解的三个过程是顺序的，后一个阶段的工作建立在前一个阶段工作的基础上。第一阶段的分析和说明问题是所有工作的基础，没有对问题透彻的理解和认识，不可能进入第二阶段的编写问题的解决方案，就更谈不上编写计算机的解决方案——算法开发，紧接着，没有第二阶段的恰当的算法开发阶段的输出，就不可能进入第三阶段的编写正确合理的算法实现——程序。这个流程也告诉我们，计算机领域的问题求解必须重视对问题的分析和理解，重视规范的、形式化的各种求解呈现方式，摒弃求解问题就是闷头编写程序的错误认识和习惯。

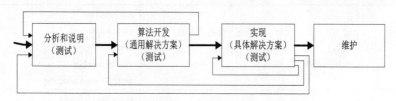

图 6-3　问题求解过程中各个阶段的交互

特别强调，基于计算机进行问题求解只是 Polya 问题求解的一个特例。在图 6-3 中，每个阶段都加了测试这个环节，而不是像 Polya 问题求解中在最后一步进行检查。因此基于计算机的问题求解是将测试放在每个阶段进行，是正确和有效的工作方法。

6.2.2　伪代码

计算机问题求解过程的第一阶段是最复杂的阶段，软件工程领域专门有关于这一阶段的系统描述。我们这里采用一些相对简单的、比较容易明确的问题来说明计算机求解问题的过程，也就是问题的分析说明比较简单，我们直接进入算法开发阶段。

第一个问题我们需要知道算法是怎样表现的，即算法的描述方式有哪些，也就是我们需要确定一种语言来表达我们的思想。算法的描述方法有很多种，这里介绍一种和自然语言非常相近的语言——伪代码作为算法描述的语言工具。

伪代码（Pseudocode）是一种算法描述语言，采用简明扼要的文字以及数学上的表达式，按类似程序的格式写出来算法，是与机器或者说编程语言无关的语言。伪代码所描述的算法可以容易地以任何一种编程语言（Pascal、C、Java 等）实现。具体地，伪代码经常类似某种具体编程语言，相应地称为该语言的伪代码，如伪 C 代码相应的伪代码语言称为伪 C 语言。一般地，伪代码结构清晰、代码简单、可读性好，并且类似自然语言。在伪代码中，你可以将整个算法运行过程的结构用接近自然语言的形式（汉语或英语）描述出来。

举个例子，问题是把十进制数转换成其他数制。问题很清楚，我们用伪代码表示如下：

```
While(商不等于 0)
{
        用新的基数除十进制数
        把余数作为答案最左边的一位数
        用商替换原来的十进制数
}
```

这个例子仅仅描述了该算法的核心功能，并没有考虑输入、输出、用户交互等方面的要素，也没有考虑代码中的一些概念，如商、新基、余数等怎样存储和获取，但我们明白了该问题的基本解决方案是什么，也领略了伪代码描述算法的可读性和自由性。

为了方便，表 6-2 对伪代码语句进行了总结，以便学习和参考，其中输入/输出、赋值、重复、选择四种基本操作构成了计算机程序的基础。

表 6-2　伪代码语句

结构	含义	关键词或示例
变量	表示存储变量值或从中提取变量值的指定位置	在伪代码中表示一个值在问题中的角色的名字
赋值	把值存入变量	set number to 1 number←1
输入/输出	输入：读入一个值，可能是从键盘读入的 输出：显示一个变量的内容或一个字符串，可能显示到屏幕上	read number get number write number display number write "Have a good day"
重复(迭代、循环)	只要条件没有满足就重复执行一条或多条语句	while (condition) {//执行缩进的语句}

if-then 选择	如果条件满足，就执行缩进的语句；如果条件不满足就跳过缩进的语句	if(newBase=10)
		　　write"You are converting"
		　　write"to the same base"
		//其余代码

if-then-else 选择	如果条件满足，就执行缩进的语句;如果条件不满足，则执行 Else 之后的缩进语句	if (nawBase = 10)
		　　write "You are converting"
		　　write"to the Same base"
		else
		　　write "This base is not the"
		　　write "same."
		//其余代码

6.2.3　开发算法

开发算法是处于计算机问题求解过程的中间步骤，是问题的分析和说明与方案具体计算机实现之间的桥梁。由此可以看出，算法开发就是把问题分析和说明转换成问题求解方案的过程，实现阶段就是将问题的解决方案转换成计算机能够执行的解决方案形式。

　　当前使用把问题转化为方案的方法有两种：自顶向下的结构化设计（又称功能设计）和面向对象设计（OOD）。自顶向下设计反映了解决问题的一般方法，面向对象设计方法是目前计算机领域非常流行的设计方法，这两种方法都是基于分治策略的方法。我们将在后两节分别介绍这两种方法。

　　在结束本节前，图 6-4 给出了十进制数转换成其他数制的伪码算法，以便系统理解和掌握本节介绍的伪代码描述算法的思想。

算法： 十进制数转换成其他数制			
1	输入：	十进制数 decimalNumber，新基 newBase	
2	输出：	新基下的表示 answer	
3	方法：		
4		write"输入新基： "	//输入
5		read newBase	
6		write"输入要转换的十进制数： "	
7		read decimalNumber	
8		quotient←1	//初始化
9		while(quotient <> 0)	//有限时间
10		{	
11		quotient←decimalNumber DIV newBase	
12		remainder←decimalNumber Mod newBase	
13		remainder 作为 answer 最左边的数位	
14		quotient←decimalNumber	
15		}	
16		write"新基下的数为： "	//输出
17		write answer	

图 6-4　十进制数转换成其他进制数的伪码表示

6.3　结构化程序设计

　　结构化设计（Structured Design，SD）方法是计算机领域十分成熟的算法设计方法，成为计算机工作者基本的工作和思维模式，已经在计算机领域得到广泛的应用，并以此产生了结构化分析、结构化设计、结构化编程、结构化测试等技术方法，发展为一套完整的体系，形成了一种软件开发范型和软件工程范型。

　　结构化设计方法适合于软件系统的总体设计和详细设计，特别是将一个复杂的系统转换成模块化结构系统，该方法具有它的优势。本节结构化设计方法是指结构化程序设计方法。我们将在后续的软件工程课程中有较为系统的介绍。

6.3.1　自顶向下设计策略

　　自顶向下的设计策略用到了"分而治之"的思想，即把要解决的问题分解成一套子问题，然后把子问题分解成子问题，将这一过程一直持续到每个子问题足够基础，不再需要进一步分解为止。如图 6-5 的树型结构来表示问题和子问题（称为模块）之间的关系。这种方法就是从问题的总体目标（树根）开始，抽象底层的细节，然后一层一层地分解和细化，将复杂问题划分为一些功能相对独立的模块，各个模块独立地进行设计，模块与模块之间定义相应的调用接口。自顶向下的设计策略是人们普遍使用的问题求解策略，也是使问题得以解决的有效措施之一。

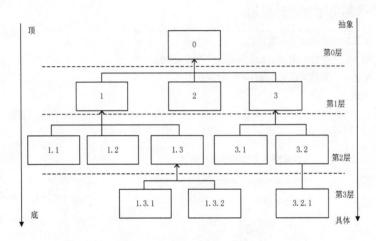

图 6-5　自顶向下设计过程图示

　　一般地，问题的总复杂性和总工作量会随着分解逐步减少，但随着模块数量的增多模块间的联系也增多，模块的接口工作量也就增多，造成问题的总工作量和复杂性增大。这就需要科学、合理地进行模块分解。模块化的分解过程就是对系统进行有层次的思维和求解过程，需要抽象思维和信息隐蔽技术的支持。

　　结构化设计的思想是"自顶向下，逐步求精"，核心是模块化，基本原理就是分解、抽象、信息隐蔽、逐步求精和模块独立性。

　　结构化设计方法符合人类解决复杂问题的普遍规律。让我们想想看人通常是如何解决大问题的，一般，我们会花些时间从全局考虑问题，然后简单记下主要步骤，再分析每个步骤，填充它的细节。如果我们不知道如何完成某个任务，就先执行下一个任务，当得到更多的信息后，再返回执行这个跳过的任务。我们所做的是什么呢？这就是采用的先全局后局部、先整体后细节、先抽象后具体的逐步求精过程，避免了一开始就陷入复杂的细节中，从而使复杂的设计过程变得简单明了。

　　在设计算法时，其表现过程为：首先，写下解决问题的主要步骤，它们将成为主要模块。然后，开始开发设计第一层模块中的主要步骤的细节。如果还不知道如何解决一个步骤，或者觉得细节问题很棘手，那么给这个模块起一个名字，继续开发下一个模块。之后，可以把这个名字扩展成低级的模块。我们将模块中算法步骤明确的步骤称为具体步骤，反之称为抽象步骤。这种编写自顶向下的设计方案与编写论文的大纲相似，对我们来讲，尽管这种结构化设计还是一种新技术，但是这种解决问题的方法是现实生活中常用的。

　　举一个结构化设计的例子，用筛选法求 100 以内的素数。所谓"筛选法"指的是古希腊的著名数学家埃拉托色尼（Eratosthenes）发明的求素数方法，基本思想是：把从 1 开始的某一范围内的正整数从小到大顺序排列，1 不是素数，首先把它筛掉，剩下的数中选择最小的数是素数，然后去掉它的倍数，以此类推，直到筛子为空时结束。

我们在一张纸上写上 1～100 的全部整数，然后逐个判断它们是否是素数，找出一个非素数，就把它挖掉，最后剩下的就是素数。也就是 2～100 中逐个去掉 2、3、5、7 的倍数，剩下的就是 100 以内的素数。我们用类 C 语言结构化设计该算法。

```
main(){
    建立数组 A 存放 2～100 的整数                                  1
    建立数组 B 存放 2～10 的素数                                   2
    若 A 中任一元素是 B 中任一元素倍数，从 A 中删除该数            3
    输出 A 中没有删除的数                                         4
}
```

我们将该问题分解为 4 个子问题目前还是算法的抽象步骤，都需要进一步细化。这里因为算法不复杂，我们采用算法步骤来描述，继续分解。

```
main(){
    /*建立数组 A 存放 2～100 的整数*/                            1
    for(i=2;i<=100;i++)A[i]=i;
    /*建立数组 B 存放 2～10 的素数*/                             2
    B[1]=2;B[2]=3;B[3]=5;B[4]=7;
    /*若 A 中任一元素是 A 中任一元素的倍数，则从 A 中删除该数*/   3
    for(j=1;j<=4;j++)
        检查 A 中所有元素是否为 B[j]倍数                        3.1
    /*输出 A 中没有删除的数*/                                   4
    for(i=2;i<=100;i++)
        若 A[i]未删除，则输出                                  4.1
}
```

继续对抽象步骤 3.1 和 4.1 进行细化，直到每条语句能直接用程序设计语言来表示为止。

```
main(){
    /*建立数组 A 存放 2～100 的整数*/                            1
    for(i=2;i<=100;i++)A[i]=i;
    /*建立数组 B 存放 2～10 的素数*/                             2
    B[1]=2;B[2]=3;B[3]=5;B[4]=7;
    /*若 A 中任一元素是 A 中任一元素的倍数，则从 A 中删除该数*/   3
    for(j=1;j<=4;j++)
        /*检查 A 中所有元素是否为 B[j]的倍数*/                  3.1
        for(i=1;i<=100;i++)
            if(A[i]/B[j]*B[j]==A[i])
                    A[i]=0;
    /*输出 A 中没有删除的数*/                                   4
    for(i=2;i<=100;i++)
        /* 若 A[i]未删除，则输出*/                             4.1
        if(A[i]!=0)
            printf("%d",A[i]);
}
```

当我们学习了 C 语言后，上面的伪码很容易变成 C 语言的计算机程序。可见，结构化程序设计能使得我们有效地解决面对的问题。

6.3.2　结构化程序设计方法的基本结构

20 世纪 60 年代初，一些程序员为了使自己编写的程序紧凑和"巧妙"，在程序中大量使用 GOTO 语句，虽然 GOTO 语句灵活和方便，如可以从一个程序点直接跳转到另一个程序点，程序可以少占内存，但会给阅读和修改带来很大困难，也无法方便进行程序的调试和维护，可见这种方法不适用于规模化的程序。

为了解决 GOTO 语句带来的困惑，1965 年，E.W.Dijkstra 建议将 GOTO 语句从高级语言中取消，1966 年，Bohm 和 Jacopini 证明了任何单入口单出口的没有"死循环"的程序都能由顺序结构、选择结构和循环结构三种基本结构构造出来。20 世纪 70 年代，E.W.Dijkstra 提出了结构化程序设计的主张，开辟了软件开发的结构化方法范型。

顺序结构是最简单的程序结构，也是最常用的程序结构，只要按照解决问题的顺序写出相应的语句就行，它的执行顺序是自上而下依次执行。选择结构算法中具有 if-then 形式的结构，根据判断语句的值有选择地执行某些程序段程序结构。循环结构描述了有规律的重复运算，是程序的一段代码被重复执行的结构，它可以缩小程序长度。为了形象地表示这三种基本结构，图 6-6 给出了它们的流程图形式，流程图是一种算法描述语言，是以图形的方式描述算法。

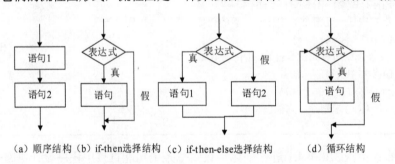

（a）顺序结构　（b）if-then选择结构　（c）if-then-else选择结构　　　　（d）循环结构

图 6-6　三种基本结构的流程图表示

6.3.3　算法测试

基于计算机问题求解的目标是算法过程，这个过程嵌入到程序中将被反复应用到不同的数据，所以算法测试就是算法过程经过测试或验证。需要注意的是，算法测试是测试算法的过程，而不是算法的结果，所以算法测试有其特殊性。

程序的测试通常都是在各种条件下运行程序，然后分析结果以发现问题。不过，这种测试只能在程序完成或至少部分完成时进行，这种测试太迟了，所以不能依赖。越早发现和修正问题，解决问题就越容易，代价也越小。因此，我们需要尽早进行算法测试。

算法测试贯穿于软件开发的整个过程，不同阶段有不同的测试技术和方法，这里我们只阐述这一过程，具体技术细节将在后续课程中详细探讨。

在设计阶段定义的算法在实现前所进行的测试主要有桌面检查、走查和审查等。桌面检查是程序员在纸上跟踪设计的执行情况。所谓走查，就是由小组成员手动地模拟设计，采用的是实例数据。审查是由团队成员之一逐行读出设计，其他成员负责指出错误的验证方法。

检查的目的不是批评设计或设计者，而是去除产品中的缺陷，最佳的团队都采用无我程序设计的策略。

6.4　面向对象程序设计

结构化程序设计方法假定在开始的时候，人们就已经对要求解的问题有深入、彻底的认识，从而能够作出全面的规划，对问题进行合理的分解，然而事实上，人们对问题的认识是一个逐步深入的过程。

面向对象程序设计是为了解决结构化设计方法这个方面的不足而发展起来的，其出发点和基本原则是尽可能地模拟现实世界的人类思维进程，使得设计方法和过程尽可能接近人类解决现实问题的方法和过程。随着面向对象程序设计方法和工具的成熟，面向对象程序设计逐步取代了结构化程序设计方法，成为目前程序设计的主流方法。

6.4.1　面向对象

在面向对象的思想中，数据和处理数据的算法绑定在一起，因此，每个对象负责自己的处理（行为），体现在面向对象程序中，程序是由一组对象组成的，对象有自己的特点（称为属性）和能够执行的操作（称为方法）。程序的执行就是对象行为及对象之间的消息传递。图 6-7 所示为一个对象的概念图。

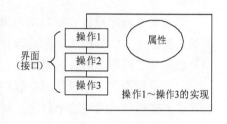

图 6-7　对象的概念图示

面向对象程序设计的主要任务是建立问题域的概念模型，即对象模型，这个模型描述了现实世界中的类与对象以及它们之间的关系，简单地说，对象模型是一个类、对象（类的实例）、类和对象之间关系的定义集，可见，面向对象方法中两个底层概念是类（Class）和对象（Object）。

对象是在问题背景中具有意义的事物或实体。例如，如果一个问题与学生信息有关，那么在解决方案中，学生就是一个合理的对象。对象类（或简称类）描述了一组类似的对象。虽然没有两个学生是完全相同的，但是学生会具有一些共同的属性和行为，学生可以构成一个类。类概念指的是把对象归入相关的组群，描述它们共性的思想。因此，类是一个抽象的概念，描述的是类中的对象所表现出的属性和行为，而对象只是类的一个实例（具体的例子）。

面向对象的问题求解方法需要把问题中的类分离开来，对象之间通过发送信息（调用其他对象的子程序）进行通信。类中包含的域有表示类的属性和行为，类的行为，即方法是处理对象中的数据的指定算法。

现实世界中，一切事物都是对象，它可以是有形的，如汽车、自行车、动物等，也可以是无形的，如课程等。类就是对对象进行抽象，找出它们共同的属性和行为，对象是类的实例，它们的关系是型和值的关系，如整数是型，1、2、3 就是整型的值一样。现实世界中的事物都是相互联系的，继承联系就是众多联系中的一种，如汽车和自行车都可以是一个更抽象类——交通工具的子类，它们都继承了交通工具的属性，又具有各自的属性（特点）。

面向对象程序设计方法比较符合人类认识问题的客观规律，首先对要求解决的问题进行分析，将问题领域中那些具有相同属性和行为的对象抽象为一个类，随着对问题认识的不断深入，可以在相应的类中增加新的属性和行为，或者由原来的类派生出一些新类，再向这个新类中添加新的属性和行为，类的修改和派生过程反映了对问题的认识程度不断深入的过程。图 6-8 反映了类的抽象过程。

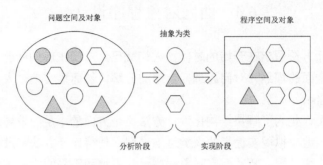

图 6-8　面向对象程序设计过程

6.4.2　设计方法

面向对象程序设计方法是用对象生成解决问题的求解方法，对象由数据（属性）和处理数据的操作（方法）组成，因此设计的重点就是对象以及它们在问题域中的交互作用。我们一旦收集到了问题中所有的对象，它们就构成问题的解决方案。

怎样进行面向对象设计呢？我们主要以 CRC（Class-Responsibility-Collaborator，类-职责-写作者）建模技术阐述这个问题，其输出就是一组表示类标准的 CRC 卡，称为 CRC 模型。CRC 技术将设计划分为四个阶段：识别类、过滤类、识别属性和操作、责任算法。我们用 CRC 卡提供识别和组织与产品相关的类。CRC 卡样式如图 6-9 所示。

类名：	超类：		子类：
责任	协作类		

图 6-9　CRC 卡

CRC 卡的内容主要包括三部分：类名、类的责任、协作类。超类和子类指出了类与相关类的主要继承和衍生关系。类的责任是与类相关的属性和操作，也就是类知道要做的事情，协作类是为了某类完成责任所需要的信息的类，通常，协作类蕴涵着对信息的请求，或者对某种动作的请求。

识别类主要是在集体讨论的基础上进行的，当经过集体讨论后确定了问题域的类后，就进入过滤阶段，主要回顾集体讨论阶段提出的类，看哪些类是可以合并的，以及还缺少哪些类。过滤阶段保留下来的类将在下一个阶段仔细研究。之后，经过场景分析将确定每个类的行为，类的行为称为类的责任，即探讨的是"如果……将会怎样"的问题，以确保所有的情况都被分析到了。最后是责任算法阶段，这个阶段将为列出的所有责任编写算法。CRC 卡就是用来记录这一阶段的类信息的工具。

　　集体讨论在字典中定义为一种集体问题求解的方法，包括集体中的每个成员的自由发言。因为计算机变得越来越强大，能够解决的问题也越来越复杂，复杂的问题需要集思广益，以得到具有创新性的解决方案。集体讨论是一种集体行为，为的是生成解决某个特定问题要用到的候选类的列表。在进行集体讨论之前，参加者必须了解问题。每个进入集体讨论会议的成员，都应该清楚地理解要解决的问题。毫无疑问，在准备过程中，每个成员都会草拟出自己的类列表。

　　过滤阶段要根据这个暂时的列表确定问题解决方案中的核心类。在这份列表中，也许有两个表面看起来无关的类其实是相同的，也许有两个类中有许多共同的属性和行为，也许有的类根本不属于问题的解决方案等。经过过滤后，形成新的类列表进入下一阶段。

　　进行场景分析，其目标是给每个类分配责任，责任将被实现为子程序。在这个阶段，我们感兴趣的只是"任务是什么"，而不是"如何执行任务"。责任的类型有两种，即类自身必须知道什么（知识）和类必须能够做什么（行为），类把它的数据（知识）封装了起来，一个类的对象不能直接访问另一个类中的数据。所谓封装，就是把数据和动作集中在一起，使数据和动作的逻辑属性与它们的实现细节分离。每个类都有责任让其他类访问自己的数据（知识），每个类都有责任了解自身。

　　为每一个类的责任编写算法，如果行为责任复杂，则可以采用自顶向下的设计方法进行算法设计。由于在面向对象的设计观念中，重点是数据而不是行为，所以执行责任的算法一般都比较短。

　　最后总结一下，自顶向下的设计方法是把输入转化为输出的过程，结果是生成了层次化的任务体系结构。面向对象程序设计转换的是数据对象，结果是生成层次化的对象体系结构。UML 的创始人 Grady Booch 对这两种方法这样阐述："阅读要构造的软件的说明，如果要编写结构化程序代码，就用下划线勾出软件说明中的动词；如果要编写面向对象程序代码，就用下划线勾出名词。"名词可以称为对象或属性，动词可以称为操作，可见在结构化程序设计中，动词是重点；在面向对象程序设计中，名词是重点。

6.4.3　面向对象的三个主要特征

　　面向对象设计方法中有许多重要的概念和术语，这里以图 6-10 所列的面向对象主要特征来简单阐述这些概念和术语。

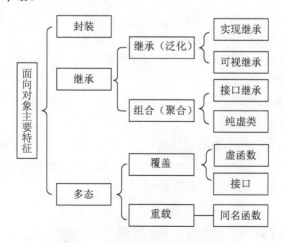

图 6-10　面向对象设计基本特征

　　封装是把每一个对象的属性和方法包装在一个类中，一旦定义了对象的属性和行为，就必须决定哪些属性和方法只用于表示内部状态，哪些是外部可见的。封装性有两个方面的含义；首先是将有关的代码和数据封装在一个对象中，各个对象相互独立互不干扰；其次是将对象中的某些部分对外隐蔽，隐蔽内部细节，只留下少量接口。封装不仅降低了人们操作对象的复杂度，而且使得程序中模块之间的关系变得简单，数据也更安全，对程序修改也仅限于类的内部，修改带来的副作用降低。

　　继承性是子类自动共享父类数据结构和方法的机制，这是类之间的一种关系。在定义和实现一个类的时候，可以在一个已经存在的类的基础之上来进行，把这个已经存在的类所定义的内容作为自己的内容，并加入若干新的内容。根据子类继承父类的数量，分为单重继承和多重继承。继承性使所建立的软件具有开放性、可扩充性，这是信息组织与分类的行之有效的方法，它减少了创建对象、类的工作量，增加了代码的可重用性。

　　多态性是指相同的操作或函数、过程可作用于多种类型的对象上并获得不同的结果。不同的对象收到同一消息可以产生不同的结果，这种现象称为多态性。由继承产生的相关的不同的类,其对象对同一消息会作出不同的响应，多态性允许每个对象以适合自身的方式去响应共同的消息。多态性增强了软件的灵活性和重用性。

习　　题

一、选择题

1. _____写了 How to Solve it 一书，为问题求解过程提供了深刻理解。

A. Gorge Polya　　　　B. Gorge Boole　　　　C. Ada Lovelace　　　　D. Bill Gates

2. 一般性的问题求解方法的第一步是_____。

A. 理解问题　　　　B. 收集问题资源　　　　C. 设置时间表　　　　D. 精炼问题

3. 问题求解的一系列无歧义的指令的集合称为_____。

A. 算法　　　　B. 伪码　　　　C. 问题分析　　　　D. 问题说明

4. 使用类似自然语言（英语）的方式表达问题解决方案称为_____。

A. 算法　　　　B. 伪码　　　　C. 问题分析　　　　D. 问题说明

5. 下面描述自顶向下设计最好的是_____。

A. 将具体问题求解抽象为一般问题求解

B. 将一般的问题求解分解成具体的子问题求解

C. 将类转换成对象

D. 将模块转换成子问题

6. 问题求解的测试工作发生在_____。

A. 基于计算机语言的程序编写完成时　　　　B. 在问题求解的每个阶段

C. 问题理解之后　　　　D. 制定执行计划前

7. 在纸上检查解决方案的测试方法称为_____。

A. 走查　　　　B. 桌面检查　　　　C. 调试　　　　D. 审查

8. 基于团队的人工模拟的检查解决方案的测试方法称为_____。

A. 走查　　　　B. 桌面检查　　　　C. 调试　　　　D. 审查

9. 团队的一个成员描述解决方案，而其他成员指出问题的测试方法称为_____。

A. 走查　　　　　　　B. 桌面检查　　　　　　C. 调试　　　　　　D. 审查

10. 面向对象程序设计方法的最根本的出发点是_____。

A. 把自然界的一个事物视为一个对象

B. 尽可能按照人类认识客观世界的方法的思维方式来解决问题

C. 使用面向对象语言进行软件开发

D. 数据和操作它的程序封装在一起

11. 一组具有相似特征和行为的对象的集合称为_____。

A. 方法　　　　　　　B. 属性　　　　　　　　C. 类　　　　　　　D. 场景

12. 描述问题领域中相关的实体称为_____。

A. 方法　　　　　　　B. 属性　　　　　　　　C. 类　　　　　　　D. 场景

13. 面向对象设计方法中，经过_____列出问题域中所有可能与求解相关的类。

A. 头脑风暴法　　　　B. 责任算法　　　　　　C. 过滤　　　　　　D. 场景

14. 面向对象程序设计方法中，经过_____列出精炼出问题域中所有与求解相关的类。

A. 头脑风暴法　　　　B. 责任算法　　　　　　C. 过滤　　　　　　D. 场景

15. 面向对象设计方法中，经过_____分配每个类的责任。

A. 头脑风暴法　　　　B. 责任算法　　　　　　C. 过滤　　　　　　D. 场景

16. 面向对象设计方法中，经过_____建立每个类的责任细节。

A. 头脑风暴法　　　　B. 责任算法　　　　　　C. 过滤　　　　　　D. 场景

17. 通过_____实现了隐藏细节以控制对模块内部的访问。

A. 信息隐藏　　　　　B. 数据抽象　　　　　　C. 过程抽象　　　　D. 控制抽象

18. 将对一个列表的操作通过_____实现了隐藏细节以控制对模块内部的访问。

A. 信息隐藏　　　　　B. 数据抽象　　　　　　C. 过程抽象　　　　D. 控制抽象

19. 结构化程序设计中没有的结构是_____。

A. 选择结构　　　　　B. 顺序结构　　　　　　C. 循环结构　　　　D. 逻辑结构

20. 不是面向对象程序设计特征的是_____。

A. 封装　　　　　　　B. 多态　　　　　　　　C. 继承　　　　　　D. 抽象

二、简答题

1. 请列出 Polya 提出的"如何解决它"中的四个步骤。

2. 什么是算法？什么是伪码？

3. 列出计算机问题求解模型的四个阶段。

4. 计算机问题求解模型与 Polya 的模型有哪些不同之处？

5. 描述自顶向下设计的过程。

6. 区分具体步骤和抽象步骤。

7. 列出结构化程序设计的基本结构。

8. 按照字母顺序对一个列表中的姓名排序编写自顶向下的设计。

9. 什么是"无我程序设计"？

10. 讨论自顶向下设计和面向对象设计的区别。

11. 编写伪代码算法，读入一个姓名，然后输出"Good morning"的消息。

12．编写伪代码算法，读入用户输入的三个整数，然后按照数字排序输出它们。

13．你认为程序设计语言和自然语言最大的不同点是什么？怎样才能使应用程序设计语言和计算机交流？

三、讨论题

1．你常用的问题求解策略是什么？描述你的策略过程，它们适合基于计算机的问题求解吗？

2．无论是结构化程序设计还是面向对象程序设计都是给编写程序搭建平台，搭建平台都是白费力气吗？当程序完成且运行后，它们还有价值吗？

3．有人说，他不会用计算机解决实际问题的原因是他对某种语言掌握不够深刻，你对他的观点有什么看法？

第 7 章　程序设计语言

问题讨论

（1）说说你所知道的程序设计语言有哪些。

（2）根据第 6 章所学，罗列现实世界中的几个问题，设计问题的求解算法。

（3）根据你的理解谈谈引入抽象数据类型对问题的求解有何帮助。

（4）列举生活中的线性表和队列。

（5）举例说说现实生活中哪些场合需要用到排序和查找。

学习目的

（1）了解程序设计语言的发展和分类。

（2）理解高级程序设计语言的编译和解释。

（3）了解程序设计语言的范型。

（4）了解高级程序设计语言的基本结构。

（5）理解抽象数据类型，掌握线性表、队列的顺序及链式实现。

（6）理解常用的排序及查找算法。

学习重点和难点

（1）高级程序设计语言的编译及解释过程。

（2）抽象数据类型的概念。

（3）线性表及队列的顺序及链式实现。

（4）基本的排序及查找算法。

计算机是 20 世纪 40 年代人类的伟大创造，它对人类社会的进步与发展作用巨大，影响深远。为使计算机能正常工作，除了构成计算机各个组成部分的物理设备外，一般来说，还必须有指挥计算机"做什么"和"怎么做"的程序。程序及其有关文档构成计算机软件，其中用以书写计算机软件的语言称为程序设计语言。

程序设计语言是人们为描述计算过程而设计的一种具有语法语义描述的记号。对于计算机工作人员而言，程序设计语言是除计算机本身之外的所有工具中最重要的工具，是其他所有工具的基础。没有程序设计语言的支持，计算机无异于一堆废料。由于计算机程序设计语言的支持，从计算机问世以来，人们一直为研制更好的程序设计语言而努力，程序设计语言的数量还在不断激增。在第 6 章我们学习了问题的求解方法及算法设计的思想及表示方法，本章将简要介绍用以实现算法的程序设计语言，以及抽象数据类型、基本的排序和查找算法。

7.1　程序设计语言及其发展

语言是用于通信的。人们日常使用的自然语言用于人与人的通信，而程序设计语言则用于人与计算机的通信。计算机是一种电子机器，其硬件使用的是二进制语言，与自然语言差别太大了。程序设计语言是一种既可使人能准确地描述解题的算法，又可以让计算机也很容易理解和执行的语言。程序员使用这种语言来编制程序，精确地表达需要计算机完成什么任务，计算机就按照程序的规定去完成任务。程序设计语言已经历了 50 多年的发展，其技术和方法日臻成熟。本节介绍程序设计语言的发展、分类等知识。

7.1.1　程序设计语言发展简史

1. 程序设计语言的诞生

1946 年冯·诺依曼提出了冯·诺依曼原理：CPU 逐条从存储器中取出指令执行，按指令取出存储的数据经运算后送回。数据和指令都统一按二进制编码输入。数据值的改变是重新赋值，即强行改变数据存储槽的内容，所以说它是命令式的。

第一台按冯·诺依曼原理制成的通用电子计算机是 1951 年美国兰德公司的 UNIVAC-1。自此，人们就开始了机器语言的程序设计：指定数据区编制一条条指令。由于任何人也无法记住并自如地编排二进制码（只有 1 和 0 的数字串），则用八进制、十六进制书写程序，输入后转换为二进制的。单调的数字极易出错，人们不堪其苦，想出了将操作码改作助记符，这就是汇编语言，汇编语言使编程方便得多。但用汇编语言编写的程序必须通过汇编程序翻译为机器码才能运行。尽管汇编码程序和机器码程序基本一一对应，但汇编语言的出现说明了两件事：一是开始了源代码-自动翻译器-目标代码的使用方式，二是计算机语言开始向宜人方向的进展。

2. 高级程序设计语言的出现

1954 年美国计算机科学家 Backus 根据 1951 年瑞士数学家 Rutishauser 提出的用编译程序实现高级语言的思想，研究出第一个脱离机器的高级语言 Fortran I 。其编译程序由 18 个人一年完成（用汇编语言书写）。到 1957 年的 Fortran II ，它就比较完善了。它有变量、表达式、赋值、调用、输入/输出等概念；有条件比较、顺序、选择、循环控制概念；有满足科学计算的整数、实数、复数和数组，以及为保证运算精度的双精度等数据类型。

Fortran 的出现使当时科学计算为主的软件生产提高了一个数量级，奠定了高级语言的地位。Fortran 也成为计算机语言界的英语式世界语。

1958 年欧洲计算机科学家的一个组织 GAMM 和美国计算机协会（ACM）的专家在苏黎世会晤起草了一份名为《国际代数语言 IAL》的报告，随后这个委员会研制了 ALGOL 58 并得到广泛支持和响应。1960 年欧美科学家再度在巴黎会晤对 ALGOL 58 进行了补充，这就是众所周知的 ALGOL 60。1962 年罗马会议上对 ALGOL 60 再次修订并发表了对算法语言 ALGOL 60 修订的报告。由于该报告对 ALGOL 60 定义采用相对严格的形式语法，ALGOL 语言为广大计算机工作者接受，特别是在欧洲。在美国，IBM 公司当时经营世界计算机总额 75% 的销售量，一心要推行 Fortran，不支持 ALGOL，以致 ALGOL 60 始终没有大发展起来。尽管如此，ALGOL 60 还是在程序设计语言发展史上是一个重要的里程碑。

1959 年为了开发在商用事务处理方面的程序设计语言，美国各厂商和机构组成一个委员会，在美国国防部的支持下于 1960 年 4 月发表了数据处理的 COBOL 60 语言。开发者的目标是要尽可能英语化，使没有计算机知识的人也能看得懂。所以像算术运算符+、×都用英文 ADD、MULTIPLY 代替。COBOL 60 的控制结构比 Fortran 还要简单，但数据描述大大扩展了，除了表（相当于数组）还有记录、文件等概念。COBOL 60 虽然烦琐（即使一个空程序也要写 150 个符号），但其优异的输入/输出功能，报表、分类归并的方便快速，使它存活并牢固占领商用事务软件市场，直到今天在英语国家的商业领域还有一定的地位。

3. 高级程序设计语言的奠基性研究

1963～1964 年美国 IBM 公司组织了一个委员会试图研制一个功能齐全的大型语言，希望它兼有 Fortran 和 COBOL 的功能，有类似 ALGOL 60 完善的定义及控制结构，名字就叫程序设计语言 PL/Ⅰ。程序员可控制程序发生异常情况的异常处理、并行处理、中断处理、存储控制等。它是大型通用语言的第一次尝试，提出了许多有益的新概念、新特征。但终因过于复杂、数据类型自动转换太灵活、可靠性差、低效而没有被普及。但 IBM 公司直到 20 世纪 80 年代仍在它的机器上配备 PL/I。

1967 年为普及程序语言教育，美国达特茅斯学院的 J.G. Kemeny 和 T.E.Kurtz 研制出交互式、解释型语言 BASIC（初学者通用符号指令码）。由于其解释程序小（仅 8K），赶上 20 世纪 70 年代微机大普及，BASIC 取得了众所周知的成就。但是它的弱类型、全程量数据、无模块决定了它只能编制小程序。它是程序员入门的启蒙语言。

20 世纪 60 年代软件发展史上出现了所谓的"软件危机"。事情是由 1962 年美国金星探测卫星"水手二号"发射失败引起的。经多方测试在"水手一号"发射不出错的程序在"水手二号"出了问题。软件无法通过测试证明它是正确的。于是，许多计算机科学家转入对程序正确性证明的研究。这时，著名的荷兰科学家 E. Dijkstra 提出的"goto 语句是有害的"著名论断，引起了一场大争论。从程序结构角度而言，滥用 goto 语句会使程序无法分析、难于测试、不易修改。这时也提出了全程变量带来的数据耦合效应、函数调用的副作用、类型隐含声明和自动转换所带来的难于控制的潜伏不安全因素等过程语言中的一些致命性弱点。20 世纪 60 年代对大型系统软件的需求大为增长（如编制较完善的操作系统、大型军用系统），要求使用高级语言以解决生产率之需，加上高级语言使用以来积累的经验，加深了人们对软件本质、程序语言的理解。

1964 年，ALGOL 工作组成员 N. Wirth 改进了 ALGOL 60，提出结构化语言 ALGOL W。由于它结构简洁、完美，成为软件教程中的示例语言。1968 年，他带着 ALGOL W 参加了新一代 ALGOL 的研究委员会，即开发 ALGOL 68 的工作组。

ALGOL 68 追求的目标也是能在多个领域使用的大型通用语言。ALGOL 68 集中了当时语言和软件技术之大成，但因学究气太重，一般程序员难于掌握。强调语言简单的人持有不同看法。为此，荷兰计算机科学家 Dijkstra 等发表了"少数人声明"。N.Wirth 带着竞争失败的 ALGOL W 回去研究了以后著称于世的 Pascal 语言。Pascal 的研制者一开始就本着"简单、有效、可靠"的原则设计语言。1971 年 Pascal 正式问世后取得了巨大的成功。它只限于顺序程序设计，是结构化程序设计教育示范语言。

Pascal 有完全结构化的控制结构。程序模块有子程序（过程和函数）、分程序、可任意嵌套，因而有全程量、局部量、作用域与可见性概念。

Pascal 的数据类型大大丰富了，有整型、实型、字符型、布尔型等纯量类型；有数组、记录、变体记录、串等结构类型；增加了集合、枚举、指针类型。为用户描述复杂的数据结构乃至动态数据提供了方便。所有进入程序的数据都要显式声明、显式类型转换。并加强了编译时刻类型检查、函数的显式的值参和变量参数定义，以便于限制边界效应。在人们为摆脱软件危机而对结构化程序设计寄予极大希望的时代，Pascal 得到很快的普及。它也是对以后程序语言有较大影响的里程碑式的语言。

4. 高级程序设计语言发展高潮

硬件继续降价，功能、可靠性反而进一步提高，人们对软件的要求，无论是规模、功能，还是开发效率都大为提高了。尽管 Pascal 得到普遍好评，但它只能描述顺序的小程序，功能太弱。在大型、并发、实时程序设计中无能为力。程序越大越要求高的抽象力、安全性、积少成多的模块拼合功能。为了对付日益加剧的新意义上的软件危机，研制大型功能齐全的语言又一次掀起高潮。

1972 年，AT&T 公司贝尔实验室 Dennis Ritchie 开发了 C 语言。C 语言的原型是 1969 年 Richard 开发的系统程序设计语言（BCPL）。K.Thompson 将 BCPL 改造成 B 语言，用于重写 UNIX 多用户操作系统。在 PDP-11 机的 UNIX 第 5 版时用的是将 B 语言改造后的 C 语言。C 语言扩充了类型（B 语言是无类型的）。1973 年 UNIX 第 5 版 90%左右的源程序是用 C 语言写的。它使 UNIX 成为世界上第一个易于移植的操作系统。UNIX 以后发展成为良好的程序设计环境，反过来又促进了 C 语言的普及。

C 语言是个小语言，追求程序简洁，编译运行效率高，是一个表达能力很强的、顺序的结构化程序设计语言。它给程序员较大的自由度，下层数据转换灵活。程序正确性完全由程序员负责。上层是结构化的控制结构，有类似 Pascal 的数据类型。它的分别编译机制使它可构成大程序。输入/输出依赖 UNIX，使语言简短。语言学家极力反对的 goto 语句、无控制指针、函数边界效应、类型灵活转换、全程量这些不安全的根源 C 语言全部具备。在某种意义下 C 语言得益于灵活的指针、函数副作用和数据类型灵活的解释，易读性又不好，偏偏程序员都喜爱它。因为它简洁，近于硬件，代码高效，并有大量环境工具支持。C 程序写起来又短，调试起来又快。微机上的各种移植版本的 C 语言，对 C 语言成为通用的程序设计语言起到了推波助澜的作用。以后的发展把与它同期出现的 Pascal 远远抛在后面，成为系统软件的主导语言。

1972 年法国 Marseille 大学的 P.Roussel 研制出非过程的 PROLOG 语言。PROLOG 语言有着完全崭新的程序设计风格，它只需要程序员声明"事实"、"规则"。事实和规则都以一阶谓词的形式表示。PROLOG 规则的执行是靠该系统内部的推理机，而推理机按一定的次序执行。在这个意义上它又有点过程性。以回溯查找匹配，PROLOG 的数据结构类似 Pascal 的记录或 Lisp 的表。它是以子句为基础的小语言，最初被解释执行，编译 PROLOG 是很久以后的事，由于 PROLOG 是以逻辑推理作为模型的语言，它可以直接映射客观世界事物间的逻辑关系。PROLOG 在人工智能研究中得到了广泛的应用，20 世纪 80 年代日本声称研制的第五代计算机就是以 PROLOG 作为主导语言并研制的。

20 世纪 70 年代中期美国软件的最大用户美国国防部（美国软件市场约 2/3 经费直接或间接与它相关）深感软件费用激增并开始研究原因。研究结果表明，在硬件成本降低和可靠性提高的同时，软件费用反而增加。美国军用的大量大型、实时、嵌入式系统软件开发方法落后、可靠性差。语言众多（常用的有 400～500 种，加上派生方言多达 1500 种）造成不可移植、难于维护，为摆脱这种新的软件危机而下定决心研究统一的军用通用语言。从 1975 年成立高级语言工作组开始投资 5 亿美元，前后八年研制出 Ada 程序设计语言。Ada 是在国际范围内投标设计的，法国的一家软件公司中标，J.Ichbian 成为 Ada 的发明人。多达 1500 名一流软件专家参与了开发或评审。它反映了 20 世纪 70 年代末软件技术、软件工程水平。为了提高软件生产率和改善软件可移植性，提出开发语言的同时开发支持该语言的可移植环境（APSE）。

　　Ada 是强类型结构化语言，封装的程序包是程序资源构件。用户只能看到程序包规格说明中显式定义的数据（包括抽象数据类型）和操作。数据结构和操作（过程或函数）的实现在程序包体中完成。封装支持模块性和可维护性。规格说明和程序包体的分离支持早期开发（可延迟决策）。分别编译机制可组成复杂的大型软件。

　　5. 面向对象技术的发展

　　20 世纪 80 年代继续向软件危机开战，但软件工程以陈旧技术难于编写出庞杂的软件工具。为了改善这种情况，人们寄希望于面向对象技术。程序设计语言纷纷向面向对象靠拢，正如上一个 10 年程序设计语言结构化一样。

　　1980 年 Smalltalk-80 正式发布。Smalltalk 语言是该系统的软件。专用的硬件机、Smalltalk 环境、用户界面、面向对象程序设计风格构成了整个系统。

　　对象是有自己的数据和操作的实体，各对象相对封闭。程序设计就是建立应用系统中的对象群，并使之相互发消息。接到消息的对象就在自己封闭的存储中响应执行操作。操作的结果是改变这组对象的状态、完成计算（发出输出消息，对象响应后完成输出）。

　　Smalltalk 因为它天然的封装性体现了模块性和数据隐藏，利于维护修改。它的继承性实质上是软件的重用。这对困惑于大程序难于管理的软件工程学无疑是一条绝好的出路。

　　另一些语言向类、对象延伸，以对象-引用编程模式编程，如 1985 年 AT&T 公司推出的 C++、1987 年 Borland 公司的推出的 Turbo Pascal 5.5。

　　20 世纪 80 年代系统软件中开发环境的思想向各专业渗透。各专业都为本专业的最终用户提供了简便的开发环境。即事先将程序模块以目标码存放于计算机中，用户只需简单的命令，甚至本专业常用的图形就可组成应用程序。这些图形、菜单、命令即用户界面语言。

　　这些语言共同的特点是声明性（只需指明要做的事）、非过程性、简单、用户友好。而应用程序的实现可由系统自己完成（低层有固定不变的计算模型，如关系运算，也可以连接备用模块智能推理）。这就是所谓的第四代语言（Fourth Generation Language，4GL）。

　　6. 网络计算语言的出现

　　20 世纪 90 年代计算机硬件发展速度依然不减。每个芯片上晶体管数目仍然是一年半增加一倍。计算机主频从 12～25MHz 增加到 500～600MHz（每秒钟可执行 750MIPS 指令），价格进一步降低。使用方式也从多人一机的分时系统到一人一机的局域网计算，再到每人都成为拥有全球资源的客户。建立在异质网上的多媒体环境已成为客户端使用环境的主流。支持"所见即所得"的用户界面的"语言"大量涌现。

　　随着面向对象数据库和面向对象操作系统的成熟，完全消灭"语义断层"的数据库程序设计语言（DBPL）和持久性程序设计语言（PPL）终将汇合并标准化。这样，程序运行时大量文件到内存转换则可以取消，从而增加了计算机的实时性，甚至取消了文件概念。

7.1.2　程序设计语言分类

　　自 20 世纪 50 年代以来，世界上公布的程序设计语言已有上千种之多，按照不同的标准，可以将程序设计语言进行不同的分类。

　　1. 按对机器依赖程度分类

　　1）低级语言

　　低级语言面向机器，用机器直接提供的地址码、操作码语义概念编程。机器语言由二进制 0、1 代码指令构成，用机器语言编写的程序可以被计算机直接执行，但由于不同的 CPU 具有不同的指令系统，因而在一种类型的计算机上编写的机器语言程序，在另一种不同类型的计算机上可能不能运行。同时，机器语言程序全部用二进制代码编制，人们不易记忆和理解，也难于修改和维护。

2）汇编语言

汇编语言指令是机器指令的符号化，与机器指令存在着直接的对应关系，所以汇编语言同样存在着难学难用、容易出错、维护困难等缺点。但是汇编语言也有自己的优点：可直接访问系统接口，汇编程序翻译成的机器语言程序的效率高。从软件工程角度来看，只有在高级语言不能满足设计要求，或不具备支持某种特定功能的技术性能（如特殊的输入/输出）时，汇编语言才被使用。

3）高级语言

高级语言是面向用户的、基本上独立于计算机种类和结构的语言。其最大的优点是：形式上接近于算术语言和自然语言，概念上接近于人们通常使用的概念。高级语言的一个命令可以代替几条、几十条甚至几百条汇编语言的指令。因此，高级语言易学易用，通用性强，应用广泛。

2. **按应用领域分类**

1）基础语言

基础语言也称通用语言。它历史悠久，流传很广，有大量的已开发的软件库，拥有众多的用户，为人们所熟悉和接受。属于这类语言的有 Fortran、COBOL、BASIC、ALGOL 等。

2）结构化语言

20 世纪 70 年代以来，结构化程序设计和软件工程的思想日益为人们所接受和欣赏。在它们的影响下，先后出现了一些很有影响力的结构化语言，这些结构化语言直接支持结构化的控制结构，具有很强的过程结构和数据结构能力。Pascal、C、Ada 语言就是它们的突出代表。

3）专用语言

专用语言是为某种特殊应用而专门设计的语言，通常具有特殊的语法形式。一般来说，这种语言的应用范围狭窄，移植性和可维护性不如结构化程序设计语言。目前使用的专业语言已有数百种，应用比较广泛的有 APL 语言、Forth 语言、Lisp 语言。

3. **按实现计算方式分类**

1）编译型语言

用户将源程序一次写好，提交编译，运行编译得到目标码模块。再通过连接编辑、加载成为内存中可执行目标码程序。再次运行目标码，读入数据得出计算结果。大多数高级程序设计语言属于这一类，如 C 语言。

2）解释型语言

系统的解释程序对源程序直接加工。一边翻译，一边执行。不形成再次调用它执行的目标码文件。大多数交互式(Interactive)语言、查询命令语言采用解释型实现。典型的例子有 BASIC 语言。它们的特点是所用翻译空间小，反应快，但运行效率低。

4. **从客观系统的描述分类**

1）面向过程语言

以"数据结构+算法"程序设计范式构成的程序设计语言称为面向过程语言。前面介绍的

Pascal、C 语言为面向过程语言。

2）面向对象语言

以"对象+消息"程序设计范式构成的程序设计语言称为面向对象语言。目前比较流行的面向对象语言有 Java、C++等。

5. 按使用方式分类

1）交互式语言

程序在执行过程中可陆续添加和修改，以对话方式实现计算，一般是解释型的。由于程序设计支持环境的发展，交互式语言可方便地为用户调用各环境工具，有日益发展的趋势。

2）非交互式语言

多数编译型语言的目标码文件执行期间，程序员不能干预，只能在执行完毕再修改。

7.1.3　抽象的分层

一个完整的计算机系统由硬件系统和软件系统组成。硬件是各种物理部件的有机组合，是指看得见摸得着的实体。软件是各种程序、数据和文档的集合，分为系统软件和应用软件两大类，用于指挥全系统按要求进行工作。系统软件包括操作系统、数据库管理系统、各种程序设计语言及处理程序等。由图 7-1 可以看出，程序设计语言及其处理程序作为计算机软件的一部分，在计算机系统中不可替代。

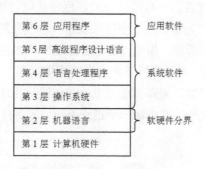

图 7-1　计算机系统层次图

7.2　高级程序设计语言

为了克服汇编语言的缺陷，提高编写程序的效率，一种接近人们自然语言（指的是英语和数学语言）的程序设计语言应运而生了，这就是高级程序设计语言。本节简要介绍高级程序设计语言的翻译系统，并以 C、C++为例简要介绍这两种高级程序设计语言。

7.2.1　翻译过程

计算机只能执行机器语言表示的指令系统，所以必须将其他语言编写的程序"翻译"为机器指令程序。作为计算机软件系统的重要组成部分，翻译程序是计算机系统软件中最早形成市场的软件产品。有意思的是，翻译程序本身也是程序，它所执行的任务就是把其他语言程序翻译为机器语言程序，因此，翻译系统也被称为"程序的程序"。

机器语言程序无须翻译就可以直接执行，而汇编程序只需经过简单的翻译就可以转化为机器语言程序。所以，一般情况下，我们说的语言翻译系统是指高级语言的。

翻译程序的复杂程度和语言发展密切相关。不同的语言、不同的版本，其翻译系统是不同的。这里把用高级语言编写的程序通称为源程序（Resource Program），把翻译后的机器语言程序称为目标程序（Object Program），图 7-2 给出了二者与翻译程序之间的关系。

翻译程序根据功能的不同分为解释程序和编译程序。

1. 解释程序

解释程序对源程序进行翻译的方法相当于两种自然语言间的"口译"。解释程序对源程序的逐条语句从头到尾逐句扫描，逐句翻译，并且翻译一句执行一句，因而这种翻译方式并不形成机器语言形式的目标程序。

解释程序的优点是实现算法简单，且易于在解释过程中灵活方便地插入所需要的修改和调试措施；其缺点是运行效率低。例如，对于源程序中需要多次重复执行的语句，解释程序要反复地取出、翻译和解释执行它们。同样，如果需要重新执行这个程序，就必须重新翻译。因此，解释程序通常适合于以交互方式工作的，或在调试状态下运行的，或运行时间与解释时间差不多的程序。

2. 编译程序

编译程序对源程序进行翻译的方法相当于"笔译"。编译程序将源程序一次性整体翻译成目标程序代码，生成可执行文件。一旦编译完成，程序就可以被单独执行，和翻译程序无关。

使用编译系统的程序执行效率较高。编译系统是一个十分复杂的程序系统，它就像一个信息加工流水线，被加工的是源程序，最终产品是目标程序，如图 7-3 所示。词法分析是指对源程序代码进行逐行扫描、识别。语法分析是指根据语法规则分析出每一个语法单位，如表达式、语句等。经过词法、语法分析后，编译系统生成中间代码，并对中间代码进行优化，最后得到目标代码，即可执行的程序文件。其中每一个过程都可以与程序员互动，以纠正发现的错误。

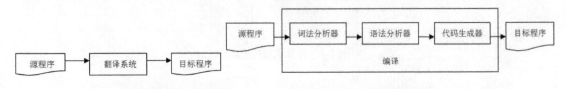

图 7-2　程序的翻译系统　　　　　　图 7-3　程序语言的翻译过程

大多数语言系统都将源程序的编辑、翻译、调试、运行等功能集成为开发环境（Integrated Developed Environment，IDE），如目前广泛使用的 C++、Java 语言等。

编译系统只能够发现不合法的语句和表达式，它并不能发现算法上的错误。前者属于语言范畴，而后者属于逻辑问题。解决程序中的逻辑问题是程序设计者的任务。计算机科学研究中有一项内容就是程序的自动生成，当用户把给定的问题和期望的结果告诉系统后，系统就能够自动编写出处理问题并得到结果的程序。当然，目前这仅是一个很好的理想。

7.2.2　程序设计语言范型

在高级程序设计语言问世以后的几十年内，尽管在 20 世纪 60 年代出现了 Lisp、APL 等非过程式的程序设计语言，但仍然是过程式语言的天下。但自从 J.Backus 在 1978 年图灵奖获奖演讲中指出了传统过程性语言的不足之后，人们开始把注意力转向研究其他风格、其他范型的程序设计语言。程序设计语言范型是人们在程序设计时采用的基本方式模型，是程序设计语言的基础和关于计算机系统的思考方法。它体现了一类语言的主要特点，这些特点能用来支持应用领域所希望的设计风格。一种编程范型决定了一个程序员对程序执行的看法。目前，已被人们研究或应用的程序设计语言范型主要有过程型程序设计语言、结构化程序设计语言、模块化程序设计语言、函数型程序设计语言、逻辑型程序设计语言和面向对象程序设计语言等。

1. 过程型程序设计语言

在过程型程序设计语言范型中，其代表性语言有 Fortran 和 C 语言。过程型语言解决问题是通过一个个小问题的顺序解决而实现的，它把解决各个小问题的动作及所参加的成员抽象为语句和数据。在这种范型中，语言基本上是命令式的，因此过程型语言是一种命令式语言（亦称为强制式语言或面向语句语言）。冯·诺依曼体系结构是命令式语言的基础。命令式语言执行效率高，因为它直接反映了机器的操作结构，其代价是程序员必须关心机器的细节，如基本存储单元的命名、对存储单元的赋值等。这类语言提供了顺序、循环和选择控制结构，在这种范型中，程序设计的首要问题是设计过程。

2. 结构化程序设计语言

基于面向过程的程序设计语言范型和功能分解方法的软件设计技术形成了结构化软件开发的基础。典型的结构化程序设计语言有 Pascal 和 C 语言，在这种范型中，程序设计采用自顶向下、逐步细化的思维方法，将系统按照功能分解，一个功能对应一个模块，一个模块只允许有一个入口和一个出口。

3. 模块化程序设计语言

随着程序设计规模的增大，数据组织成为一个重要问题。1972 年 Panars 提出了信息隐藏原理，其基本思想是：把需求和求解的方法分离，把相关信息——数据结构和算法集中在一个模块中，和其他模块隔离，其他模块不能随意访问这个模块的内部信息，只能通过严格定义的接口进行访问。在信息隐藏原理的指导下，产生了模块化的程序设计范型，Modula-2 语言就属于这一范型的语言。在这种程序设计范型中，程序设计的首要问题是划分模块，数据结构被隐藏在模块内，每个模块都有一个接口，模块只能通过接口进行访问。

4. 函数型程序设计语言

函数型程序设计语言认为计算机所解决的问题是从一个域到另一个域的函数映射。它把要解决的问题划分成一个个相关成员的集合和集合间的函数关系。函数型语言以 λ-演算和递归函数作为计算模型，其程序的基本构成单位是函数。用函数型语言进行程序设计就是构造函数，即从系统中的基本函数出发，用复合和递归等方法构造出新的函数。函数型语言属于作用式语言，作用式语言是以非冯·诺依曼体系结构为目标，摆脱了冯·诺依曼体系结构机器的约束，克服了命令式语言固有的缺陷：程序难以实现许多算法中的并行计算成分，语言结构复杂，表达能力弱，缺乏数学性质等。从整体上讲，作用式语言比命令式语言更高级，因而程序设计也更容易，但作用式语言的缺陷是执行效率比较低。

函数型语言的代表是 Lisp 语言，在这种语言中，数据和程序采用统一的表达式，称为 S-表达式，S-表达式是 Lisp 唯一的数据结构，程序本身也是用 S-表达式写的，因此，可以把程序当做数据处理，也可以把数据当做程序处理。Lisp 语言使用运算符的前缀表示，把递归作为基本的控制手段，不像大多数程序设计语言那样，以迭代循环作为主要的控制结构。Lisp

的递归处理是基于递归定义的数据结构，Lisp 程序通常是一串函数定义，其后跟一串带有参数的函数调用，函数之间的关系只是在调用时才体现出来。Lisp 中没有语句概念，也没有分程序结构和其他语法结构，语言中的一切成分都是以函数的形式给出。Lisp 语言作为一种人工智能语言，广泛应用于符号处理、自然语言理解、机器自动翻译、形式逻辑推理、专家系统、自动证明定理、自动设计程序等人工智能领域。

5. 逻辑型程序设计语言

逻辑型语言解决问题是由已知事实及一定规则进行逻辑推理而得到一定结论，它把要解决的问题描述为一系列事实与规则的集合。在逻辑程序设计中，问题由逻辑公式（如谓词演算）描述，一旦问题描述好，就可向系统提出问题，要求系统根据已建立的知识库搜索寻找出答案，而程序员不用给出如何利用知识的说明。逻辑型语言也属于作式式语言，与函数式语言一样，逻辑型语言也是建立在并发执行的基础上的。在目标的求证中，并发执行允许同时并发检索几个搜索路径，对目标的几个断言可以同时进行，这样，问题的求解速度将大大提高。

PROLOG 语言是一种迄今为止发展得比较完善和实用的逻辑型程序设计语言。它使程序设计的思想以人类自然语言为出发点，从而构成面向人类语言的陈述式语句。在开发过程中只需描述问题的逻辑结构（输入信息与输出信息之间的逻辑关系），而不必描述解题流程的细节，即只需告诉计算机"做什么"，而不需要详细说明"怎么做"。

6. 面向对象程序设计语言

面向对象程序设计是当今众多的计算机语言中最具有特色且别具一格的一种程序设计范型。它与其他计算机语言的程序设计风格迥然不同。面向对象是一种程序设计方法学，它把软件开发过程中所处理的实体都视为对象，这些对象可组成不同类的集合。类用来刻画软件系统中所有作为基础数据的行为。出自每一类的各对象用该类的各方法（Method）来加以处理，即发送消息（Message）给这些对象，这些消息表示在该对象集合上所要采取的各种动作。对象通过消息传递与其他对象发生相互作用。不同对象收到同一消息可产生完全不同的反应，这一现象称为多态。类是对象的进一步抽象，一个新引入的类可以从已有的类中继承方法和数据，所以面向对象具有继承性。因而，面向对象的程序设计已不再像传统的程序设计那样从零开始编写新的代码，而是寻找已经存在的最接近于解的一组类，进行相应的继承和扩充。因此，面向对象程序设计与其说是一门编程技术，倒不如说是一门代码的组装技术。程序员不必再按照传统程序设计语言"逐句拼装"的方式来构造整个软件，只需组合、重用由系统程序员开发、可供他人用来装配的可重用的软件部分即可。

20 世纪 80 年代以后，面向对象语言如雨后春笋般出现，形成了两大类面向对象语言：一类是纯面向对象语言，如 Smalltalk；另一类是混合型面向对象语言，如 C++。一般的，纯面向对象语言着重于方法研究和快速原型，而混合型面向对象语言大部分都是以研究 Smalltalk 语言为基础，注重运行速度和使传统程序员容易接受面向对象的思想。面向对象程序设计语言的关键概念为类，程序设计主要是通过对类的设计而进行的。

7.2.3　面向过程程序设计语言（以 C 为例）

C 语言是一种面向过程的结构化程序设计语言，它简明易懂，功能强大，适合于各种硬件平台，与常见的高级语言不一样的是：C 语言兼有高级语言和低级语言的功能，既可用于系统软件的开发，也可用于应用软件的开发。

　　C 语言在各种计算机上快速推广，导致了许多 C 语言版本出现。这些版本虽然是类似的，但通常是不兼容的。对希望开发出的代码能够在多种平台上运行的程序员来说，这是他们面临的一个严重的问题。显然，人们需要一种标准的 C 语言版本。为了明确地定义域与机器无关的 C 语言，1989 年美国国家标准协会制定了 C 语言的标准（ANSI C）。接下来通过对例 7-1 进行剖析，帮助读者初步了解 ANSI C 标准下的 C 语言源程序的结构。

【例 7-1】　编程求 $n!$

源程序：

```
#include < stdio.h >
long fact (int n) ;                    /*函数 fact 原型声明*/
int main ( )
{
  int   n ;                       /*定义了整型变量 n */
  long   result ;                 /*定义了长整型变量 result*/
  printf ("Input n :") ;
  scanf ("%d" , &n) ;          /*输入变量 n 的值*/
  result = fact ( n ) ;          /*调用函数 fact，将函数返回值赋给变量 result*/
  if ( result = = -1 )
    printf ( "n < 0 , data error!\n" ) ;
  else
    printf ( "%d! = %ld\n" , n , result ) ;   /*输出 n! 的值*/
  return 0 ;
}
/*函数功能：用递归法计算整型变量 n 的阶乘，当 n>=0 时返回 n!，否则返回-1*/
long fact ( int n )
{
  if ( n<0 )
    return -1 ;                       /*处理非法数据*/
  else if ( n = = 0 || n = = 1 )           /*递归终止条件*/
      return 1 ;
    else
      return ( n * fact ( n-1 ) ) ;   /* 递归调用，利用 (n-1)! 计算 n! */
}
```

执行程序，程序运行结果如下：

```
    Input n : 3✓
    3! = 6
```

使用这个程序，3! 的计算过程可用图 7-4 来表示。

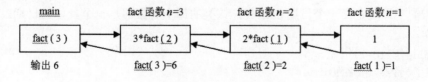

图 7-4　递归调用示意图

程序说明如下。

（1）#include 称为文件包含命令。其作用是把系统目录下的头文件 stdio.h 包含到本程序中，成为本程序的一部分。这里被包含的文件是由系统提供的，所以用<>来标定，其扩展名为.h，也称为头文件或首部文件。C 语言系统提供的头文件中包括了标准库函数的函数原型，因此，凡是在程序中调用某个库函数时，都必须将函数原型所在的头文件包含进来。在这里包含的文件是 stdio.h，该文件里的函数主要是处理数据流的标准输入/输出，在此表示在程序中要用到这个文件中的函数，"#"只是一个标志。

（2）main 是主函数的函数名，C 语言程序由函数构成，一个 C 程序有且仅有一个主函数。除了主函数外，还可以包含其他函数，但不是必须的。main()函数是每个程序执行的起点，一个 C 程序总是从 main()函数开始执行，而不论 main()函数在源程序中的什么位置。

（3）一个 C 语言函数由函数首部和函数体两部分组成。源程序中 int main()一行为 main()函数的函数首部，long fact(int n)一行为 fact 函数的函数首部。函数体是函数首部下用一对{ }括起来的部分，它包含了实现函数的全部语句。

（4）C 语言程序的输入/输出也是通过调用函数实现的。源程序中的 scanf()函数和 printf()函数是标准库函数，其函数原型在头文件 stdio.h 中。

（5）源程序中位于/*和*/之间的文本为注释。注释部分不会影响程序的运行，它只是为了增强程序的可读性，帮助程序员理解程序，在程序运行过程中不执行任何操作。

7.2.4　面向对象程序设计语言（以 C++为例）

C 语言吸收了其他高级语言的优点，逐步成为一种实用性很强的语言。但随着 C 语言的不断推广，C 语言存在的一些不足也开始显露出来。例如，数据类型检查机制比较弱，缺少代码重用机制，以函数为模块的编程不能适应大型复杂软件的开发与维护。C++语言是在 C 语言的基础上逐步发展和完善起来的。C++语言包括过程性语言部分和类部分。过程性部分与 C 语言并无本质的差别，无非是版本提高了，功能增强了。类部分是 C 语言中所没有的，它是面向对象程序设计的主题。要学习面向对象程序设计，首先必须具有过程性语言的基础，从过程型语言共有这点出发，学习 C++，无须先学 C。

面向对象编程和设计以类为基础，类是一种用户定义数据类型。一个类是一组具有共同属性和行为对象的抽象描述。面向对象程序就是由一组类构成的。一个类中描述了一组数据来表示其属性，以及操作这组数据的一组函数作为其行为。一个类中的数据和函数都称为成员。

对象是类的实例，每个对象持有独立的数据值。面向对象程序设计的本质是把数据和处理数据的过程当成一个整体——对象。面向对象程序设计的实现需要封装和数据隐藏技术，需要继承和多态技术。接下来通过对例 7-2 进行剖析，简要介绍 C++程序设计中的面向对象部分。

【例 7-2】　编程定义一个日期 date 类，该类的每个对象都是一个具体的日期。

源程序：

```
#include < iostream.h >
//定义了一个类，类名为date
class date
```

```
{
private:
    int year , month , day ;                              //私有成员
public:                                         //公有成员，外部接口
    void setdate ( int y , int m , int d ) ;
    bool isleapyear ( ) ;
    void print ( )                                    //时间输出函数
    {
        cout << year <<" ." << month << "." << day << endl ;
    }
};
//类的实现部分
void date :: setdate ( int y , int m , int d )          //时间设置函数
{
  year = y ;
  month = m ;
  day = d ;
}
bool date :: isleapyear ( )                             //判断是否为闰年函数
{
  return year % 400 = = 0 || year % 4 = = 0 && year % 100 ! = 0 ;
}
//主函数部分
void main ( void )
{
  date date1 , date2 ;
  date1.setdate ( 1997 , 7 , 1 ) ;
  date2.setdate ( 2008 , 8 , 8 );
  cout << "date1 : " ;
  date1.print ( ) ;
  cout << "date2 : " ;
  date2.print ( ) ;
  if ( date1.isleapyear ( ) )
    cout << "date1 is a leapyear . " << endl ;
  else
    cout << "date1 is not a leapyear . " << endl ;
  if ( date2.isleapyear ( ) )
    cout << "date2 is a leapyear . " << endl ;
  else
    cout << "date2 is not a leapyear . " << endl ;
}
```

执行程序，程序运行结果如下：

```
    date1 : 1997.7.1
    date2: 2008.8.8
    date1 is not a leapyear .
    date2 is a leapyear .
```

程序说明如下。

（1）一个类的定义分为两个部分：说明部分和实现部分。说明部分包括类中包含的数据成员和成员函数原型，实现部分描述各成员函数的具体实现。一个类的一般格式如下：

```
//类的说明部分
class <类名>
{
  private :
    <一组私有数据成员或成员函数的说明>
  protected :
    <一组保护数据成员或成员函数的说明>
  public :
    <一组公有数据成员或成员函数的说明>
} ;
//类的实现部分
<各成员函数的实现部分>
```

class 是说明类的关键字，<类名>是一个标识符，一对{ }表示类的作用域，称为类体，其后的分号表示类定义的结束。关键字 public、private、protected 称为访问控制修饰符，描述了类成员的可见性。成员函数的实现既可以在类体内描述，也可以在类体外描述。

（2）date 类中定义了 3 个私有 int 型数据成员 year、month 和 day，分别表示某个日期的年、月、日。还定义了 3 个公有成员函数，setdate 函数用来为对象设置年月日，isleapyear 函数用于判断对象是否为闰年，print 函数用来输出对象的值。其中 print 函数的实现在类体内描述，而 setdate 函数和 isleapyear 函数的实现则在类体外描述。在类体外实现的函数要在函数名之前加上类名和作用域运算符"::"。

（3）main 函数中说明了两个 date 类的对象，即 date1 和 date2，对两个对象值的设置及输出等操作则是通过调用类的成员函数实现的。类定义以外的代码只有通过调用类的公有成员才能操作对象。

7.3　抽象数据类型与算法

程序设计（Programming）是利用计算机求解问题的一种方式，是程序员为解决特定问题而利用程序设计语言编制相关软件的过程，是软件构造活动中的重要组成部分。计算机系统能完成各种工作的核心是程序，那么程序是如何设计的？程序的核心又是什么？本节简要介绍抽象数据类型的概念、线性表的顺序与链式实现、队列的实现、算法的概念及常用的排序与查找算法。

7.3.1　抽象数据类型

"程序=算法+数据结构"，这是著名科学家 N.Wirth 教授提出的。数据结构（Data Structure）是在整个计算机科学与技术领域广泛被使用的术语。数据结构指的是相互之间存在一种或多种特定关系的数据元素的集合。换句话说，数据结构是带"结构"的数据元素的集合，"结构"就是指数据元素之间存在的关系。

作为计算机科学中的一门独立课程，"数据结构"课程主要研究和讨论三个方面的问题。

（1）数据集合中各元素之间所固有的逻辑关系，即数据的逻辑结构，它可以分为集合、线性结构、树型结构和图状结构。

（2）在对数据进行处理时，各数据元素在计算机中的存储关系，即数据的物理结构可以分为顺序存储、链式存储、索引存储和散列存储。

（3）对各种数据结构进行的运算。

数据类型（Data Type）是和数据结构密切相关的一个概念，它最早出现在高级程序设计语言中，用以描述操作对象的特性。一方面，在程序设计语言中，每一个数据都属于某种数据类型。类型明显或隐含地规定了数据的取值范围、存储方式以及允许进行的运算。数据类型是一个值的集合和定义在这个集合上的一组操作的集合。例如，C 语言中的整型变量，其值集为某个区间上的整数，定义在其上的操作有加、减、乘、除和取余等运算；而实型变量也有自己的取值范围和相应的运算，比如取余运算是不能用于实型变量的。C 语言中除了提供整型、实型、字符型等基本类型外，还允许用户自己定义各种其他数据类型，如数组、结构体和指针等。

抽象数据类型（Abstract Data Type，ADT）是程序设计语言中数据类型概念的延伸。当在分析复杂的情况或处理复杂的事物时，经常使用抽象的思维方法，即舍去复杂系统中非本质的细节，只把其中某些本质的能够反映系统重要宏观特性的东西提炼出来，构成系统的模型，并深入研究这些模型。这种抽象思维方法同样适用于软件系统的设计和研究。可以认为，一个复杂的软件系统是由一些数据结构、操作过程和控制技能所组成的。因此，在软件设计中，可以对三种不同的对象进行抽象，即过程抽象、控制抽象和数据抽象。抽象数据类型就是对数据类型进一步抽象所形成的概念，对程序设计方法学和程序设计语言等都产生了深刻的影响，因此，引起了人们的重视。

抽象数据类型一般指用户定义的、表示应用问题的数学模型，以及定义在这个模型上的一组操作的总称，具体包括三个部分：数据对象、数据对象上的关系的集合，以及对数据对象的基本操作的集合。

抽象数据类型的定义格式如下：

ADT 抽象数据类型名

{

　　数据对象：<数据对象的定义>

　　数据关系：<数据关系的定义>

　　基本操作：<基本操作的定义>

} ADT 抽象数据类型名

其中，数据对象和数据关系的定义采用数学符号和自然语言描述，基本操作的定义格式可描述如下：

基本操作名（参数表）

　　初始条件：<初始条件描述>

　　操作结果：<操作结果描述>

其中，参数表中的参数分为赋值参数和引用参数两种，赋值参数只为操作提供输入值，引用参数以 "&" 开头，除了可以提供输入值外，还将返回操作结果。"初始条件" 描述了操作执行之前数据结构和参数应满足的条件，若初始条件为空，则省略。"操作结果" 说明了操作正常完成之后，数据结构的变化状况和应返回的结果。

例如，抽象数据类型复数的定义如下：

```
ADT compex
{
    数据对象：D={ e1 , e2 | e1 , e2∈realest }
    数据关系：R1={ < e1 , e2 > | e1 是复数的实数部分，e2 是复数的虚数部分 }
    基本操作：
       initcompex ( &z , v1 , v2 )
         操作结果：构造复数 z，其实部和虚部分别赋予参数 v1 和 v2 的值
       getreal ( z , &realpart )
         初始条件：复数已经存在操作结果：用 realpart 返回复数 z 的实部值
       getimag ( z , &imagpart )
          初始条件：复数已经存在
          操作结果：用 imagpart 返回复数 z 的虚部值
       add ( z1 , z2 , &sum )
          初始条件：复数 z1 和 z2 已经存在
          操作结果：用 sum 返回复数 z1 和 z2 的和值
       subtract ( z1 , z2 , &sub )
          初始条件：复数 z1 和 z2 已经存在
          操作结果：用 sub 返回复数 z1 和 z2 的差值
       multiply ( z1 , z2 , &mult )
          初始条件：复数 z1 和 z2 已经存在
          操作结果：用 mult 返回复数 z1 和 z2 的积值
       division ( z1 , z2 , &div )
          初始条件：复数 z1 和 z2 已经存在
          操作结果：用 div 返回复数 z1 和 z2 的商值
} ADT complex
```

至此，利用 **ADT complex** 的操作接口就可以编写有关复数应用的算法了。如果需要，还可以定义 complex 的其他操作。

在 **ADT** 中，数据元素所属的数据类型是抽象的，不局限于一个具体的类型，如整型、实型或其他数据类型，所有的操作也没有具体到使用何种计算机语言与程序编码。

ADT 的具体实现依赖于所选择的高级语言的功能。首先要用适当的方式说明数学模型在计算机内部的表示方法，通常借助于高级语言中已有的基本数据类型或构造类型（如数组、结构体等）表示；其次根据选择的表示方法，建立一组函数或过程实现这个模型上的一组操作。

7.3.2　线性表

线性结构的特点是，除了第一个和最后一个数据元素外，数据元素之间存在一种线性关系，是对具有单一前驱节点和后继节点关系的描述。线性表是最简单、最基本、最常用的一种线性结构，高级程序设计语言中的数组和字符串就是线性表的典型应用。线性表通常用于对大量数据元素进行随机存取的情况，基本操作有插入、删除和查找等。下面简要介绍线性表的抽象数据类型定义和线性表的顺序与链式实现。

1. 线性表的抽象数据类型定义

线性表由一组具有相同属性的数据元素构成。线性表的抽象数据类型定义如下：

```
ADT List
   {
      数据对象：
```
$D = \{ a_i \mid a_i \in elemset, i = 1, 2, 3 \cdots, n, n \geqslant 0 \}$

数据关系：$R = \{<a_{i-1}, a_i> | a_{i-1}, a_i \in D, i = 2, 3, \cdots, n\}$

基本操作：

listinit (&L)

操作结果：构造一个空的线性表 L

listdestroy (&L)

初始条件：线性表 L 已存在

操作结果：销毁线性表 L

listclear (&L)

初始条件：线性表 L 已存在

操作结果：将线性表 L 重置为空表

listempty (L)

初始条件：线性表 L 已存在

操作结果：若线性表 L 为空表，则返回 true，否则返回 false

listlength (L)

初始条件：线性表 L 已存在

操作结果：返回 L 中数据元素的个数

locateelem (L , e)

初始条件：线性表 L 已存在

操作结果：返回 L 中第一个与 e 相等的元素的位置序号。若不存在，则返回 0

getelem (L , i , &e)

初始条件：线性表 L 已存在

操作结果：用 e 返回 L 中第 i 个数据元素的值

priorelem (L , cur_e , &pre_e)

初始条件：线性表 L 已存在

操作结果：若 cur_e 是 L 的元素，且不是第一个，用 pre_e 返回其前驱，否则操作失败，pre_e 无定义

nextelem (L , cur_e , &next_e)

初始条件：线性表 L 已存在

操作结果：若 cur_e 是 L 的元素，且不是最后一个，用 next_e 返回其后继，否则操作失败，next_e 无定义

listinsert (&L , i , e)

初始条件：线性表 L 已存在，1≤i≤listlength(L)+1

操作结果：在 L 中第 i 个位置之前插入新的数据元素 e，L 的长度加 1

listdelete (&L , i)

初始条件：线性表 L 已存在，1≤i≤listlength(L)

操作结果：删除 L 中第 i 个数据元素，L 的长度减 1

} ADT List

对于上述定义的抽象数据类型线性表，还有一些更为复杂的操作，例如线性表的遍历，将线性表中的元素排序，将两个线性表合并为一个线性表，将一个线性表拆分成两个或两个以上的线性表等。

线性表主要有顺序存储结构和链式存储结构两种存储结构。

2. 线性表的顺序实现

在计算机中，表示线性表的最简单、最常用的一种存储方式是用一组地址连续的存储单元一次存储线性表中的数据元素，即将线性表中的元素一个挨着一个地存放在存储器中的某个存储区域内。线性表的这种存储方式称为线性表的顺序存储表示，采用这种存储结构的线性表称为顺序线性表，简称顺序表。

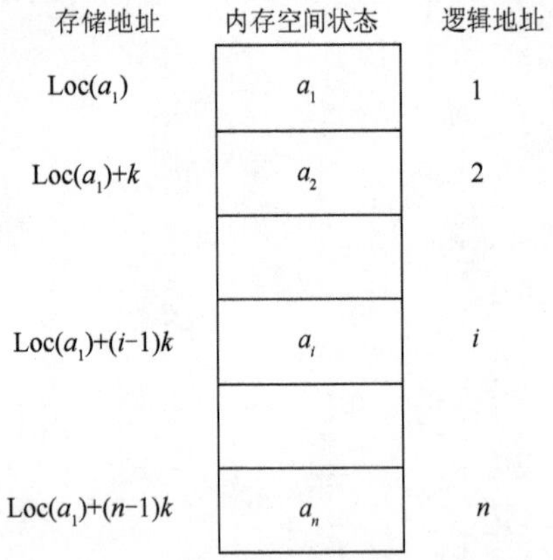

存储地址	内存空间状态	逻辑地址
$Loc(a_1)$	a_1	1
$Loc(a_1)+k$	a_2	2
$Loc(a_1)+(i-1)k$	a_i	i
$Loc(a_1)+(n-1)k$	a_n	n

图 7-5 顺序存储结构示意图

顺序表是一种紧凑结构，存储元素间的逻辑关系无须占用额外的空间，如图 7-5 所示。

数据元素物理位置的相邻关系反映出数据元素之间逻辑上的相邻关系，在存储空间中相邻的两个元素，前驱元素一定存储在后继元素的前面。由于顺序表的所有数据元素属于同一数据类型，所以每个元素在存储器中占用的空间大小相同。

一般情况下，将顺序表第一个数据元素的存储地址表示为 Loc（a_1），通常称为顺序表的起始地址。假定顺序表的每个元素占 k 字节，则第 i 个元素 a_i 的存储地址为：

$$Loc（a_i）= Loc（a_1）+（i-1）\cdot k$$

顺序表中每个元素的存储地址是该元素在表中序号的线性函数，只要确定了顺序表的起始地址，则顺序表中任一元素都可以实现随机存取。

由于高级程序设计语言中的数组类型也有随机存取的特性，因此，通常利用数组来描述数据结构中的顺序存储结构。在此，由于线性表的长度可变，且所需最大存储空间随问题不同而不同，则在 C 语言中可用动态分配的一维数组，顺序表的存储结构定义如下：

```
#define MAXSIZE 100              //顺序表可能达到的最大长度
type struct
{
  Elemtype *elem ;              //存储空间的初始地址
  int length ;                 //线性表的当前长度
} sqlist ;
```

其中，Elemtype 可以是任意的数据类型，如 int、float、char 等。

为顺序表动态分配一个预定义大小的数组空间，使 elem 指向这段空间的初始地址，同时，顺序表的当前长度设为 0。顺序表的初始化算法描述如下：

```
int listinit_sq ( sqlist &L )              //构造一个空的顺序表 L
{
  L.elem = new Elemtype [ MAXSIZE ] ; //为顺序表 L 分配大小为 MAXSIZE 的空间
  if ( ! L.elem )
    exit ( 0 )                //存储分配失败
  L.length = 0 ;                 //顺序表 L 长度为 0
  return 1;
}
```

3. 线性表的链式实现

链式存储是最常用的存储方法之一，既可以表示线性结构，也可以表示各种非线性结构。线性表链式存储的特点是：用一组任意的存储单元存储线性表的数据元素，这组存储单元可以是连续的，也可以是不连续的。因此，为了表示每个数据元素 a_i 与其直接后继元素 a_{i+1} 之间的逻辑关系，对数据元素 a_i 来说，除了存储其本身的信息外，还需存储一个指示其后继的信息（即后继元素的存储位置）。这两部分信息组成数据元素 a_i 的存储映像，称为节点（node）。节点包括两个域：一是存储数据元素信息的数据域；二是存储后继元素存储位置的指针域。n 个节点（a_i（$1 \leqslant i \leqslant n$））连接成一个链表，即为线性表的链式存储结构。又由于此链表的每个节点中只包含一个指针域，故又称为线性链表或单链表。本节只讨论单链表。

用单链表表示线性表时，数据元素之间的逻辑关系是由节点中的指针指示的，因此逻辑上相邻的两个数据元素其存储的物理位置不要求相邻，这种存储结构称为链式映像。一个典型的非空单链表$(a_1,a_2,\cdots,a_n)$如图 7-6 所示。

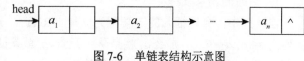

图 7-6　单链表结构示意图

单链表的最后一个节点不再指向其他节点，称为"链尾"（尾节点），它的指针域为空（NULL 或 0，用∧表示），表示链表结束。

由此可见，单链表可由头指针唯一确定，在 C 语言中可用"结构指针"来描述。单链表的节点存储结构定义如下：

```
typedef struct Lnode
{
  Elemtype  data ;                //节点的数据域
  struct Lnode *next ;            //节点的指针域
}Lnode , *Linklist ;             //Linklist 为指向结构体 Lnode 的指针类型
```

假设 head 为单链表的头指针，它指向表中的第一个节点。若 head 为空（head=NULL），则所表示的线性表为空表，其长度 n 为 0。

通常，为了操作方便，在单链表的第一个节点之前附设一个称为头节点的节点。头节点的数据域可以不存储任何数据，也可以存储链表节点个数信息。头节点的指针域存储指向表中第一个节点的指针（即第一个节点的存储位置），带头节点的单链表的头指针（head）不再指向表中第一个节点，而是指向头节点。即使链表中没有任何数据元素存在（空链表），头节点始终存在。此时头节点的指针域为空。带头节点的单链表如图 7-7 所示。

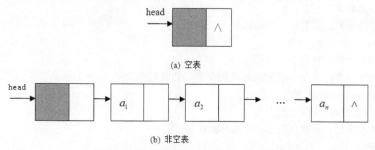

(a) 空表

(b) 非空表

图 7-7　带头节点的单链表结构示意图

如图 7-7（a）所示的空单链表的初始化算法描述如下：

```
int listinit_head ( Linklist &head )
{
  head = new Lnode ;
  head -> next = NULL ;            //头节点的指针域为空
  return 1 ;
}
```

7.3.3　队列

队列（Queue）是一种操作受限的数据结构，它只允许在表的一端插入元素，而在表的另

一端删除元素。日常生活中队列很常见，例如，人们排队购物或购票，最早进入队列的人最早离开，新来的人总是排到队尾。

1. 队列的抽象数据类型定义

在队列中，允许插入的一端称为队尾（Rear），允许删除的一端称为队头（Front）。假设队列为 $q=(a_1,a_2,\cdots,a_n)$，那么 a_1 就是队头元素，a_n 就是队尾元素。队列中的元素是按照 $a_1,a_2,\cdots,a_n$ 的顺序进入的，退出队列也只能是按照 $a_1,a_2,\cdots,a_n$ 的顺序依次退出，也就是说，只有在 $a_1,a_2,\cdots,a_{n-1}$ 都离开队列后，a_n 才能退出队列。队列的示意图如图 7-8 所示。

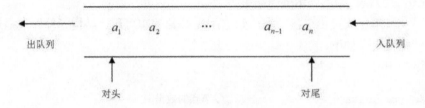

图 7-8　队列示意图

队列按照先进先出（First In First Out，FIFO）的原则组织数据，又被称为"先进先出"表。下面给出队列的抽象数据类型定义：

```
ADT Queue
    {
        数据对象：D={aᵢ|aᵢ∈elemset,i=1,2,3···,n,n≥0}
        数据关系：R={<aᵢ₋₁,aᵢ>|aᵢ₋₁,aᵢ∈D,i=2,3,···,n}
                约定其中 a₁ 为队头，aₙ 为队尾
        基本操作：
          queueinit ( &Q )
            操作结果：构造一个空的队列 Q
          queuelength ( Q )
            初始条件：队列 Q 已存在
            操作结果：返回 Q 的数据元素的个数，即队列的长度
          queuedestroy ( &Q )
            初始条件：队列 Q 已存在
            操作结果：销毁队列 Q，使其不再存在
          queueclear ( &Q )
            初始条件：队列 Q 已存在
            操作结果：将队列 Q 清为空队列
          queueempty( Q )
            初始条件：队列 Q 已存在
            操作结果：若 Q 为空队列，则返回 true，否则返回 false
          queueinsert ( &Q , e )
            初始条件：队列 Q 已存在
            操作结果：插入元素 e，使 e 成为新的队尾元素
          queuedelete ( &Q , &e )
            初始条件：队列 Q 已存在
            操作结果：删除 Q 的队头元素，并用 e 返回其值
          gethead( Q, &e )
            初始条件：队列 Q 已存在，且不为空
```

操作结果：用 e 返回 Q 的队头元素

```
queuetraverse ( Q )
```

　　初始条件：队列 Q 已存在
　　操作结果：从队头到队尾，依次访问队列 Q 的每个数据元素
} ADT Queue

2. 队列的顺序表示

队列也有两种存储表示：顺序表示和链式表示。在队列的顺序存储结构中，除了用一组连续的存储单元一次存放从队列头到队列尾的元素之外，还需定义两个整型变量 front 和 rear 分别指向队列头元素及队列尾元素，称 front 和 rear 为头指针和尾指针。

顺序队列的类型定义如下：

```
#define MAXSIZE 100              //队列的最大长度
typedef struct
{
  elemtype *base ;              //初始化的动态分配存储空间
  int front ;                   //头指针，若队列不为空，指向对头元素
  int rear ;                    //尾指针，若队列不为空，指向对尾元素
}squeue ;
```

当初始化队列时，令 front=rear=0。为了降低运算的复杂度，在顺序队列中插入元素时，尾指针 rear 加 1，新插入的元素成为新的队尾；当删除队头元素时，头指针 front 加 1，原来队首元素的直接后继成为新的队首。在非空队列中，头指针始终指向队列头元素，而尾指针始终指向队尾元素的下一个位置，队列的顺序存储结构及出入队列操作如图 7-9 所示。

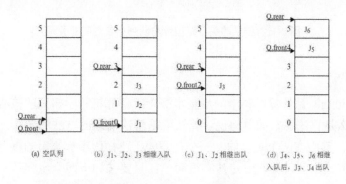

图 7-9　顺序队列的头、尾指针与队列元素之间的关系

3. 队列的链式表示

链队采用链式存储结构存储队列元素。当用户无法预计所需队列的最大空间时，可采用链队方式。链队只允许在单链表的表头进行删除操作，在表尾进行插入操作。一个链队显然需要两个分别指示队头和队尾的指针才能唯一确定。这里和线性表的单链表一样，为了操作方便，给链队添加一个头节点，并令头指针指向头节点。链队的存储结构如图 7-10 所示。

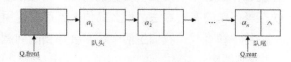

图 7-10　链队列示意图

链队的节点结构定义如下：

```
typedef struct Qnode
{
  Qelemtype data ;
```

```
    struct Qnode  *next ;
} Qnode , *Queueptr ;
typedef struct
{
  Queueptr front ;
  Queueptr rear ;
}Linkqueue ;
```

链队的操作即为单链表插入和删除操作的特殊情况，只是需进一步修改尾指针和头指针。链队的初始化、入队和出队操作如图 7-11 所示。

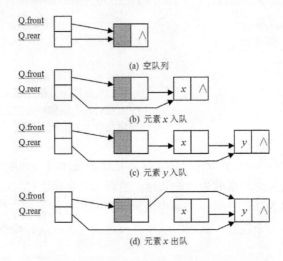

图 7-11　链队的头、尾指针与队列元素之间的关系

7.3.4　算法

算法（Algorithm）是计算机科学的最基本概念，计算机科学研究的核心之一就是算法的研究。那么，什么是算法呢？简单地说，算法就是解决问题的方法和步骤。例如，有三个硬币（A、B 和 C），其中有两个是真的，一个是假的，已知假币和真币的重量略有不同，现提供一台天平，如何找出假币呢？方法其实很简单，只要按如下两个步骤两两比较三个硬币的重量，就可以找出假币了。

第一步：比较 A 和 B 二者的重量，如果相等，则 C 是假币，如果不等，则进入第二步。

第二步：比较 A 和 C 二者的重量，如果相等，则 B 是假币，否则 A 是假币。

算法一旦给出，人们就可以直接按照算法去解决问题，因为解决问题所需要的方法已经体现在算法之中了，我们要做的就是严格按照算法中给定的步骤去执行。一旦有人设计出解决某类问题的有效算法，那么其他人就可以使用该算法去解决问题。

排序和查找是我们生活中经常会遇到的问题，下面简要介绍几种常用的排序和查找算法。

1. 排序

日常生活中排序的例子很多，如体育课上学生按身高排成一列纵队，班主任按学生各门课程成绩总分对学生排序。排序通常被理解为按规定的次序重新安排给定的一组对象。通过排序以便于检索，因此对数据进行排序是计算机常用的算法。排序的方法有很多种，如选择法排序、冒泡法排序、交换排序、插入排序等，下面介绍选择法排序和冒泡法排序。

1）选择法排序

最容易想到的排序方法是选择法排序。它的基本思想是：扫描整个序列，从中选出最小的元素，将它与第一个数交换位置；然后在余下的元素中找出最小的元素与第二个数交换位置，重复这一操作，直到每一个元素都找到自己应有的位置为止。

假定有 n 个数的序列，要求按递增的次序排序，则需要经过 $n-1$ 轮的扫描。图 7-12 给出了 $n=5$ 时，选择法排序示意图。

```
原始数据：      9   6   7   4   5

第一轮排序后：  ④   6   7   9   5      4 最小，与 9 进行对调

第二轮排序后：  ④   ⑤   7   9   6      5 最小，与 6 进行对调

第三轮排序后：  ④   ⑤   ⑥   9   7      6 最小，与 7 进行对调

第四轮排序后：  ④   ⑤   ⑥   ⑦   9      7 最小，与 9 进行对调
```

图 7-12　选择法排序

【例 7-3】　用选择法对 n 个数进行由小到大排序。

算法思想：在程序设计中经常用数组来存放一组数据。比如，在 C 语言中，可以通过定义一个数组 a[n]来存放 n 个数，每个元素分别为 a[0]，a[1]，a[2]，…，a[n-1]，下标 0，1，2，…，$n-1$ 用来表示数组中的每个不同的数，下标变量 a[0]，a[1]，a[2]，…，a[n-1]表示每个元素本身的数值。以"int a[5]={9，7，8，2，5}；"为例，排序过程如下。

第一轮：找出待排序区域 a[0]～a[4]中的最小数 2，与第一个位置的数据 9 进行交换，交换后数据为{2，7，8，9，5}。

第二轮：找出待排序区域 a[1]～a[4]中的最小数 5，与第二个位置的数据 7 进行交换，交换后数据为{2，5，8，9，7}。

第三轮：找出待排序区域 a[2]～a[4]中的最小数 7，与第三个位置的数据 8 进行交换，交换后数据为{2，5，7，9，8}。

第四轮：找出待排序区域 a[3]～a[4]中的最小数 8，与第四个位置的数据 9 进行交换，交换后数据为{2，5，7，8，9}。

至此，共经过 4 轮比较，完成全部数据的由小到大排序。

用 C 语言实现该算法的代码如下：

```c
void selectsort ( int a [ ] , int n )              /*a 为存放元素的数组，n 为元素个数*/
{
  int k , i , index , temp ;
  for ( k = 0 ; k < n-1 ; k + +)                   /*n 个数进行 n-1 轮比较*/
    {
      index = k ;                                  /*假定下标为 k 的元素最小*/
      for ( i = k + 1 ; i < n ; i + +)
        if ( a [ i ] < a [ index ] )
```

```
              index = i ;                    /*记下最小元素下标*/
         if ( index ! = k )                       /*index 发生改变，则交换数据*/
           {
             temp = a [ index ] ;
             a [ index ] = a [ k ] ;
             a [ k ] = temp ;
           }
      }
   }
```

2）冒泡法排序

冒泡法排序与选择法排序相似，选择法排序在每一轮中寻找最小值（由小到大排序）的下标，然后与应放位置的数交换位置，每一轮排序最多交换一次。而冒泡法排序则在每一轮排序时将相邻两个数进行比较，次序不对时即交换位置，每一轮排序可能交换多次。一轮排序结束时小数上浮，大数下沉。冒泡法排序的过程和气泡在水中不断往上冒的情况有些相似，因而得名。

【例 7-4】　　用冒泡法对 n 个数进行由小到大排序。

算法思想：在每一轮排序过程中从第一个数开始，相邻两数依次比较，当发现相邻两个数的次序不符时，即将这两个数进行交换。这样，较小的数就会逐个向前移动，而较大的数则向后移动。以 "int a[6]={8，4，7，9，2，5};" 为例，排序过程如下。

原始数据：　　　　8　　4　　7　　9　　2　　5

第一轮：

第一次比较后：4　　8　　7　　9　　2　　5，因为 a[0]>a[1]，所以 8、4 交换位置。

第二次比较后：4　　7　　8　　9　　2　　5，因为 a[1]>a[2]，所以 8、7 交换位置。

第三次比较后：4　　7　　8　　9　　2　　5，因为 a[2]<a[3]，所以 8、9 不交换位置。

第四次比较后：4　　7　　8　　2　　9　　5，因为 a[3]>a[4]，所以 9、2 交换位置。

第五次比较后：4　　7　　8　　2　　5　　⑨，因为 a[4]>a[5]，所以 9、5 交换位置。

这样经过 6-1=5 次比较后，最大数 9 被安置在最后一个元素位置上，然后对剩下的 5 个数再次进行第二轮排序。

第二轮：　　　　4　　7　　8　　2　　5　　⑨

第一次比较后：4　　7　　8　　2　　5　　⑨，因为 a[0]<a[1]，所以 4、7 不交换位置。

第二次比较后：4　　7　　8　　2　　5　　⑨，因为 a[1]<a[2]，所以 7、8 不交换位置。

第三次比较后：4　　7　　2　　8　　5　　⑨，因为 a[2]>a[3]，所以 8、2 交换位置。

第四次比较后：4　　7　　2　　5　　⑧　　⑨，因为 a[3]>a[4]，所以 8、5 交换位置。

这样经过 5-1=4 次比较后，次大数 8 被安置在倒数第二个元素位置上，然后对剩下的 4 个数进行第三轮排序。

……

6 个数经过 6-1=5 轮冒泡法排序后，数据序列 2，4，5，7，8，9 为递增序列，排序结束。

用 C 语言实现该算法的代码如下：

```
void bubblesort ( int a [ ] , int n )              /*a 为存放元素的数组，n 为元素个数*/
{
  int i , j , temp ;
```

```
for ( i = 1 ; i < n ; i + + )                    /*n 个数进行 n-1 轮比较*/
  {
    for ( j = 0 ; j < n-i ; j + + )              /*第 i 轮比较*/
      if ( a [ j ] > a [ j + 1 ] )               /*如 a[j]比 a[j+1]大，则交换*/
        {
          temp = a [ j ] ;
          a [ j ] = a [ j + 1 ] ;
          a [ j + 1 ] = temp ;
        }
  }
```

排序的方法有很多，通过以上介绍的两种排序算法，读者重点理解排序的算法思想。

2. 查找

查找在生活中的应用也很广泛。例如，从教务管理系统中查询每个老师的任课情况，从图书馆中查找某一本图书等，多数应用软件中都有查找功能。查找就是根据给定的值，在一组数据中确定一个数值等于给定值的元素，若存在这样的元素则说明查找成功，返回该元素在这组数中的位置，否则查找失败。

对于列表数据的查找有两种基本方法：顺序查找和折半查找。列表有序或无序，顺序查找都可以实现，而折半查找只适合用在已经排好序的列表中。

1）顺序查找

顺序查找也称为线性查找，其基本思想是：从列表的第一个数据开始，将其值与待查找的值进行比较，如果相等，则说明找到，查找成功，返回该数在列表中的位置，算法结束；如果不等，则需要判断列表中是否还有数据未进行比较，如果还有剩余的数据，则接着和剩余的数据进行比较，如果没有剩余的数据，则表示查找失败，算法结束。

用 C 语言实现顺序查找代码如下：

```
void search_seq ( int a[ ] , int n , int x )
{
  int i , j , temp ;
  for ( i = 0 ; i < n ; i + + )
    {
      if ( a[ i ] = = x )
        {
          printf ( "position is %d \n" , i + 1 );
          break ;                              /*提前退出循环*/
        }
    }
  if ( i >= n )
    printf ( "not found" ) ;
}
```

其中，a 为数组名，n 为数组 a 中的元素个数，x 为待查找的元素。顺序查找对数组中的数不要求有序，其查找效率比较低，n 个数的查找，平均比较次数为$(n+1)/2$ 次。

2）折半查找

折半查找又称为二分查找。采用折半查找时，数据必须是有序的。其基本思想是：假定数据是按递增顺序排列的，在查找时首先与"中间位置"的元素比较，若相等则查找成功；若待查找值大于"中间位置"的元素值，则在后半部分数据中继续进行折半查找；否则在前半部分数据中进行折半查找。

若有一组有序数 a[n]，n=11，要查找数 x=25，查找过程如图 7-13 所示。其中，low 为查找区间的下界，high 为查找区间的上界，mid 为中间项下标，mid=(low+high)/2。

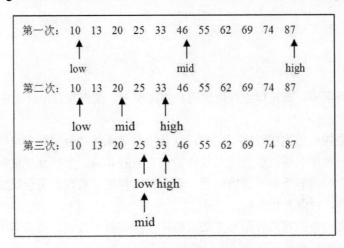

图 7-13　折半查找示意图

第一次，low=0，high=10，mid=(0+10)/2=5，将 x 与 a[5]比较，x<a[5]，待查找数会在前半段，可忽略后半部分数据。

第二次，low=0，high=4，mid=(0+4)/2=2，将 x 与 a[2]比较，x>a[2]，待查找数会在后半段，可忽略前半部分数据。

第三次，low=3，high=4，mid=(3+4)/2=3，将 x 与 a[3]比较，x=a[3]，找到了待查找数据，查找成功，算法结束。

用 C 语言实现折半查找的代码如下：

```c
void search_bin ( int a [ ] , int n , int x )
  {
    int low = 0 , high = n-1 , find = 0 , mid ;
    do
    {
     mid = ( low + high ) / 2 ;
     if ( a [ mid ] = = x )
      {
        printf ( "Found %d is a [ %d ] \n" , x , mid ) ;
        find = 1 ;
      }
     else if ( x < a [ mid ] )
         high = mid-1 ;
        else
         low = mid + 1 ;
    } while ( low <= high && find = 0 ) ;
  if ( find = = 0 )
```

```
    printf ( "%d is not Found", x ) ;
}
```

其中，a 为数组名，n 为数组 a 中的元素个数，x 为待查找的元素。折半查找每次查找的范围缩小一半，平均比较次数为 $\log_2 n$，查找效率较顺序查找法高。

习　题

一、填空题

1. 常用的高级语言分为面向_____和面向_____两种类型。面向_____的语言称为强制性语言。

2. 常用的面向过程的高级语言有 BASIC、_____、_____。面向对象的高级语言有 Visual Basic、_____、_____等。

3. 高级语言编写的程序通常称为_____，把翻译后的机器语言程序称为_____。

4. 编译程序生成的目标代码文件的文件扩展为_____。

5. 在高级语言中，常见的基本数据类型有_____、_____、_____。

6. 在面向对象方法中，信息隐藏是通过对象的_____来实现的。

7. 衡量一个算法通常有两个标准，它们是空间复杂度和_____。

8. 常用的排序算法有_____和_____。

9. 常用的查找算法有_____和_____。

10. 数据结构包括_____、存储结构和对数据的操作。

11. 数据的逻辑结构有_____、_____、_____和网状结构。

12. 数据元素在计算机中有_____和_____两种基本的存储结构。

二、选择题

1. 不需要了解计算机内部构造的编程语言是_____。

A. 机器语言　　　　　　　　　　　　B. 汇编语言

C. 操作系统　　　　　　　　　　　　D. 高级程序设计语言

2. 把用高级语言编写的源程序翻译成目标程序的系统软件称为_____。

A. 解释程序　　　　B. 汇编程序　　　　C. 翻译系统　　　　D. 编译程序

3. 结构化程序设计的三种基本结构是_____。

A. 输入、处理、输出　　　　　　　　B. 树形、网状、环型

C. 顺序、选择、循环　　　　　　　　D. 主程序、子程序、函数

4. 指令代码通过助记符表示的语言称为_____。

A. 机器语言　　　　B. 汇编语言　　　　C. 目标语言　　　　D. 高级语言

5. 面向对象程序设计具有_____特点。

A. 封装、继承、多态　　　　　　　　B. 顺序、分支、循环

C. 函数、方法、过程　　　　　　　　D. 多分支、子程序、函数

6. 程序设计中常用的运算类型有算术、关系和_____。

A. 赋值　　　　　　B. 逻辑　　　　　　C. 复合　　　　　　D. 对象

7. 为解决问题而采用的方法和_____就是算法。

A．过程 　　　　 B．代码 　　　　 C．语言 　　　　 D．步骤

8．将一组数据按照大小进行顺序排列的算法称为_____。

A．递归 　　　　 B．迭代 　　　　 C．排序 　　　　 D．查找

9．在一组无序的数据中确定某一个数据的位置，只能使用_____算法。

A．递归查找 　　 B．迭代查找 　　 C．顺序查找 　　 D．折半查找

10．结构化程序设计主要强调的是_____。

A．程序的效率 　　 B．程序的可读性 　　 C．程序的执行性 　 D．程序的易用性

11．在数据结构中，从逻辑上可以把数据结构分成_____。

A．动态结构和静态结构 　　　　　　　　 B．紧凑结构和非紧凑结构

C．线性结构和非线性结构 　　　　　　　 D．内部结构和外部结构

12．与数据元素本身的形式、内容、相对位置、个数无关的是数据的_____。

A．存储结构 　　 B．存储实现 　　 C．逻辑结构 　　 D．运算实现

三、简答题

1．什么是程序和程序设计？

2．简述机器语言、汇编语言和高级语言各自的特点。

3．简述解释和编译的区别。

4．程序设计语言有哪些种类？

5．简述将源程序编译成目标程序的过程。

6．什么是面向对象程序设计？什么是面向过程程序设计？

7．什么是数据类型、数据结构和抽象数据类型？三者之间有何关系？

8．算法和程序有什么区别和联系？

9．将任意输入的三个整数按从小到大的顺序输出，设计解决该问题的算法。

10．试举一个数据结构的例子，叙述其逻辑结构和存储结构两个层次的含义及相互关系。

四、讨论题

1．结合自己所学，谈一谈你所希望的程序设计语言应该是什么样的，需要包括哪些具体的功能。

2．结合实际问题，利用本章所学的排序和查找算法，给出问题的求解步骤。

第8章 软件开发与软件工程概论

问题讨论

（1）你身边的电子产品安装了哪些软件？这些软件是必需的吗？

（2）从你使用的智能手机看，你经常使用哪些软件？它们的主要用途是什么？

（3）软件到底是什么？我们怎么来开发软件？

学习目的

（1）了解计算机软件的定义、特点、分类及应用领域。

（2）了解什么是软件危机、产生原因及解决办法。

（3）掌握软件工程过程及软件开发基础。

（4）了解软件工程学科的相关知识。

学习重点和难点

（1）软件的特点及分类。

（2）软件工程过程。

（3）软件开发模型及开发方法。

随着信息技术的飞速发展，人类社会已经进入了以计算机为核心的信息社会，计算机系统已经渗入人类生活的各个领域，计算机软件已经发展成为当今世界最重要的技术领域。现已经产生了重要的新兴学科软件工程，它以研究软件本身为内容，包括软件开发方法、软件生命周期、软件工程实践等。本章着重介绍计算机软件和软件危机、软件工程以及软件的开发基础相关内容，最后简要介绍软件工程学科的知识体系，让我们概要地了解我们未来四年学习的主要知识。

8.1 软件与软件危机

我们已经知道，计算机系统由计算机硬件系统和计算机软件系统两部分构成。在20世纪60年代以前，通用硬件已经相当普遍，为计算机学科的诞生、广泛应用奠定了基础，在这之后，计算机软件在计算机系统中扮演的角色越来越重要，已经成为计算机系统发展进化的主要力量。计算机软件是人与硬件的接口，它指挥和控制着硬件的工作过程。

本节简要讨论计算机软件的定义、特点、分类以及软件危机的产生与解决方法。

8.1.1 计算机软件

1. 软件的定义

软件的发展时间只有区区几十年，软件的发展速度却是惊人的。在计算机发展初期，即20世纪50年代，软件往往是由使用该软件的个人或机构开发，只有源代码，而没有说明文档等附加材料，有一定的局限性，通用性很弱。而随着人们对软件需求的逐渐增大，软件的规模也越来越大，软件的开发变得越来越难，所以不能仅仅将软件和程序代码画上等号，人们需要对软件的定义重新加以认识。

1983 年，美国电气电子工程师协会将计算机软件定义为计算机程序、方法、规则和相关文档资料及在计算机上运行时所必需的数据。

值得一提的是，上述软件的定义是从软件组成以及在计算机系统中的作用角度给出的，而软件的概念也是一个发展、演化的过程。对一个对象的定义是由研究者所处的位置、哲学观念等因素决定的。我们在学习中，只有深刻体会每个知识点的内在的内容，了解其研究的角度和方法，才会有更深刻的理解，才能灵活运用知识，提高技能。下面给出软件的其他两种定义方法，以促进对概念的理解。

随着网络技术的发展，云计算、大数据等概念以及技术的应用，软件有了新的内涵。"软件即服务（Software as a Service，SaaS）"就是一个最简明的定义，它是从当下用户的角度看什么是软件的问题。它描述了目前计算机应用的一种模式：云端集中式托管软件及其相关的数据，软件仅需通过互联网，而不必安装即可使用。一般来讲，用户通常使用精简客户端经由一个网页浏览器来访问软件。

在软件工程中，我们常定义软件是产品，这就是软件工程的哲学观，深刻理解关于软件的这个定义，才能理解软件工程这门学科各个学科领域研究的内容和精神。如软件是产品，那么软件开发就是这样一个产品的构造方法、生产工艺问题；软件是产品，软件工程就是围绕产品的质量开展的一些活动，主要就是开发活动、过程管理活动和过程改进活动等。我们走进软件企业，软件是产品的定义更是深刻，不过，在那里，所有活动或许是以产品的利润展开的。

更一般地，我们使用计算机解决实际问题，比如说你使用 Word 撰写个人简历，显然 Word 是你使用的软件，这样，我们可以说软件就是工具，这就是定义。在日常生活中，我们学习一个概念时，就去深入体会和理解，用自己的语言将它们复述出来，才能融会贯通。

目前，从计算机学科的定义出发，人们通俗地认为计算机软件是包括程序、数据及相关文档的完整集合。程序是软件开发人员根据用户需求开发的、用程序设计语言描述的、适合计算机执行的指令（语句）集合。数据是指程序运行过程中需要处理的对象和必须使用的一些参数。文档是与程序开发、维护和使用相关的一些资料。

2. 软件的特点

在计算机系统中，硬件是以物理形态呈现的，软件是以逻辑形态呈现的，为了能深入理解软件的内涵，我们从计算机系统的角度，将软件与硬件相比较，发现软件有以下特征。

（1）软件是一种逻辑实体，而不是客观存在的具体的物理实体。

软件是一个庞大的逻辑系统，不是有形的系统元件，具有一定的抽象性，因而只能通过观察、分析、测试等方法去分析软件的功能。

（2）软件的生产过程与硬件不同。

软件的生产与开发无明显的制造过程，软件生产的过程离不开人脑的思考，具有强烈的主观意识。一旦开发成功，即可大量复制。

（3）软件运行和使用期间，不存在硬件那样的机械磨损、老化等问题。

硬件在使用初期，因为设计或生产问题会产生故障，即有较高的失效率，可是故障不断修复之后，失效率会不断下降到达一个稳定水平，之后随着机械磨损和老化，失效率又会上升，硬件失效率曲线如图 8-1 所示。而软件在交付前已排除了大部分故障，失效率较低，由于软件没有磨损和老化问题，软件的失效率曲线如图 8-2 中的理想曲线所示。然而实际中，为了适应硬件、系统环境的变化，需多次修改软件，在修改中又会引入新的故障，使失效率升高，软件的实际失效率如图 8-2 所示。

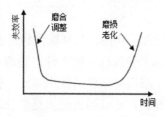

图 8-1　硬件的失效率曲线

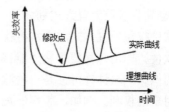

图 8-2　软件的失效率曲线

（4）软件的开发和运行依赖于计算机的硬件系统。

随着计算机硬件的更新换代以及操作系统的不断更新，软件也需要不断升级和维护，以适应计算机的硬件系统要求，维护整个计算机系统。

（5）软件开发的过程十分复杂。

软件复杂性来源一方面是它所反映的实际问题的复杂性，另一方面是它是依靠人的大脑的智力构造出来的，多种人为因素使得软件难以统一化，更增加了软件的复杂性。软件的复杂性使得软件产品难以理解，难以生产，难以维护，更难以管理。解决这些问题，目前就是使用工程化的方法进行缓解。

（6）软件成本相当昂贵。

软件产业正在向基于构件的组装前进，软件开发是一种高强度的脑力劳动，软件开发涉及大量的人力成本和管理成本，代价高昂。软件的成本远远高于硬件的成本。

3. 软件的分类

软件种类繁多，特点各异，除了概念上需要高度概括，抽象其核心内容，形成一个概念外，笼统地进行研究对实际工作和实践指导意义不大。为了有效地对软件进行研究，有必要按照一些标准对软件进行分类。这里根据软件在计算机系统中的位置和功能、软件权益的标准进行分类，当然还有其他的分类标准和划分方法。

1）根据软件功能划分

根据软件在计算机系统中的不同位置和功能，通常将软件划分为系统软件和应用软件两大类。

系统软件泛指能为用户管理与使用计算机提供方便，给应用软件开发与运行提供支持的一类软件。例如，操作系统（如 Windows）、基本输入/输出系统（BIOS）、程序设计语言处理系统（如 C 语言编译器）、数据库管理系统（如 Oracle、Access 等）、常用的实用程序（如磁盘清理程序、备份程序）等都是系统软件。系统软件的主要特征是：它与计算机硬件有很强的交互性，能对硬件资源进行统一的控制、调度和管理。在通用计算机系统中，系统软件都是必不可少的。用户在购买计算机时，必须安装最基本的系统软件，否则计算机将无法正常启动。

应用软件泛指那些专门用于解决各种具体应用问题的软件。由于计算机的通用性和广泛性，应用软件比系统软件更丰富多样。应用软件通常可再分成通用应用软件和定制应用软件两大类。通用应用软件设计精巧，易学易用，多数用户几乎每天都在使用，因此把它们称为通用应用软件，如文字处理软件、信息检索软件、媒体播放软件、网络通信软件、演示软件、绘图软件、电子表格软件等。定制应用软件是按照不同领域用户的特定应用要求而专门设计开发的软件。这类软件专用性强，设计和开发成本相对较高，只有一些机构用户需要购买，如大学教务管理系统、医院挂号计费系统等。

2）根据软件权益处置方式划分

根据软件权益处置方式，通常将软件划分为三类，即商品软件、共享软件和自由软件。

商品软件，即用户需要付费才能得到其使用权。它除了受版权保护之外，通常还受到软件许可证的保护。软件许可证是一种法律合同，它确定了用户对软件的使用方式，扩大了版权法赋予用户的权利。例如，版权法规定将一个软件复制到其他机器去使用是非法的，但是软件许可证允许用户购买一份软件而同时安装在本单位的若干台计算机上使用，或者允许所安装的一份软件同时被若干个用户使用。

共享软件是一种"买前免费试用"的具有版权的软件，它通常允许用户试用一段时间，也允许用户进行复制，但过了试用期若还想继续使用，就得交一笔注册费，成为注册用户才能使用。

自由软件是一种可以不受限制地自由使用、复制、研究、修改和分发的软件，其创始人是理查德·斯塔尔曼（Richard Stallman）。使用者必须接受软件的"软件授权"，才能使用该软件，最常见的授权方式就是GPL-GNU(General Public License)，GPL 的精神为自由、分享、互惠。因此，使用者免费取得了自由软件的源代码，那么如果使用者修改了它的源代码，基于公平互惠的原则，使用者也必须公开其修改的成果。自由软件对全世界的商业发展有巨大的贡献。自由软件使成千上万的人的日常工作更加便利，为了满足用户的各种应用需要，它以一种不可思议的速度发展。

8.1.2　软件危机

软件危机是指计算机软件的开发和维护过程中所遇到的一系列严重问题，该问题是一个普遍现象，绝不仅仅是那些不能正常运行的软件遇到的。这些问题主要表现在两个方面：如何开发软件，以满足人们对软件日益增长的需要；如何维护数量不断膨胀的软件。"危机"强调的是严重性，类似的词有"困扰"、"萧条"等。

1. 软件危机的含义

20 世纪 60 年代以前是计算机系统发展的早期，这个时代通用计算机硬件已经相当普及，而软件常是为每个具体应用专门编写的，因规模比较小，开发者和使用者通常是一个或一组人，所以开发比较容易，没什么系统化的开发和管理方法，软件就等于程序。

20 世纪 60 年代后期至 70 年代中期，随着计算机应用的日益普及，软件的数量急剧膨胀，软件需求和规模仍在扩大，早期的"作坊式"软件生产不能适应对软件需求和管理的要求，早期开发方式开发出的软件几乎无法维护，计算机软件的发展遇到前所未有的阻碍。这些问题的积累、恶化导致了软件危机。

软件危机主要有以下表现。

（1）对软件开发的成本和进度的估计常常不准确，导致软件开发成本增加，时间延长，质量下降。

（2）用户对"已完成"的软件系统不满意的现象经常发生。软件开发人员和用户不再是同一个人或组织，开发人员和用户之间交流不充分，导致产品不符合用户的需求。

（3）软件产品质量较差。没有软件质量的概念和保障体系，即使提出了这些概念和标准，也没有将质量保障技术持之以恒应用于开发全过程中，从而质量没法保证。

（4）软件常常难以维护。程序结构固定、死板，导致变更困难，有了错误也难以改正，同时无法增加新的功能以及适应新的环境。

（5）软件通常没有完整的文档资料。软件文档是在软件开发过程中产生出来的，是软件管理人员管理和评价开发进展的重要依据，是软件开发人员在开发过程中进行信息交流的工具，是软件维护人员进行产品维护必不可少的资料。文档是软件产品的重要组成部分，不合格、不规范、不适时的文档资料必然给软件的开发和维护造成困难和问题。

（6）软件价格不断抬升。由于软件开发需要大量人力，加上软件规模和数量不断增多，其成本必然上升。相比之下，计算机硬件成本随着微电子技术的发展而不断下降，因此，在计算机系统中，软件成本所占的比例越来越大。

（7）软件开发生产率提高的速度远远跟不上计算机普及、深入的趋势。

总之，可以将软件危机归结为成本、质量、生产率、维护等问题。

2. 软件危机产生的原因

软件危机的产生一方面与软件本身的性质有关，如软件本身是逻辑实体，软件的复杂度不断提高，需要全手工开发，耗费了大量的人力和时间，成本昂贵等，另一方面也和软件的开发和维护不正确有关。总之，原因如下。

（1）软件开发者缺乏总体考虑和全局意识，没有一个统一而又规范的系统工程思想指导软件开发过程。

（2）不重视软件开发前期的需求分析，导致软件开发的需求分析不准确，甚至在软件开发前没有进行需求分析。

（3）忽视软件文档的重要性也是软件危机产生的原因之一。软件文档虽然在软件开发和使用过程中占有很重要的地位，却需要耗费大量的人力，所以常常被忽视。也因此造成软件开发效率低下，用户在使用时常常会感到十分困难，同时，软件维护人员也难以进行软件维护。

（4）忽视软件的阶段性测试工作，没有在软件开发的每个阶段中进行相应的测试工作，导致在软件完成后期进行测试时的工作量巨大，代价也更高，从而软件本身的质量也难以保障。

（5）忽略了软件的维护工作，在软件使用中忽视了维护工作的重要性，例如，没有在硬件及系统发生变化时，及时地进行软件的修改以适应这些变化。同时，也忽略了因为用户需求的变更而需要的软件维护。

3. 软件危机的解决办法

软件危机是软件开发和维护中存在的一些严重问题，如何化解这些问题？我们需要分析问题发生的根源，转换思路，借鉴一些在其他领域成熟的方法和技术，根据面对问题的特点进行改造来解决问题。

总结软件危机产生的原因主要是软件本身的特点和软件开发和维护中使用了不正确或不恰当的方法。化解矛盾就需要重新认识软件，正确认识软件的内涵和特点，采取一定的策略。以下是一些应对措施。

（1）需对软件有正确全面的认识，不能将软件狭隘地理解为程序代码，而软件其实是包括程序、文档、数据在内的多部分的整体。

（2）软件开发应当是由组织良好、管理严密的各部分工作人员协调配合、共同完成的一项工程任务，而绝非只是由个人或个别机构闭门造车的产物。

（3）广泛推广在软件开发过程中总结的相关经验和方法，积极探索和使用新技术，尽早消除在计算机早期发展形成的有关软件开发的错误观念和方法。

（4）制定相应的软件开发的标准和规范，只有将软件开发进行相应的规范和约束，软件开发才会回到正确的轨道上来，软件开发才会变得更加高效。

（5）推广和使用新的较好的软件，提高软件开发者的工作效率，利用合适的软件开发工具将各阶段的软件开发工作有机地集合在一起，软件开发工作就会变得更加得心应手。

8.2　软　件　工　程

软件危机的出现促使人们努力探索软件开发的新思想、新方法、新技术来解决或者说缓解这个问题。西方的计算机科学家提出借鉴工程界严密、完整的工程设计思想来指导软件的开发与维护，由此便形成了一门指导计算机软件开发和维护的工程学科——软件工程。

8.2.1　软件工程的定义

软件工程学家 Barry Boehm 将软件工程定义为：运用现代科学技术知识来设计并构造计算机程序及为开发、运行和维护这些程序所必需的相关文件资料。

IEEE 在软件工程术语汇编中给出的定义为：软件工程是建立并使用完善的工程化的原则，以较经济的手段获得能在实际机器上有效运行的可靠软件的一系列方法。

Fritz Bauer 给出的定义为：建立并使用完善的工程化原则，以较经济的手段获得能在实际机器上有效运行可靠软件的一系列方法。

《计算机科学技术百科全书》给出的定义是：软件工程是应用计算机科学、数学、逻辑学及管理科学等原理开发软件的工程。软件工程借鉴传统工程的原则、方法，以提高质量，降低成本和改进算法。其中，计算机科学、数学用于构建模型与算法，工程科学用于制定规范，设计范型，评估成本及确定权衡，管理科学用于计划、资源、质量、成本等管理。

软件工程一直以来都缺乏一个统一的定义，综合以上各种定义可以看出软件工程是用一种系统化、规范化、标准化的方法和原则进行软件开发和维护的一门学科。软件工程的研究内容主要包括软件开发方法、软件开发技术、软件开发工具和开发环境、软件管理技术和软件规范等方面，即方法、工具和过程三要素：方法即是"如何做"，常采用某种特殊的语言或图形的表达方法及一套质量保证标准；而工具则为方法提供了相应的软件支撑环境（如计算机辅助软件工程（CASE））；过程便是将方法和工具综合起来以达到合理、及时地进行计算机软件开发的目的。

软件工程的核心思想是将软件看作"产品"，借用当时在西方社会深入人心的工业化、工程化的思想，以产品"质量"为焦点，以建立软件过程模型、过程中使用规则的方法和工具为研究内容的学科。

8.2.2　软件工程过程及原理

1. 软件工程过程
软件工程过程是指将用户需求转化为软件产品需要的所有活动，它是为获得软件产品需要完成的一系列任务框架，它规定了完成各项任务的工作步骤。一般地，我们使用直观的图形标识软件开发过程，从一个特定的角度描述和表现一个过程，称为软件工程模型。

一般地，从一个软件工程师的角度，这些活动包括以下 4 步。

（1）P(Plan)软件规格说明：规定软件的功能及其运行时的限制。

（2）D(Do)软件开发：产生满足规格说明的软件。

（3）C(Check)软件确认：确认软件能够满足客户提出的要求。

（4）A(Action)软件演进：为满足客户变更要求，软件必须在使用的过程中演进。

2. 软件工程基本原理

根据软件开发的特点和软件工程的概念，提出了一些软件工程的基本原理，以下是一些通用的原理。

（1）用分阶段的生命周期计划进行严格管理。

有相当一部分不成功的软件是因为没有制定相应的计划或者计划不周造成的，在软件的开发与维护过程中，需要完成性质各异的工作。因此需要把软件的生命周期分成多个不同阶段，给每个阶段制定相应的计划，并且依照计划严格实行工程的管理。

（2）坚持进行阶段性评审。

很多人在编码的时候不注重阶段性的评审，编码前期的错误非常容易显现，也非常容易进行更正，而在后期编码过程中出现的错误往往难以更正，且更正时付出的代价也较大。因此，在每一个阶段进行相应的评审工作是非常必要的，这样能够尽早发现错误，并且进行错误的及时纠正。

（3）实行严格的产品控制。

软件开发过程中不能轻易改变需求，一旦改变，付出的代价往往较大。而在实际生活中，这种改变需求的事情经常发生。因此需要实行基准配置（经过阶段评审后的软件配置成分，包括文档、程序等）管理，涉及对基准配置的参数，必须按严格规程审批。

（4）采用现代的程序设计技术。

从以前的结构化分析与设计到现如今的面向对象的分析与设计，程序设计技术越来越高效，越来越先进。使用先进的程序设计技术能够大大减小工作人员的工作量，提高工作效率，提高软件的质量，也可以使软件更加便于维护，降低维护成本。

（5）结果应能清楚地审查。

软件本身是一种逻辑产品，难以对其进行估量，软件开发人员的工作进度难以预见，无法准确度量。因此，为了更好地管理软件的开发过程，应当规定开发组织的责任和产品标准，从而提高软件开发过程的可见性。

（6）开发小组的人员应该少而精。

开发小组人员的素质和数量是影响产品质量和开发效率的重要因素，但是开发人员并非越多越好。因为低素质的开发工作者不仅效率较低，更主要的是因为其犯的错误也更多，无形中增加了成本。此外，开发人员过多时，成员之间的通信开销也会大大增加，不利于成本控制。

（7）承认不断改进软件工程实践的必要性。

在软件开发过程中不仅要积极采纳新技术，而且要不断总结经验。收集出错类型和统计问题报告，这些材料不仅可以评价新的软件技术成果，而且能够指明需着重开发的软件工具和应当优先优化的研究技术。

8.2.3　软件工程目标与原则

　　1. 软件工程目标

软件工程的项目通常有如下几个目标。

（1）付出较低的开发成本。

（2）达到要求的软件功能。

（3）取得较好的软件性能。

（4）开发的软件易于移植。

（5）需要较低的维护费用。

（6）能按时完成开发工作，及时交付用户使用。

　　事实上，以上几个基本目标之间都存在着相互关系，有的目标之间互补，有的目标之间互斥，要想达到所有的目标是非常困难的。所以，在实际中通常为了达到某个首要目标而牺牲了其他目标，以争取在几个目标之间达到一种平衡。

　　2. 软件工程原则

为了开发出更加高质量的软件产品，软件工程必须遵循以下七个基本原则。

　　（1）抽象。采用抽象化的方法，可以提取软件最基本的信息，控制软件开发的复杂度，使软件开发的过程更加可控，易于管理。

　　（2）模块化。在软件开发过程中可以根据软件各个部分的功能，将软件各部分进行划分，各部分单独开发，之后再组装起来。模块化的做法有利于控制软件产品的质量，且更加有利于多人协同合作。

　　（3）局部化。局部化可以在一个物理模块内集中逻辑上相互关联的计算资源，并且从物理和逻辑两个方面保持系统中模块间的耦合关系，但在模块内部有较强的内聚性，这更有利于控制软件的复杂性。

　　（4）信息隐藏。模块化和局部化设计过程中使用了信息隐藏的原则，按照信息隐藏的原则，模块应该尽量简洁，将元素隐藏起来，把模块设计成"黑箱"，在模块外能使用模块接口说明中给出的信息。由于细节部分被隐藏，能够使开发人员更加关注高层次的抽象。

　　（5）一致性。一致性体现了开发过程中的统一化与标准化，如不同的模块之间适应相同的符号和术语，内部接口保持一致，设计方法和编码风格保持一致等。实现一致性可以更加方便地实现软件开发过程的统一协作，让团队各部分人员工作更加高效。

　　（6）完全性。完全性是指软件不丢失任何重要的组成部分，能够全部实现系统所需要完成的功能，完全性要求人们开发的模块可以用于保持软件的完整性。

　　（7）可验证性。大型软件系统需要逐层进行分解，系统分解应遵循易于检查、测试的原则，真正遵循可验视的原则，以确保系统的正确性。

8.3　软件开发基础

　　自软件工程诞生以来，人们在软件工程领域做了大量的工作，也取得了一些成果。软件开发工具的完善和发展将促进软件开发方法的进步和完善，促进软件开发的高速度和高质量。

本节将重点讨论软件的开发工具与环境、软件的开发模型和开发方法。

8.3.1　软件开发工具与开发环境

1. 软件开发工具

软件开发工具是指在不同软件开发生命周期中需要使用的软件工具。按软件过程的活动大致可以分为如下 3 类。

（1）支持软件开发过程的工具。主要有需求工具、设计工具、编码工具、排错工具、测试工具等。

（2）支持软件维护过程的工具。主要有文档分析工具、信息库开发工具、逆向工程工具、再工程工具等。

（3）支持软件管理过程的工具。主要有项目管理工具、配置管理工具、软件评价工具等。

2. 软件开发环境

软件开发环境是按照一定的方法或模式组合起来的软件开发工具，它支持软件生命周期内各个阶段各项任务的完成。软件的开发环境支持多种集成机制：平台集成、数据集成、界面集成、控制集成和过程集成等。

平台集成是指在不同的硬件和系统软件之间构建的用户界面统一的开发平台，并集成到统一的环境之中；数据集成为各种协作工具提供统一的数据模式和数据接口规范，以实现不同工具之间的数据交换；界面集成是指环境中的工具界面使用统一的风格，采用相同的交互方式，减少用户学习不同工具的不适应感；控制集成用于支持环境中各个工具或开发活动之间的通信、切换、调度和协同工作，并支持软件开发过程的描述、执行与转接；过程集成是指把多种开发方法、过程模型及相关工具集成在一起。

8.3.2　软件开发模型

软件开发模型是对软件开发的复杂过程进行抽象描述，建立各种各样的过程模型，如瀑布模型、原型模型、增量模型、螺旋模型、喷泉模型、构件组装模型以及后来流行的统一过程模型等。

1. 瀑布模型

瀑布模型即软件生命周期模型，其核心思想是将软件的开发过程划分为需求分析、规格说明、软件设计、程序编码、综合测试和运行维护等一系列基本活动，如图 8-3 所示，各个阶段从上至下逐级完成，像瀑布一样。

瀑布模型的特点如下。

（1）顺序性。只有上一个阶段完成之后，才能够开始下一个阶段活动。

（2）依赖性。前一阶段的输出结果可作为后一阶段的输入内容，无前一阶段的输出结果，则无法开始下一阶段的活动。

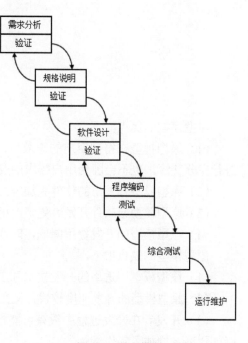

图 8-3　瀑布模型

（3）推迟性。前阶段的工作越细，后阶段的工作进行得就会越顺利，宁慢勿快，否则可能由于返工致使整个软件工程设计工期推迟实现。

瀑布模型的缺点如下。

（1）因为各个阶段完全被固定，灵活性很低。

（2）每个阶段都有相应的文档，增加了工作量。

（3）早期的错误可能在开发测试的后期才能够被发现，一旦更改，工作量很大。

（4）软件过程较长，如果用户在中期提出更改要求，则难以满足用户的需求。

2. 原型模型

在软件开发的过程中，用户往往会产生新的要求，导致需求变更。瀑布模型难以适应这种变化，原型模型即是对瀑布模型的改进，如图 8-4 所示，原型模型可以快速地建造一个软件模型，根据用户的不同需求进行修改，以达到用户的目标，开发出使用户满意的软件产品。

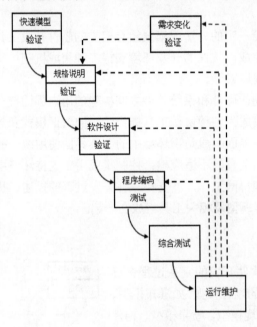

图 8-4　原型模型

原型模型的优点如下。

（1）原型模型在得到用户的需求后，可以模糊处理相应的需求，让软件开发人员和用户进行充分交流，也不会因为用户需求的变更导致大量返工。

（2）原型模型开发出的软件更加容易维护，也对用户更加友好。

（3）原型模型给软件开发者更多的机会去修改原先不合理的系统。

（4）原型模型的开发费用降低，时间也大大缩短。

原型模型的缺点如下。

（1）原型模型所选用的开发技术和工具不一定符合市面上的主流。

（2）原型模型的开发速度较快，又在后期进行了大量的修改，可能会导致产品质量低下。

（3）开发者在开发过程中很有可能把不重要的部分当做主要框架，构造出一个不切合实际的原型，增加了工作量。

（4）管理相对而言较为困难。文档更新也比较麻烦。

3．增量模型

瀑布模型是将软件开发之后的结果直接呈现在用户面前,而增量模型则是分批地向用户提交产品,每完成一部分即可向用户展示该部分,增量模型的过程如图 8-5 所示。增量模型可以在短时间内向用户展示部分软件,可以尽早地发现问题,也可以不断地征求用户的意见进行软件产品的完善。

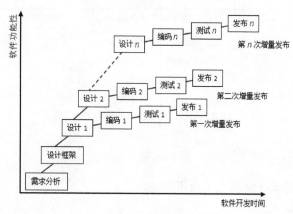

图 8-5　增量模型

增量模型的优点如下。

（1）可以在短时间内向用户提交已完成部分的软件产品。

（2）逐步增加的软件功能使用户能够适应软件产品的变化,减少全新的软件产品给用户带来的不适应的感觉。

（3）重要的功能常常被最先交付,使其能够得到最多的测试。

（4）可以不断适应用户的需求变化。

增量模型的缺点如下。

（1）在软件开发过程中,把新的增量构件集成到现有的软件体系结构中时,要求开发人员不能够破坏原来已经开发的产品,增加了开发难度。

（2）要想把软件体系结构设计得便于扩充,软件体系结构必须是开放的。

（3）增量模型常常是边做边改的开发方式,从而使软件失去了其整体性。

4．螺旋模型

螺旋模型将瀑布模型和原型模型结合起来,不仅能够体现这两种模型的优点,而且还增加了相应的风险分析,如图 8-6 所示。其实,螺旋模型可以看作在每个阶段之前都增加了风险分析过程的原型模型。

螺旋模型沿着螺旋线自内向外进行旋转,在四个任务区域分别表示制定计划、风险分析、工程实施以及客户评估四个方面的任务。制定计划可以确定相应的实施方案,制定实施计划;风险分析可以对不同的方案进行评估,对所选方案进行风险分析,提出相应的解决策略;工程实施阶段进行软件的开发工作,验证工作产品;客户评估则由客户评价整个开发工作,提出自己的修正建议。

螺旋模型的优点如下。

（1）以风险驱动整个软件的开发过程,强调了可选方案以及约束条件的重要性。

（2）关注早期的错误消除，将软件质量作为软件开发的目标贯穿在整个模型之中。

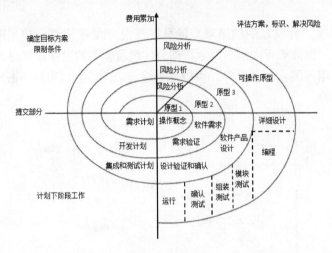

图 8-6　螺旋模型

（3）减少了过多测试和测试不足所带来的风险。

螺旋模型的缺点如下。

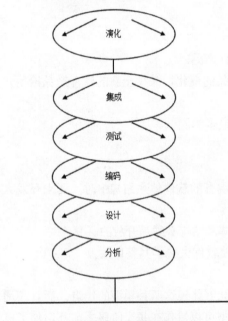

图 8-7　喷泉模型

（1）难以让普通客户相信风险分析的重要性，因此螺旋模型只适用于内部的大规模软件开发，有一定的局限性。

（2）软件开发人员需要有风险评估的相关经验，否则将会带来更大的危险。

5. 喷泉模型

喷泉模型以喷泉一词体现了面向对象开发方法的迭代性和无间隙性，该模型往往以用户的需求作为目标，以对象作为驱动的范本。喷泉模型如图 8-7 所示，用面向对象方法开发软件时，分析、设计和编码等活动之间并无明显的边界，实现了各项目之间的无缝过渡。

喷泉模型的优点如下。

（1）具有更多增量和迭代性质，各个阶段可以相互重叠，多次反复。

（2）在总的生命周期里面又嵌入了子生命周期。

（3）实现了各个阶段的无缝过渡，各个阶段连接紧密。

（4）采用了面向对象类型后，维护时间大大缩短。

喷泉模型的缺点如下。

经常对开发活动进行迭代，导致开发过程过于无序。

6. 构件组装模型

构件组装模型是指利用构件或商业组件建立起来的庞大的软件系统。如图 8-8 所示，构件组装模型即是在正确需求分析的基础之上，由开发人员进行对构件的选择，设计出相应的体系框架，复用构件，最后将其集成在一起，并且最终完成系统测试。

构件组装模型的优点如下。

（1）充分体现了软件复用思想，降低了开发成本，提高了软件质量。

（2）完成软件开发时间短，交付快。

构件组装模型的缺点如下。

受限于某些不能修改的商业构件，系统难以继续进行演化。

7. 统一过程模型

统一过程模型是由 Rational 软件公司提出的，该模型也是基于该公司创立的标准建模语言——UML 开发的，如图 8-9 所示，该模型同样具有迭代式开发的性质，也使用了基于构件的体系结构。同时该模型也将软件质量的评估贯穿于整个开发过程。

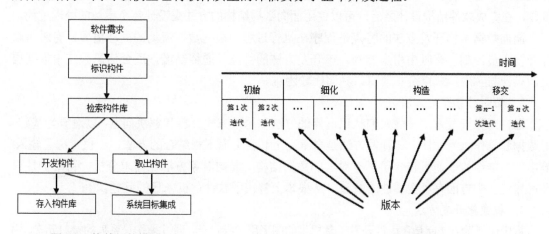

图 8-8　构件组装模型　　　　　　　　　图 8-9　统一过程模型

统一过程模型优点如下。

（1）各个功能一旦被开发，即进入了测试过程，可以及早进行验证。

（2）该模型具有早期风险识别，可以尽早地采取预防措施。

统一过程模型缺点如下。

（1）在软件开发之前就要弄清需求，以避免在构架上出现难以更改的错误。

（2）必须有严格的过程管理模式，否则会导致开发过程过于杂乱。

（3）如果让用户过早接触到未完全开发出的产品，可能对用户及开发人员产生一定的影响。

8.3.3　软件开发方法

1. 结构化方法

结构化方法是软件开发过程中应用最广泛的方法，其基本特点是自上而下、逐步求精、模块化设计。自上而下的核心特点是分解，将相对复杂的大问题分解为小问题，从而进行精确、定量的描述；逐步求精即是抽象的处理方法，将系统功能按层次进行分解，由单一简单的模块来描述整个系统；模块化设计以功能模块为单位进行设计降低了程序的复杂度。

结构化方法的优点如下。

（1）结构化开发方法把软件的生命周期进行了划分，让各位工作人员协同工作，降低了软件的开发难度。

（2）每个阶段都采用了良好的技术和管理，审查合格后才会进入下一个阶段，软件开发过程有条不紊地进行，提高了软件的质量和可维护性。

（3）大大提高了软件开发的成功率和开发效率。

结构化方法的缺点如下。

（1）当软件规模较大的时候，结构化方法往往不再适用。

（2）当软件需求较为模糊或者软件需求随时间变化时，利用结构化方法开发软件往往难以成功。

（3）利用结构化方法开发出的软件较难进行维护。

2. 面向数据结构的开发方法

面向数据结构的开发方法是根据数据结构设计程序处理过程的方法。该方法的指导思想是自上而下、逐步求精、单入口和单出口，基本原则是抽象和功能分解。该方法适用于详细设计阶段，在完成软件结构设计之后，可以使用面向数据结构的方法来设计每个模块的处理过程。

面向数据结构开发方法的特点是程序在执行过程中根据数据流动的处理需要，有时由软件开发人员控制，有时由用户控制。该开发方法的优点是通俗易懂，适合信息系统中数据层上的设计与实现，缺点是实现窗口界面比较困难。

3. 面向对象开发方法

面向对象开发方法按照人们认识世界的方法和思维方式分析和解决问题，以对象为基础，把数据和操作融为一体。该开发方法是自下而上和自上而下相结合的方法，不仅考虑了输入/输出的数据结构，而且包含了所有对象的数据结构。面向对象方法在需求分析、可维护性以及可靠性三个方面有了实质性的突破，从根本上解决了软件危机末日的问题。

4. 视觉化开发方法

视觉化开发方法就是在可视开发工具提供的图形用户接口上，通过操作一系列的接口元素，由可视开发工具自动生成应用软件。对于非专业用户来说，开发图形化的接口显得比较困难，人们为了解决这一问题，推出了相应的可视化开发工具。可视化开发工具提供两大类服务：一类是生成图形用户接口及相关的消息响应函数，另一类是为各种具体的子应用的常规执行步骤提供规范窗口。

8.4　软件工程学科领域简介

软件工程从 20 世纪 60 年代末提出以来，经过长时间的发展，现在已经成为计算机类学科门类下的一个新的学科，它的发展、成长同计算机学科的产生、发展一样，迅速而快捷，表现了学科内在的发展需求和社会对软件类人才的急切渴望。从前面几节我们可以看到，从计算机学科的观点看软件工程，也就是从软件开发的技术层面认识软件工程，软件工程有软件工程过程、软件工程方法和软件工程工具三个要素。同时，从工程的观点来看待软件工程，软件工程具有一切工程具有的三维框架：软件工程目标、软件工程过程和软件工程的原则。

软件工程源于计算机学科，又紧密与工程思想方法关联，因此软件工程的知识体系核心应包含这些领域的相关知识和内容。本节以 SWEBOK-2004 描述的 11 个学科领域为例来介绍软件工程的知识体系，从而明确软件工程专业学习的主要内容和知识结构。

IEEE 在 2004 年发布的《软件工程知识体系指南》中将软件工程知识体系划分为 11 个知识领域，即 SWEBOK-2004（Software Engineering Body of Knowledge），每个知识领域分为若干个知识子域（知识单元），每个知识单元下划分为若干主题。因为 SWEBOK-2004 知识体系图比较庞大，我们用图 8-10、图 8-11 进行表示。图 8-10 描述了软件工程知识体系的前 5 个知识域，图 8-11 描述了软件工程知识体系的后 6 个知识域，每个知识域下面分别给出了该知识域的知识子域。

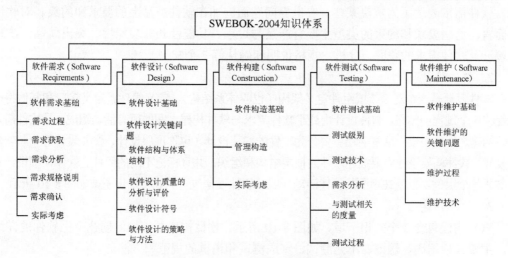

图 8-10　SWEBOK-2004 知识体系前 5 个知识域

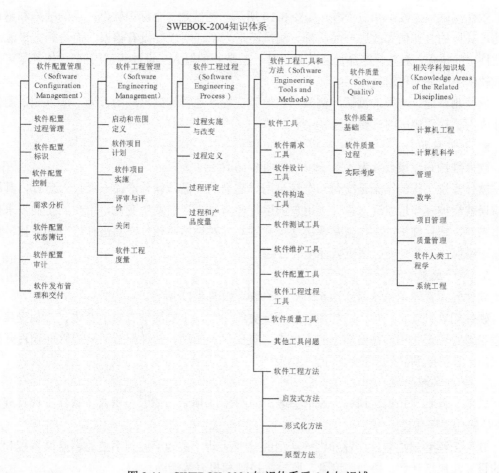

图 8-11　SWEBOK-2004 知识体系后 6 个知识域

下面分别简要介绍这 11 个领域。

1. 软件需求

软件需求表达了为解决某些真实世界问题而施加在软件产品上的要求和约束。对软件产品而言，这些要求和约束的类型主要有产品与过程、功能性和非功能性、突出属性。该知识领域涉及软件需求的获取、分析、规格说明和确认等 7 个知识子域。

2. 软件设计

软件设计是一个对系统或组件定义架构（也叫体系结构）、定义组件、定义接口和其他特征的过程和这个过程的结果。软件设计由处于软件需求与软件构建之间的所有活动组成，是软件需求与软件构建之间的桥梁。这些活动主要分为软件的构架设计（也称顶层设计、概要设计等）和软件详细设计。软件构架设计主要描述软件的顶层结构和组织，并且标记不同的组件。软件详细设计将详细描述各个组件，以便在后面的构建活动开展。软件设计包含的 6 个知识子域如图 8-10 所示。

3. 软件构建

软件构建包含 3 个知识子域，如图 8-10 所示。软件构建是指如何创建产生软件的详细步骤，主要包括编码、验证、单元测试、集成测试和调试的规范和方法。

4. 软件测试

软件测试包含 6 个知识子域，如图 8-10 所示。测试是一个标识软件产品的缺陷和错误的活动，其目的是评估和改进产品质量。测试不是为了证明软件没有错误，而是想方设法地发现软件中的错误，对软件产品而言就是设计一些特别的输入（设计测试用例），使其尽可能地发现软件中的缺陷和错误。

软件测试通过有限的测试用例来动态地验证程序是否达到预期的行为，所以测试用例的设计成为了软件测试的重要问题。

5. 软件维护

软件维护知识域划分为 4 个子域，如图 8-10 所示。

软件开发工作的结果是交付一个满足用户需要的产品，软件产品一经投入运行，其缺陷和错误就会被逐步地发现，再加上用户的运行环境也会逐渐发生变化，用户的新的需求也会提出来等，软件维护的工作就是解决这类问题，针对性地对软件产品进行修改和演化，以达到修正错误、改善性能、适应新环境的目的。

6. 软件配置管理

软件配置管理知识域划分为 6 个知识子域，如图 8-11 所示。

软件配置管理是一项跟踪和控制软件变更的活动，主要活动有表示变化、控制变化，确保适当地实现变化和向需要知道的人报告这类变化等活动。软件配置活动中软件项目开始就存在，一直持续到软件退役才终止。

7. 软件工程管理

软件工程管理知识域划分为 6 个子域，如图 8-11 所示，前 5 个覆盖了软件工程管理，第 6 个是软件工程度量。

软件工程管理是软件开发和维护活动的管理活动，是为了达到系统的、遵循规程和可量化的目标，包括计划、协调、度量、监控、控制和报表等活动。

8. 软件工程过程

软件工程过程的知识域涉及软件工程过程本身的定义、实现、评定、度量、管理、变更和改进。它分为 4 个子域，如图 8-11 所示。

软件工程过程是为了完成高质量软件产品需要的一组活动框架。一般从两个层次分析软件工程过程领域，第一个层次包括软件生命期过程中技术的和管理的活动，包括需求获取、开发、维护和软件退役等活动中完成的活动；第二层次是元层次，涉及软件生命期过程本身的定义、实现、评估、管理、变更和改进等。

9. 软件工程工具和方法

软件工程工具和方法知识域包括软件工具、软件工程方法两个子域，如图 8-11 所示。

软件工程的工具主要有开发工具和管理工具，其中软件开发工具是用于辅助软件生命期过程的基于计算机的工具，工具可以将重复并明确定义的动作自动化，减少软件工程师的认识负担，从而在软件开发过程中集中精力进行创造性方面的工作。软件工程管理工具支持特定的软件工程方法，减少手工应用软件工程方法时相应的管理负担，被划分为 9 个主题。

软件工程方法子域分成 3 个主题。软件工程方法是为软件开发提供了"如何做"的技术，通常提供一种符号和词汇表，为完成一组明确的任务提供流程，为检查过程和产品提供指南等。目前，软件工程方法学中主要有结构化方法、面向对象方法和形式化方法。

10. 软件质量

软件质量知识域覆盖 3 个子域，如图 8-11 所示。

关于软件质量的内涵有不同的定义，ISO9001-00 中将软件质量定义为"一组内在特征满足需求的程度"。具体地讲，软件质量是软件符合明确叙述的功能和性能需求、文档中明确描述的开发标准，以及所有专业开发的软件都应具有的隐含特征的程度。质量是核心，软件工程所有活动都是围绕软件产品的质量展开的。

11. 相关学科知识域

软件工程第 11 个知识域是软件工程相关学科，如图 8-11 所示。这个知识域是为确定软件工程的范围，有必要鉴别与软件工程有公共边界的学科。了解了相关学科，就清楚了软件工程学科的研究范围和内容，同时，了解相关学科的知识也有助于我们理解和体会软件工程学科的知识。

相关学科包括计算机工程、计算机科学、管理、数学、项目管理、质量管理、软件人类工程学、系统工程。

习　　题

一、填空题

1. 软件是文档、数据及_____的集合。

2. 如果按照软件功能进行划分，可以将软件划分成_____和应用软件两大类。

3. 瀑布模型又称为软件生命周期模型，其将软件的开发过程划分为_____、规格说明、软件设计、程序编码、_____和运行维护等几个阶段。

4. 某模型将瀑布模型和原型模型结合起来，且增加了相应的风险分析，因该模型的示意图像螺旋线一样沿着螺旋线自内向外进行旋转，故而被称为_____。

5. 结构化开发方法是基于_____模型的开发方法，所以其基本特点是自上而下、逐步求精、模块化设计。

6. 软件工程的三要素为_____、_____以及过程。

二、选择题

1. 以下说法中，_____不是造成软件危机的原因。

A. 硬件不稳定   B. 软件开发效率低

C. 软件开发技术落后   D. 软件本身的特点

2. 软件开发的主要工作模型不包括_____。

A. 瀑布模型   B. 喷泉模型   C. 立体模型   D. 原型模型

3. 喷泉模型描述的是面向对象开发过程，反映了该开发过程的_____特征。

A. 迭代及有间隙   B. 无迭代及有间隙   C. 迭代及无间隙   D. 无迭代及无间隙

4. 软件工程的目标不包括_____。

A. 减少开发成本   B. 使软件更加可移植

C. 使软件易于维护   D. 让软件永不失效

5. 软件工程学科的出现主要是由于_____。

A. 硬件系统的提升   B. 软件危机的出现

C. 软件开发人员数量骤减   D. 其他学科的渗透影响

6. 软件开发方法不包括_____。

A. 结构化开发方法   B. 面向对象开发方法

C. 面向数据结构的开发方法   D. 平面化开发方法

三、简答题

1. 什么是软件工程化思想？软件和软件生产有哪些特征？

2. 软件工程的基本原理是什么？

3. 软件工程有哪些基本原则？

4. 请举例说明软件危机的存在，以及它有哪些典型表现。

5. 列出你所知道的软件。

第 9 章 操 作 系 统

问题讨论

（1）说说你所知道的操作系统有哪些。

（2）根据你的理解，谈谈操作系统在计算机系统中所扮演的角色。

（3）根据你的理解，列举操作系统的具体功能。

（4）讨论如何选择合适的操作系统。

（5）讨论在一台计算机上安装多个操作系统是否可行，如果可行，思考安装多操作系统的意义何在。

学习目的

（1）了解操作系统在计算机系统中的角色。

（2）掌握操作系统的常用功能。

（3）理解进程和线程的概念，了解常用的 CPU 调度算法。

（4）了解内存管理的目的，掌握分页式管理和分段式管理的原理。

（5）了解文件的概念及属性，掌握常用的文件操作，理解文件分配表的作用。

（6）了解设备管理的目的，掌握设备的调度方法。

（7）掌握 Windows 7 操作系统的基本操作。

学习重点和难点

（1）操作系统的功能。

（2）进程管理和线程管理，常用的 CPU 调度算法。

（3）内存管理中的分页式管理与分段式管理的实现。

（4）文件的访问方法。

（5）设备的管理与调度。

通过对第 1 章和第 5 章的学习，我们已经知道计算机系统由硬件系统和软件系统两部分组成，而计算机软件又分为系统软件和应用软件。操作系统（Operating System，OS）作为最重要的一种系统软件，是配置在计算机硬件上的第一层软件，是对硬件系统的首次扩充。它在计算机系统中占据了特别重要的地位；而其他诸如汇编程序、编译程序、数据库管理系统等系统软件，以及大量的应用软件，都将依赖于操作系统的支持，取得它的服务。操作系统本身是一个软件，它的任务是管理计算机的所有资源，并在计算机的内部活动之间进行协调，为用户使用计算机提供操作界面等。在操作系统的帮助下，我们才能够较为容易地使用计算机。本章介绍操作系统的角色、功能，以及 Windows 7 操作系统的基本操作。

9.1 操作系统的角色

没有操作系统的帮助，使用计算机将是十分困难的事情，这是因为它和计算机硬件紧密关联。操作系统在计算机中的地位可以用图 9-1 表示。硬件，如中央处理器（Central Processing

Unit，CPU)、内存（Memory)、输入/输出设备（Input/Output Device，I/O Device)，为系统提供基本的计算资源。应用程序（Application Program)，如文字处理软件、电子表格软件、编译软件、网络浏览器等，规定了按何种方式使用这些资源来解决用户的计算问题，操作系统控制和协调各用户的应用程序对硬件的使用。

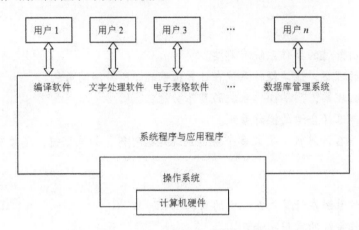

图 9-1　计算机系统组成部分逻辑图

　　计算机系统的组成部分包括硬件、软件和数据。在计算机系统的操作过程中，操作系统提供了正确使用这些资源的方法。操作系统类似于企业的管理部门，其本身并不实现任何有用的功能，它只不过提供了一个方便其他程序做有用工作的环境。

　　为了更加全面地理解操作系统所担当的角色，接下来从两个视角探索操作系统，即用户视角和系统视角。

9.1.1　用户视角

　　计算机的用户视角根据所使用的界面不同而异。绝大多数用户坐在 PC 前，PC 有主机、显示器、键盘和鼠标。这类系统设计是为了让单个用户单独使用其资源，其目的是优化用户所进行的工作。对于这种情况，操作系统的设计目的是方便用户使用，性能是次要的，而且不在乎资源利用率——如何共享硬件和软件资源。

　　在某些情况下，有些用户坐在与大型机或小型机相连的终端前，不同用户通过各自的终端访问同一计算机。这些用户共享资源并可交换信息。这类操作系统的设计目的是使资源利用率最大化：确保所有的 CPU 时间、内存和 I/O 都能得到高效使用，并且确保没有用户使用超过其限额以外的资源。

　　在另一些情况下，用户坐在工作站前，工作站与其他工作站和服务器相连。这些用户不但可以使用专用的资源，而且可以使用共享资源，如网络和文件、计算和打印服务等。因此，这类操作系统的设计目的是个人可用性和资源利用率的折中。

　　近来，各种类型的掌上电脑开始成为时尚。绝大多数这些设备为单个用户所独立使用，有的也通过有线或无线与网络连接。由于受电源、速度和接口所限，它们只能执行相对较少的远程操作。这类操作系统的设计目的主要是个人可用性，当然如何在有限的电池容量中发挥最大的效用也很重要。

　　有的计算机几乎没有或根本没有用户视角。例如，在家用电器或汽车中所使用的嵌入式计算机可能只有数字键盘，只能打开和关闭指示灯来显示状态，而且这些设备及其操作系统通常无须用户干预就能执行。

9.1.2 系统视角

从计算机的角度来看，操作系统是与计算机硬件关系最为密切的程序。在这种情况下，可以将操作系统看作资源管理器。计算机系统可能有许多资源，用来解决 CPU 时间、内存空间、文件存储空间、I/O 设备等问题。操作系统管理这些资源，面对许多甚至冲突的资源请求，操作系统必须决定如何为各个程序和用户分配资源，以便计算机系统能有效而公平地运行。正如人们所见，资源分配对多用户访问主机或微型计算机特别重要。

操作系统的一个稍稍不同的视角是强调控制各种 I/O 设备和用户程序的需要。操作系统是控制程序，它管理用户程序的执行以防止计算机资源的错误或使用不当，它特别关心 I/O 设备的操作和控制。

9.1.3 定义操作系统

已经从用户的视角和系统的视角了解了操作系统的角色，但是，可以定义操作系统是什么吗？一般来说，至今尚没有一个关于操作系统的充分完整的定义。操作系统之所以存在，是因为它提供了解决创建可用计算机系统这一问题的合理途径。计算机系统的基本目的是执行用户程序并能更容易地解决用户问题。为了实现这一目的，构造了计算机硬件。由于仅仅有硬件并不一定容易使用，因此开发了应用程序。这些应用程序需要一些共同操作，如控制 I/O 设备等。这些共同的控制和分配 I/O 设备资源的功能集合组成了一个软件——操作系统。

在一个计算机系统中，通常含有各种各样的硬件和软件资源。归纳起来，可将资源分为四类：处理器、存储器、I/O 设备以及信息（程序和数据）。相应地，操作系统的主要功能也正是针对这四类资源进行有效的管理，即处理器管理，用于分配和控制处理器；存储器管理，主要负责内存的分配与回收；I/O 设备管理，负责 I/O 设备的分配与操纵；文件管理，负责文件的存取、共享和保护。

9.2 进程管理

早期的计算机系统只允许一次执行一个程序。这种程序对系统有完全的控制，能访问所有的系统资源。而现代计算机系统允许将多个程序调入内存并发执行。这一发展要求对各种程序提供更严格的控制和更好的划分。这些需求产生了进程（Process）的概念，即执行中的程序。进程是现代分时系统的工作单元。由于进程或者称为程序是由 CPU 执行的，因此进程管理也称为处理器管理。本节将介绍进程的概念、进程的状态及进程调度。

9.2.1 进程的概念

在未配置操作系统的系统中，程序的执行方式是顺序执行，即必须在一个程序执行完后，才允许另一个程序执行；在多道程序环境下，则允许多个程序并发执行。程序的这两种执行方式间有着显著的不同。也正是程序并发执行的这种特征，才导致了在操作系统中引入进程的概念。

　　讨论操作系统的一个障碍是如何称呼所有的 CPU 活动。批处理系统执行作业，而分时系统使用用户程序或任务。即使单用户系统，如 Microsoft Windows，也能让用户同时执行多个程序，比如文字处理程序、网页浏览器和电子邮件程序。即使用户一次只能执行一个程序，操作系统也需要支持其内部的程序活动，如内存管理。所有这些活动在许多方面都相似，因此称它们为进程。

　　现代操作系统把进程管理归纳为："程序"成为"作业"进而成为"进程"，并被按照一定规则进行调度。用程序、作业和进程这几个术语定义了计算机工作过程的不同状态。这里把存放在磁盘上的程序看成它的一个静止状态。作业是程序的另一个状态，是指程序从被选中直到运行结束的整个过程。例如，打开 IE 浏览器程序，登录 Web 网站，浏览网页，最后关闭 IE 浏览器。在这个过程中 IE 浏览器就成为作业。当一个作业被选中后进入内存运行，这个作业就成为进程。这里给出的有关程序、作业、进程这三个概念的差异是非常微妙的，它们是同一个对象在不同时间段内状态的描述。如果说程序是静态的，那么进程则是动态的，介于它们之间的就是作业。

9.2.2　进程的状态

　　进程在执行时会改变状态。进程状态在某种程度上是由当前活动所定义的。每个进程可能处于下列状态之一。

　　新建（New）：进程正在被创建。

　　运行（Running）：进程正在被执行。

　　等待（Waiting）：进程等待某个事件的发生（如 I/O 完成或收到信号）。

　　就绪（Ready）：进程等待分配处理器。

　　终止（Terminated）：进程完成执行。

　　在任何一个处理器上，一次只能有一个进程运行，但是可以有许多进程处于就绪或等待状态。与这些状态相对的进程状态图如图 9-2 所示。

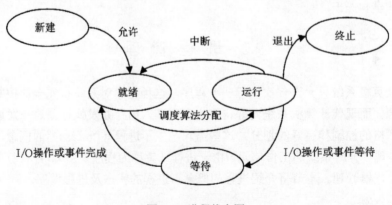

图 9-2　进程状态图

9.2.3　进程调度

　　现代操作系统支持多任务处理，也就是说，能够对多个进程进行管理。成为进程的程序已经被调入内存，但 CPU 在某一个时间片只能执行一个进程，那么其他进程必须处于等待状态。一般情况下，CPU 给每个进程分配时间片并轮流去执行它们，如图 9-3 所示。这个过程有点像象棋大师与多名象棋爱好者同时下棋一样。

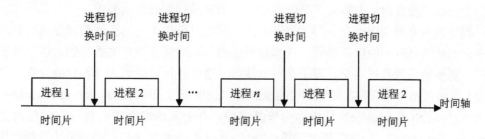

图 9-3　多进程调度

但是也会遇到某些进程需要打破这种按部就班的执行顺序，因此需要对进程进行调度。进程管理器中的调度程序建立一个进程表，记录各个进程的信息。当一个程序被选择成为作业并进入内存时，进程表中就会增加一个表项。这个表项中包括分配给这个进程的内存地址，以及进程的优先级和它是就绪状态还是等待状态。

进程进入系统时，会被加入到作业队列（Job Queue）中，该队列包括系统中的所有进程。驻留在内存中就绪和等待运行的进程保存在就绪队列（Queue Ready）中。该队列通常用链表来存储，其头节点指向链表的第一个和最后一个节点。操作系统也有其他队列。当给进程分配了 CPU 后，它开始执行并最终完成，或被中断，或等待特定事件发生，如 I/O 请求的完成。

假设进程向一个共享设备（如磁盘）发送 I/O 请求，由于系统有许多进程，磁盘可能会忙于其他进程的 I/O 请求，因此该进程可能需要等待磁盘。等待特定 I/O 设备的进程列表称为设备队列（Device Queue）。每个设备都有自己的设备队列。

讨论进程调度的常用表示方法是队列图，如图 9-4 所示。每个长方形框表示一个队列。有两种队列：就绪队列和设备队列。椭圆形表示为队列服务的资源，箭头表示系统内进程的流向。

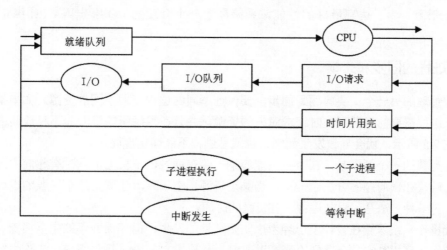

图 9-4　进程调度队列图

新进程开始处于就绪队列，它在就绪队列中等待直到被选中执行。当进程被分配到 CPU 并执行时，可能发生下面几种事件中的一种。

（1）进程可能发出一个 I/O 请求，并被放到 I/O 队列中。

（2）进程可能创建一个新的子进程，并等待其结束。

（3）进程可能会由于中断而强制释放 CPU，并被放回到就绪队列中。

进程在其生命周期中会在各种调度队列之间移动。操作系统为了达到调度的目的，必须按某种方式从这些队列中选择进程。选择进程是由相应的调度程序来执行的。通常对于批处理系统，更多的进程是被提交，而不是马上执行。这些进程被放到大容量存储设备上（通常为磁盘）的缓冲池中，保存在那里以便后来执行。长期调度程序（Long-term Scheduler）或作业调度程序（Job Scheduler）从该池中选择进程，并装入内存以准备执行。短期调度程序（Short-term Scheduler）或 CPU 调度程序（CPU Scheduler）从准备执行的进程中选择进程，并为之分配 CPU 时间。

这两个调度程序的主要差别是它们执行的频率。短期调度程序必须频繁地为 CPU 选择新进程。进程可能执行数毫秒就会等待一个 I/O 请求，短期调度程序通常每 100 毫秒至少执行一次。由于每次执行之间的时间较短，短期调度程序必须快速。长期调度程序执行得并不频繁，在系统内新进程的创建之间可能有数分钟间隔。长期调度程序控制多道程序设计的程序，即内存中的进程数量。如果多道程序设计的程度稳定，那么创建进程的平均速度必须等于进程离开系统的平均速度。因此，只有当进程离开系统后，才可能需要调度长期调度程序。由于每次执行之间的时间间隔较长，长期调度程序能容忍更多时间来选择执行进程。

仔细选择长期调度程序非常重要。通常，绝大多数进程可分为 I/O 绑定或 CPU 绑定。I/O 绑定的进程在执行 I/O 方面比执行计算要划分更多的时间。另一方面，CPU 绑定的进程很少产生 I/O 请求，与 I/O 绑定的进程相比，将更多的时间用在执行计算上。因此，长期调度程序应该选择一个合理的 I/O 绑定的和 CPU 绑定的进程组合。如果所有进程都是 I/O 绑定的，那么就绪队列几乎为空，从而短期调度程序没有什么事情可做。如果所有进程都是 CPU 绑定的，那么 I/O 等待队列几乎为空，从而设备并没有得到使用，因而系统会不平衡。为了达到最好的性能，系统需要一个合理的 I/O 绑定或 CPU 绑定的进程组合。

9.2.4　进程的同步和死锁

进程管理的另一个主要问题是同步，要保证不同的进程使用不同的资源。如果某个进程占有另一进程需要的资源而同时请求对方的资源，并且在得到所需资源前不释放其占有的资源，如图 9-5 所示，就会导致发生死锁，也就是进程不能够实现同步。

解释死锁的一个例子是，在一条只能容纳一辆车通过的窄桥上，同时有相向方向的车开上了桥。解决死锁问题的方法之一是，当某个资源不空闲时，让需要这个资源的进程处于等待状态。另一种方法是，限制进程占有资源的时间。

现代操作系统尽管在设计上已经考虑防止死锁的发生，但死锁并不能完全根除。例如，我们在使用计算机时常常会遇到"死机"现象。尤其是 Windows 操作系统，工作中突然屏幕变黑、屏幕变成彩色格条，或机器对鼠标和键盘等一切动作都不响应，俗称死机。发生死锁会导致系统处于无效等待状态，因此必须撤销其中的一个进程。例如，在 Windows 中，可以通过任务管理器（图 9-6）终止没有响应也就是无效的进程。

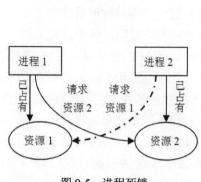

图 9-5　进程死锁

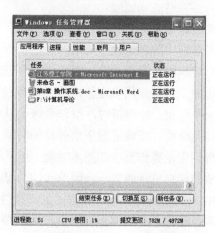

图 9-6　Windows 任务管理器

9.2.5　线程

　　线程有时被称为轻量级进程（Lightweight Process，LWP），是程序执行流的最小单元。线程是进程中的一个实体，是被系统独立调度和分配的基本单位，线程自己不拥有系统资源，只拥有一点儿在运行中必不可少的资源，但它可与同属一个进程的其他线程共享进程所拥有的全部资源。

　　自从 20 世纪 60 年代人们提出了进程的概念后，在操作系统中一直都是以进程作为能拥有资源和独立运行的基本单位的。直到 20 世纪 80 年代中期，人们才提出了比进程更小的能独立运行的基本单位——线程（Threads），试图用来提高系统内程序并发执行的程度，从而可进一步提高系统的吞吐量。

　　美国微软公司自 Windows 95 开始也引入了线程这一新名词。线程是由进程进一步派生出来的一组代码（指令组）的执行过程。一个进程可以产生多个线程，这些线程都共享该进程的内存地址空间，它们可以并发、异步地执行。

　　线程具有许多传统进程所具有的特征，传统进程相当于只有一个线程的任务。在引入了线程的操作系统中，通常一个进程都拥有若干个线程，至少也有一个线程。传统的应用程序都是单一线程的。今天的程序特别是网络程序往往都比较复杂，功能更为齐全，因此引入多线程技术使得应用系统效率得以提高。线程在创建和切换等方面比进程好。不过，进程可拥有各自独立的地址空间，因而在保护等方面要好于线程。

9.3　CPU 调度

　　CPU 调度是多道程序操作系统的基础。在多道程序环境下，主存中有多个进程，其数目往往多于 CPU 数目。这就要求系统能按照某种算法，动态地把 CPU 分配给就绪队列中的一个进程，使之执行。通过在进程之间切换 CPU，操作系统可提高计算机的吞吐率。本节将介绍 CPU 调度的基本概念和多种不同的 CPU 调度算法。

9.3.1　基本概念

　　对于单处理器系统，每次只允许一个进程运行，任何其他进程必须等待，直到 CPU 空闲而能被调度为止。多道程序的目标是在任何时候都有某些进程在运行，以使 CPU 的利用率最大化。多道程序的思想较为简单。进程执行直到它必须等待，通常等待某些 I/O 请求的完成。对于一个简单的计算机系统，CPU 就会因此空闲，所有这些等待时间就浪费了，而没有完成任何有用的工作。采用多道程序设计，系统试图有效地利用时间，多个进程可同时处于内存中。当一个进程必须等待时，操作系统会从该进程拿走 CPU 的使用权，而将 CPU 交给其他进程，如此继续。在该进程必须等待的时间内，另一个进程就可以拿走 CPU 的使用权。

这种调度是操作系统的基本功能。几乎所有的计算机资源在使用前都要调度。当然，CPU 是最重要的计算机资源之一。因此，CPU 调度对于操作系统设计来说很重要。

CPU 的成功调度依赖于进程的如下属性：进程执行由 CPU 执行和 I/O 等待周期组成。进程在这两个状态之间切换。进程执行从获得 CPU 时间片开始，在这之后是 I/O 等待，接着是下一个 CPU 时间片，然后是另一个 I/O 等待，如此进行下去，直至进程结束。

每当 CPU 空闲时，操作系统就必须从就绪队列中选择一个进程来执行。进程的选择由短期调度程序或 CPU 调度程序执行。调度程序从内存中选择一个能够执行的进程，并为之分配 CPU。

9.3.2　调度准则

不同的 CPU 调度算法具有不同的属性，且可能对某些进程更为有利。为了选择算法以适应特定情况，必须分析各类算法的特点。

为了比较 CPU 调度算法，研究人员提出了许多准则，用于比较的特征对确定算法的优劣有很大影响。这些准则如下。

（1）CPU 利用率。需要使 CPU 尽可能忙。对于真实系统，它应为 40%（轻负荷系统）～90%（重负荷系统）。

（2）吞吐量。如果 CPU 忙于执行进程，就有工作在完成。一种测量工作量的方法称为吞吐量，它指单位时间内所完成的进程数量。

（3）周转时间。从一个特定进程的角度来看，一个重要准则是运行该进程需要多长时间。从进程提交到进程完成的时间段称为周转时间。周转时间为所有时间段之和，包括等待进入内存、在就绪队列中等待、在 CPU 上执行和 I/O 执行。

（4）等待时间。CPU 调度算法并不影响进程运行和 I/O 执行的时间，它只影响进程在就绪队列中等待所花的时间。等待时间为进程在就绪队列中等待所花的时间之和。

（5）响应时间。对于交互系统，周转时间并不是最佳准则。通常，进程能相当早就产生输出，并继续计算新结果，同时输出以前的结果给用户。因此，另一时间是从提交请求到产生第一响应的时间。这种时间称为响应时间，是开始响应所需要的时间，而不是输出响应所需要的时间。周转时间通常受输出设备速度的限制。

需要使 CPU 使用率和吞吐量最大化，而使周转时间、等待时间和响应时间最小化。在绝大多数情况下，需要优化平均值。

9.3.3　调度算法

在操作系统中调度的实质是一种资源分配，因而调度算法是指：根据系统的资源分配策略所规定的资源分配算法。对于不同的系统和系统目标，通常采用不同的调度算法，例如，在批处理系统中，为了照顾为数众多的短作业，应采用短作业优先的调度算法；在分时系统中，为了保证系统具有合理的响应时间，应采用轮转法进行调度。有的算法适用于作业调度，有的算法适用于进程调度；也有些算法既可用于作业调度，又可用于进程调度。

1. 先来先服务（First Come First Service，FCFS）调度算法

将进程按照提交顺序转变为就绪状态的先后排成队列，并按照先来先服务的方式进行调度处理。这是一种日常生活中最普遍和最简单的方法。在没有特殊理由要优先调度某类进程时，从处理的角度看，FCFS 方式是一种最合适的方法，在一般意义下是"公平"的。即每个进程都按照它们在队列中等待时间长短来决定它们是否优先享受服务。不过对于那些执行时间较短的进程来说，如果它们在某些执行时间很长的进程之后到达，那么它们将等待很长时间。

2. 最短进程优先（Shortest Process First，SPF）调度算法

另一个 CPU 调度算法是最短进程优先调度算法。这一算法将每个进程与其下一个 CPU 运行时间相关联。当 CPU 空闲时，SPF 调度算法会从就绪队列中选出一个估计运行时间最短的进程，将 CPU 分配给它，使它立即执行并一直执行到完成，或发生某事件而放弃 CPU 时再重新调度。

SPF 算法可证明为最优算法，这是因为对于给定的一组进程，SPF 算法的平均等待时间最短。通过将短进程移到长进程之前，短进程等待时间的减少大于长进程等待时间的增加。因而，平均等待时间缩短了。显然，该算法对长进程不利。由于调度程序总是优先调度那些短进程，即使它们是后来的，这将可能导致长进程长期未被调度。

SPF 算法的真正困难是如何知道进程的运行时间。一种方法是根据进程前一个 CPU 运行时间来预测该进程的下一个 CPU 运行时间，这可能会致使该算法不一定能真正做到短作业优先调度。

3. 优先级（Priority）调度算法

SPF 算法可作为通用优先级调度算法的一个特例。每个进程都有一个优先级与其关联，具有最高优先级的进程会分配到 CPU，具有相同优先级的进程按 FCFS 顺序调度。SPF 算法属于简单优先级算法，其优先级为进程下一个 CPU 运行时间的倒数。下一个 CPU 运行时间越长，则优先级越小，反之亦然。

优先级可通过内部或外部方式来定义。内部定义优先级使用一些测量数据以计算进程优先级。例如，时间极限、内存要求、打开文件的数量和平均 I/O 执行时间与平均 CPU 运行时间之比都可以用于计算优先级。外部优先级是通过操作系统之外的准则来定义的，如进程重要性、用于支付使用计算机的费用类型和数量、赞助工作的单位等。

4. 轮转（Round Robin，RR）调度算法

轮转调度算法是专门为分时系统设计的。它类似于 FCFS 调度，但是增加了抢占以切换进程。定义一个较小时间单元，称为时间片（Time Quantum），通常为 10～100ms。将就绪队列作为循环队列，CPU 调度程序循环就绪队列，为每个进程分配不超过一个时间片的 CPU。

为了实现轮转调度，将就绪队列保存为进程的 FIFO 队列。新进程增加到就绪队列的尾部。CPU 调度程序从就绪队列中选择第一个进程，设置定时器在一个时间片之后中断。接下来可能发生两种情况之一。进程运行时间小于时间片，对于这种情况，进程在运行完后本身会自动释放 CPU。调度程序接着处理就绪队列中的下一个进程。如果当前进程运行时间比一个时间片要长，定时器会中断并产生操作系统中断，然后将该进程重新加入到就绪队列的尾部，

接着 CPU 调度程序选择就绪队列中的下一个进程。

9.4　内 存 管 理

存储器是计算机系统的重要组成部分。近年来，存储器容量虽然一直在不断扩大，但仍不能满足现代软件发展的需要，因此，存储器仍然是一种宝贵而又紧俏的资源。如何对它加以有效的管理，不仅直接影响到存储器的利用率，而且对系统性能有重大影响。

前面讨论了 CPU 如何被一组进程所共享。正是由于 CPU 调度的结果，才能提高 CPU 的使用率和计算机对用户的响应速度。但是，为了实现这一性能改进，必须将多个进程保存在内存中，也就是说，必须共享内存。存储器管理的主要对象是内存。对外存的管理与对内存的管理相似，本节讨论内存管理的方法。

9.4.1　程序的装入和链接

在多道程序环境下，要使程序运行，必须先为之创建进程。而创建进程的第一件事便是将程序和数据装入内存。如何将一个用户编写好的源程序变为一个可在内存中执行的程序，通常需要经过以下几个关键步骤：首先是编译，由编译程序将用户编写的源代码编译成若干个目标模块；其次是链接，由链接程序将编译后形成的一组目标模块以及它们所需要的库函数链接在一起，形成一个完整的装入模块；最后是装入，由装入程序将装入模块装入到内存。图 9-7 描述了这样的三步过程，下面简要介绍程序的链接和装入。

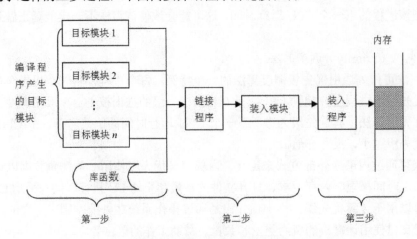

图 9-7　用户程序装入内存步骤

1. 链接

源程序经过编译后，可得到一组目标模块，再利用链接程序将这组目标模块链接，形成装入模块。根据链接时间的不同，可把链接分成如下三种。

（1）静态链接。在程序运行之前，先将各目标模块及它们所需的库函数链接成一个完整的装入模块，以后不再拆开。我们把这种事先进行链接的方式称为静态链接方式。

（2）装入时动态链接。将用户源程序编译后得到的一组目标模块，在装入内存时，采用边装入边链接的链接方式。

（3）运行时动态链接。这是指对目标模块的链接，是在程序运行中需要该目标模块时，才对它进行链接的链接方式。

2. 装入

经过链接程序链接后得到的装入模块就可以装入内存。在将一个装入模块装入内存时，有绝对装入方式、可重定位装入方式和动态运行时装入方式。

（1）绝对装入方式（Absolute Loading Mode）。在编译时，如果知道程序将驻留在内存的什么位置，那么编译程序将产生绝对地址的目标代码。绝对装入程序按照装入模块中的地址将程序和数据装入内存。装入模块被装入内存后，由于程序中的逻辑地址与实际内存地址完全相同，故不需对程序和数据的地址进行修改。绝对装入方式只能将目标模块装入到内存中事先指定的位置。在多道程序环境下，编译程序不可能预知所编译的目标模块应放在内存的何处，因此，绝对装入方式只适用于单道程序环境。

（2）可重定位装入方式（Relocation Loading Mode）。在多道程序环境下，所得到的目标模块的起始地址通常是从 0 开始的，程序中的其他地址也都是相对于起始地址计算的。此时应采用可重定位装入方式，根据内存的当前情况，将装入程序装入到内存的适当位置。在采用可重定位装入程序将装入模块装入内存后，会使装入模块中的所有逻辑地址与实际装入内存的物理地址不同。通常把在装入时对目标程序中的指令和数据的修改过程称为重定位。又因为地址变换通常是在装入时一次完成的，以后不再改变，故称为静态重定位。这种方式可将装入模块装入到内存中任何允许的位置，故可用于多道程序环境。

（3）动态运行时装入方式（Dynamic Run-time Loading Mode）。可重定位装入方式并不允许程序运行时在内存中移动位置。因为程序在内存中的移动意味着它的物理位置发生了变化，这时必须对程序和数据的绝对地址进行修改后方能运行。然而，实际情况是，在运行过程中它在内存中的位置可能经常要改变，此时就应采用动态运行时装入的方式。这种方式在把装入模块装入内存后，并不立即把装入模块中的相对地址转换为绝对地址，而是把这种地址转换推迟到程序真正执行时才进行。

9.4.2 连续内存分配

连续内存分配方式是指为一个用户程序分配一个连续的内存空间。这种分配方式曾被广泛应用于 20 世纪 60～70 年代的操作系统中，它至今仍在内存分配方式中占有一席之地；又可把连续分配方式分为单一连续分配、固定分区分配、动态分区分配以及动态重定位分区分配四种方式。

1. 单一连续分配

单一连续分配是一种最简单的存储管理方式，但只能用于单用户单任务的操作系统。采用这种存储管理方式时，可把内存分为系统区和用户区两部分，系统区仅提供给操作系统使用，用户区指除系统区以外的全部内存空间，提供给用户使用。

2. 固定分区分配

固定分区分配是最简单的一种可以运行多道程序的存储管理方式。这是将内存用户区划分为若干个固定大小的分区，在每个分区中只装入一个作业，这样便允许有几道作业并发运行。当有一个空闲分区时，可再从外存的后备作业队列中选择一个适当大小的作业装入该分区，当该作业结束时，又可再从后备队列中找出另一个作业调入该分区。划分分区的方法有如下两种。

（1）分区大小相等，即所有内存分区大小相等。其缺点是缺乏灵活性，即当程序太小时，会造成内存空间的浪费；当程序太大时，一个分区又不足以装入该程序，致使该程序无法运行。

（2）分区大小不等。为了克服分区大小相等而缺乏灵活性的特点，可把内存用户区域划分成含有多个较小分区、适量中等分区及少量大分区。这样，便可根据程序的大小为之分配合适的分区。

3. 动态分区分配

动态分区分配是根据进程的实际需要，动态地为之分配内存空间。为了实现动态分区分配，系统中必须配置相应的数据结构，用来描述空闲分区和已分配分区的情况，为分配提供依据。例如，可以在系统中设置一张空闲分区表，用于记录每个空闲分区的情况。每个空闲分区占一个表项，表项中包括分区序号、分区起始地址及分区的大小等数据项。为了把一个新作业装入内存，必须按照一定的分配算法从空闲分区表中选出一分区分配给该作业。有关分配算法的问题本书不作介绍。

4. 动态重定位分区分配

在连续分配方式中，必须把一个系统或用户程序装入一个连续内存空间。如果在系统中只有若干个小的分区，即使它们容量的总和大于要装入的程序，但由于这些分区不相邻接，也无法把该程序装入内存。例如，图 9-8（a）表示内存中出现了四个互不相邻的小分区，它们的容量分别为 10KB、20KB、25KB 和 15KB，其总容量为 70KB。但如果现在有一个作业到达，要求获得 40KB 的内存空间，由于必须为它分配一段连续空间，因此该作业无法装入。这种不能被利用的小分区称为"碎片"。

若想把作业装入，可采用的一种办法是：将内存中的所有作业进行移动，使它们全都相邻接，这样即可把原来分散的多个小分区拼接成一个大分区，这时就可把作业装入该区，见图 9-8（b）。由于经过拼接后的用户程序在内存中的位置可能发生了变化，因此，在每次拼接后，都必须对移动了的程序或数据进行重定位。

图 9-8　内存空间的拼接

9.4.3　分页存储管理

连续分配方式会形成许多碎片，虽然可以通过拼接将许多碎片拼接成大块的空间，但必须为之付出很大开销。如果允许将一个进程直接分散地装入到许多不相邻接的分区中，则无须再进行拼接。基于这一思想而产生了离散分配方式。如果离散分配的基本单位是页，则称为分页存储管理方式；如果离散分配的基本单位是段，则称为分段存储管理方式。

1. 页面

分页存储管理是将一个进程的逻辑地址空间分成若干个大小相等的片，称为页面或页，并为各页加以编号。相应的，也把内存空间分成与页面大小相同的若干个存储块，简称块，也同样为它们加以编号。在为进程分配内存时，以块为单位将进程中的若干页面分别装入到多个可以不相邻接的块中。由于进程的最后一页通常装不满一块而形成了不可利用的碎片，称为"页内碎片"。

在分页系统中的页面大小应适中。若页面太小，一方面虽然可以使内存碎片减小，从而减小了内存碎片的总大小，有利于提高内存利用率，但另一方面也会使得每个进程占用更多的页面，从而导致进程的页表过长，占用大量内存；此外还会降低页面换进换出的效率。然而，如果页面过大，则会使得"页内碎片"增大。因此，页面的大小应选择适中，通常为 512B～8KB。

2. 页表

在分页系统中，进程的各个页面离散地存储在内存不相邻接的物理块中，但系统应能保证进程的正确运行，即能在内存中找到每个页面所对应的物理块。为此，系统为每个进程建立了一张页面映像表，简称页表。在进程地址空间内的所有页（0～n）依次在页表中有一页表项，其中记录了相应页在内存中对应的物理块号。在配置了页表后，进程执行时，通过查找页表即可找到每页在内存中的物理块号。从页面到物理块号的映射如图 9-9 所示。

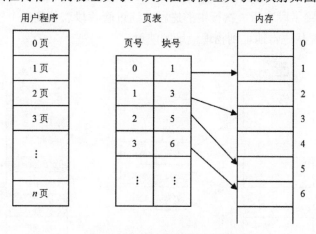

图 9-9 页面到物理块的映射

3. 地址变换机构

为了能将用户地址空间中的逻辑地址变换为内存空间中的物理地址，在系统中必须设置地址变换机构，其基本任务是实现从逻辑地址到物理地址的变换。由于页面的大小与物理块的大小一致，因此页内地址无须进行转换。地址变换机构的任务只是将逻辑地址中的页号转换为内存中的物理块号。又因为页表的作用就是用于实现从页号到物理块号的变换，因此，地址变换任务是借助于页表来实现的。

9.4.4 分段存储管理

如果说推动存储管理方式从固定分区到动态分区分配，进而又发展到分页存储管理方式的主要动力是提高内存利用率，那么引入分段存储管理方式的目的则主要是满足用户在编程和使用上的多方面要求。

如前所述，分页系统中的"页"只是存放信息的物理单位，并无完整的意义，这将为实现程序和数据的共享以及信息保护方面带来困难。在实现对程序和数据共享时，是以信息的逻辑单位为基础的，比如，共享某个过程或函数。信息保护同样是对信息的逻辑单位进行保护。针对分页系统这一不足，用户可以把自己的作业按照逻辑关系划分为若干个段，每个段都从 0 开始编址，并且有自己的名字和长度。

1. 分段

在分段存储管理方式中，作业的地址空间被划分为若干个段，每个段定义了一组逻辑信息。例如，有主程序段、子程序段、数据段等，每个段都有自己的名字，为了便于实现，通常可用一个段号来代替段名，每个段都从 0 开始编址，并采用一段连续的地址空间。段的长度由相应的逻辑信息组的长度决定，因此和页不同，不同段的长度是不等的。

2. 段表

在前面所介绍的动态分区分配方式中，系统为每个进程分配一个连续的内存空间。而在分段式存储管理系统中，则是为每个段分配一个连续的分区，而进程中各个段可以离散地移入内存不同的分区中。为了使程序能正常运行，即能从物理内存中找出每个逻辑段所对应的位置，应像分页系统那样，在系统中为每个进程建立一张段映射表，简称"段表"。每个段在段表中占有一个表项，其中记录了该段在内存中的起始地址（又称"基址"）和段的长度，如图 9-10 所示。在配置了段表后，执行中的进程可通过查找段表找到每个段所对应的内存区。可见，段表用于实现从逻辑地址到物理地址的映射。

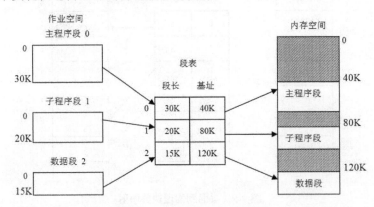

图 9-10　段到内存空间的映射

3. 地址变换机构

为了实现从进程的逻辑地址到物理地址的变换功能，在系统中设置了段表寄存器，系统根据段表的起始地址和该段的段号，计算出该段对应段表项的位置，从中读出该段在内存的起始地址，然后将该段的基址与段内地址相加，即可得到要访问的内存物理地址。

9.4.5　虚拟存储器

随着计算机技术应用的日益广泛，需要计算机解决的问题越来越复杂。许多作业的大小往往超出了内存的实际容量。尽管在现代技术的支持下，人们对内存的实际容量进行了不断地扩充，但大作业小内存的矛盾依然突出，再加上多道程序环境下，多道程序对内存共享的需求，使内存更加紧张。因此，要求操作系统能对内存进行逻辑意义上的扩充，这也是存储管理的一个重要内容。

对内存进行逻辑上的扩充，现在普遍采用虚拟存储管理技术。虚拟存储不是新的概念，早在 1961 年就由英国曼彻斯特大学提出并在 ATLAS 计算机系统上实现，但直到 20 世纪 70 年代以后，这一技术才被广泛使用。

虚拟存储管理技术的基本思想是把有限的内存空间与大容量的外存统一管理起来，构成一个远大于实际内存的、虚拟的存储器。此时，外存是作为内存的逻辑延伸，用户并不会感觉到内外存的区别，即把两级存储器当做一级存储器来看待。一个作业运行时，其全部信息装入虚拟内存，实际上可能只有当前运行所必需的一部分信息存入内存，其他则存于外存，当所访问的信息不在内存时，系统自动将其从外存调入内存。当然，内存中暂时不用的信息也可调至外存，以腾出内存空间供其他作业使用。这些操作都由存储管理系统自动实现，不需用户干预。对用户而言，只感觉到系统提供了一个大容量的内存，但这样大容量的内存实际上并不存在，是一种虚拟的存储器，因此把具有这种功能的存储管理技术称为虚拟存储管理。实现虚拟存储管理的方法有请求页式存储管理和请求段式存储管理。

1. 页式存储管理

这是在分页系统的基础上，增加了请求调页功能和页面置换功能后所形成的页式虚拟存储系统。它允许只装入少数页面的程序或数据便启动运行。以后，再通过调页功能及页面置换功能，陆续地把即将运行的页面调入内存，同时把暂时不运行的页面换出到外存上。置换以页面为单位。为了能够实现请求调页和置换功能，系统必须提供必要的硬件支持和相应的软件。

2. 段式存储管理

这是在分段系统的基础上，增加了请求调段及分段置换功能后所形成的段式虚拟存储系统。它允许只装入少数段的用户程序和数据，即可启动运行。以后再通过调段功能和段的置换功能将即将运行的段调入，同时将暂不运行的段调出。置换是以段为单位进行的。为了实现请求分段和置换功能，系统同样需要必要的硬件和软件支持。

9.5 文 件 管 理

在现代计算机系统中，要用到大量的程序和数据，因为内存容量有限，且不能长期保存，故而平时总是把它们以文件的形式存放在外存中，需要时再随时将它们调入内存。如果由用户直接管理外存上的文件，不仅要求用户熟悉外存的特性，了解各种文件的属性，以及它们在外存上的位置，而且在多用户环境下必须能保持数据的安全性和一致性。显然，这是用户所不能胜任也不愿意承担的工作。于是，在操作系统中又增加了文件管理功能，即构建一个文件管理系统，由它负责管理外存上的文件，并把对文件的存取、共享和保护等手段提供给用户。这不仅方便了用户，保证了文件的安全性，还可有效地提高系统资源利用率。对绝大多数用户而言，文件系统是操作系统中最为可见的部分。它提供了在线存储及访问计算机操作系统和所有用户的程序和数据的机制。本节介绍文件的概念及属性、文件的操作、文件访问方法及文件分配表。

9.5.1 文件的概念及属性

在现代操作系统中，几乎毫无例外地是通过文件系统来组织和管理计算机中所存储的大量程序和数据的；或者说，文件系统的管理功能，是通过把它所管理的程序和数据组织成一系列文件的方法来实现的。

1. 文件的概念

计算机能在不同介质上（如磁盘、光盘）存储信息。为了方便地使用计算机系统，操作系统提供了信息存储的统一逻辑接口。操作系统对存储设备的各种属性加以抽象，从而定义了逻辑存储单元——文件，再将文件映射到物理设备上。这些物理设备通常为非易失性的，这样其内容在掉电和系统重启时也会一直保持。

文件是记录在外存上相关信息的具有名称的集合。从用户角度而言，文件是逻辑外存的最小分配单元，即数据除非在文件中，否则不能写到外存。通常，文件表示程序（源形式或目标形式）和数据。文件可以是自由形式，如文本文件，也可以是具有严格格式的。通常，文件由位、字节、行或记录组成，其具体意义是由文件创建者和使用者来定义的。因此，文件的概念极为广泛。

文件信息是由其创建者定义的。文件可存储许多不同类型的信息：源程序、目标程序、可执行程序、数字数据、文本、声音、图像等。文件根据其类型具有一定的结构。文本文件是由行（或页）组成的，而行（或页）是由字符组成的。源文件由子程序和函数组成，而它们又由声明和执行语句组成。目标文件是一系列字节序列，它们按目标系统链接器所能理解的方式组成。可执行文件为一系列代码段，以供装入程序调入内存执行。

2. 文件的属性

文件是有名称的，以方便用户通过名称对其加以引用。名称通常为字符串，如 example.c。有的系统区分名称中的大小写字母，而有的不加以区分。在文件被命名后，它就独立于进程、用户，甚至创建它的系统。例如，一个用户可能创建了文件 example.c，而另一用户就可能通过此名称来编辑该文件。文件拥有者可能将文件写入到磁盘，或通过 E-mail 发送，或通过网络复制，在目的系统上它仍然被称为 example.c。

文件有一定的属性，这根据系统而有所不同，但是通常包括如下属性。

（1）名称。文件符号名称是唯一的、由用户按规定取名。

（2）标识符。文件的内部标识，由操作系统给出，通常为数字，对用户而言，这是不可读的文件名称。

（3）类型。标识该文件的类型，如可执行文件、批处理文件、源文件、文字处理文件等。也可以是文件系统所支持的不同的文件内部结构文件，如文本文件、二进制文件等。

（4）位置。该信息为指向设备和设备上文件位置的指针。

（5）大小。文件当前大小（以字节、字或块来统计），该属性也可包括文件的可允许最大容量值。

（6）保护。决定谁能进行读、写、执行等访问控制操作。

（7）时间、日期和用户标识。文件创建、上次修改和上次访问的相关信息。这些信息用于保护、安全和使用跟踪。

所有文件的信息都保存在目录结构中，目录结构保存在外存上。通常，目录条目包括文件名称及其唯一标识符，而标识符又定位文件的其他属性信息。一个文件的这些信息大概需要 1KB 的空间来记录。在拥有许多文件的系统中，目录本身大小可能有数 MB。因为目录如同文件一样也必须是非易失性的，所以它们必须存放在外存上，并在需要时分若干次调入内存。

9.5.2　文件的操作

文件属于抽象数据类型。为了恰当地定义文件，需要考虑有关文件的操作。用户通过文件系统所提供的系统调用实施对文件的操作。

1. 基本的文件操作

基本的文件操作有创建文件、删除文件、读文件、写文件、截断文件和设置文件的读/写位置。下面讨论操作系统要执行这 6 个基本文件操作需要做哪些事，这样可以很容易地了解类似操作（如文件重命名）是如何实现的。

（1）创建文件。在创建一个新文件时，首先要为新文件分配一定的外存空间，其次要在文件系统的目录中为之建立一个目录项。目录项中记录了文件名及其在外存的地址等属性。

（2）删除文件。为了删除文件，应在文件系统目录中搜索给定名称的文件，找到相关目录条目后，根据该文件在外存的地址，释放所有的文件空间以便其他文件使用，并删除相应的目录条目。

（3）写文件。为了写文件，执行一个系统调用，它指明文件名称和要写入文件的内容。对于给定的文件名称，系统会搜索文件系统目录以查找该文件的位置。系统必须为该文件维护一个写位置的指针。每当发生写操作时，必须更新写指针。

（4）读文件。为了读文件，执行一个系统调用，并指明文件名称和要读入文件块的内存位置。同样，需要搜索文件系统目录以找到相关目录项，系统要为该文件维护一个读位置的指针。每当发生读操作时，必须更新读指针。一个进程通常只对一个文件读或写，所以当前操作位置可作为每个进程当前文件位置指针。由于读和写操作都使用同一指针，这节省了空间，也降低了系统复杂度。

（5）设置文件的读/写位置。用于设置文件读/写指针的位置，以便每次读/写文件时，不是从其起始位置而是从所设置的位置开始操作。

（6）截断文件。用户可能只需要删除文件内容而保留其属性，而不是强制删除文件再创建文件。该操作允许所有文件属性都保持不变，而只是将其长度设置为 0 并释放其空间。

2. 打开与关闭文件

以上所述的绝大多数文件操作都涉及为给定文件搜索文件目录。为了避免这种不断地搜索操作，许多文件系统要求在首次使用文件时，需要使用系统调用 open()。操作系统维护一个包含所有打开文件的信息表——打开文件表。当需要一个文件操作时，可通过该表的一个索引指定文件，而不需要搜索。当文件不再使用时，进程可关闭它，操作系统从打开文件表中删除这一条目。

有的系统在首次引用文件时会隐式地打开它，在打开文件的作业或进程终止时会自动关闭它。然而，绝大多数操作系统要求程序员在使用文件之前显式地打开它。操作 open()会根据文件名搜索文件目录，并将目录条目复制到打开文件表。调用 open()也可接受访问模式参数：创建、只读、读写、添加等。该模式可以根据文件许可位进行检查。如果请求模式获得允许，进程就可以打开文件。系统调用 open()通常返回一个指向打开文件表中一个条目的指针。通过使用该指针，而不是文件名称，进行所有 I/O 操作，以避免进一步搜索和简化系统调用接口。

9.5.3 文件访问方法

文件用来存储信息。当使用时，必须访问和将这些信息读入到计算机内存。文件信息可按多种方式来进行访问。有的系统只提供了一种访问方式，而有的系统则提供了多种访问方式。为特定应用选择合适的访问方式是一个重要的设计问题。

1. 顺序访问

最为简单的访问方式是顺序访问。文件信息按顺序一条记录接着一条记录地加以处理。这种访问方式最为常用，例如，编辑器或编译器通常按这种方式访问文件。

大量的文件操作是读和写。读操作读取下一文件部分，并自动前移文件指针，以跟踪 I/O 位置。类似地，写操作会向文件尾部增加内容，相应的文件指针移到新增数据之后。

2. 直接访问

另一种方式是直接访问，也称为相对访问。文件由固定长度的逻辑记录组成，允许程序按任意顺序进行快速读和写。直接访问方式是基于文件的磁盘模型，这是因为磁盘允许对任意文件块进行随机读和写。对直接访问，文件可作为块或记录的编号序列。对于直接访问文件，读写顺序是没有限制的。

直接访问文件可立即访问大量信息，所以极为有用。数据库通常使用这种类型的文件。当有关特定主题的查询到达时，计算哪块包含答案，并直接读取相应块来提供所需信息。

3. 其他访问

其他访问方式可建立在直接访问方式之上。这些访问通常涉及创建文件索引。索引中包括各块的指针。为了查找文件中的记录，首先搜索索引，再根据指针直接访问文件，以查找所需要的记录。

9.5.4　文件分配表

文件系统使用文件分配表（File Allocation Table，FAT）来记录文件所在位置，它对于硬盘的使用是非常重要的，若操作系统丢失文件分配表，那么硬盘上的数据就会因无法定位而不能使用。

1. FAT

操作系统将一个逻辑盘（硬盘的一个分区）分成同等大小的簇，也就是连续空间的小块。簇的大小随着 FAT 文件系统的类型以及分区大小而不同，典型的簇大小为 2~32KB。每个文件根据它的大小可能占有一个或多个簇。同一个文件的数据并不一定完整地存放在磁盘的一个连续区域内，而往往会分成若干个段，像一条链子一样存放。这种存储方式称为文件的链式存储。由于硬盘上保存着段与段之间的连接信息（即 FAT），操作系统在读取文件时，总是能够准确地找到各段的位置并正确读出。

为了实现文件的链式存储，硬盘上必须准确地记录哪些簇已经被文件占用，还必须为每个已经占用的簇指明后继内容的下一个簇的簇号。对一个文件的最后一簇，则要指明本簇无后继簇。这些都是由 FAT 表来保存的，表中有很多表项，每项记录一个簇的信息。由于 FAT 对于文件管理的重要性，所以为了安全，FAT 有一个备份，即在原 FAT 的后面再建一张同样的 FAT。初始形成的 FAT 中所有项都标明为"未占用"，但如果磁盘有局部损坏，那么格式化程序会检测出损坏的簇，在相应的项中标为"坏簇"，以后存文件时就不会再使用这个簇了。FAT 的项数与硬盘上的总簇数相当，每一项占用的字节数也要与总簇数相适应，因为其中需要存放簇号。

不同的操作系统所使用的文件系统不尽相同。在微软公司的早期 MS-DOS 中，所使用的是 12 位的 FAT12 文件系统，后来为 16 位的 FAT16 文件系统；在 Windows 95 和 Windows 98 操作系统中则升级为 32 位的 FAT32；Windows NT、Windows 2000 和 Windows XP 操作系统又进一步发展为新技术文件系统 NTFS（New Technology File System）。

2. FAT16/FAT32

FAT16 的每一项只有 16 位，因此只能管理 2GB 的存储空间。如果 FAT16 文件系统要管理大于 2GB 的磁盘空间，可以通过将磁盘划分为多个分区（逻辑盘）来实现。

FAT16 在 DOS 时代得到了广泛应用，现在一般不常见了。FAT32 是 FAT16 的升级版本，这种格式采用 32 位的文件分配表，对磁盘的管理能力大大增强，突破了 FAT16 对每一个分区的容量管理只有 2GB 的限制。运用 FAT32 的分区格式后，用户可以将一个大硬盘定义成一个分区，而不必分为几个分区使用，大大方便了对硬盘的管理工作。FAT32 还具有一个突出的优点，在一个不超过 8GB 的分区中，FAT32 分区格式的每个簇容量都固定为 4KB，与 FAT16 相比，可以有效地减少硬盘空间的浪费，提高了硬盘的利用率。虽然在安全性和稳定性上不如 NTFS 格式，但它有个最大的优点就是兼容性好，几乎所有的操作系统都能识别该格式，包括 DOS 6.0、Windows 9X、Windows NT、Windows 2000 和 Windows XP。

3. NTFS

NTFS 文件系统是随着 Windows NT 操作系统产生的。它的显著优点是安全性和稳定性极为出色，在使用中不易产生文件碎片，对硬盘的空间利用及软件的运行速度都有好处。它能对用户的操作进行记录，对用户权限进行非常严格的限制，使每个用户只能按照系统赋予的权限进行操作，充分保护了网络系统与数据的安全。除了 Windows NT 外，Windows 2000、Windows XP 和 Windows 7 也都支持这种硬盘分区格式。但因为 DOS 和 Windows 98 是在 NTFS 格式之前推出的，所以不能识别 NTFS 格式。

9.6 设 备 管 理

计算机系统的一个重要组成部分是 I/O 系统。在该系统中包括用于实现信息输入、输出和存储功能的设备和相应的设备控制器。设备管理的对象主要是 I/O 设备，因此设备管理也称为 I/O 管理。设备管理的基本任务是完成用户提出的 I/O 请求，提高 I/O 速率以及提高 I/O 设备的利用率。由于 I/O 设备不仅种类繁多，而且它们的特性和操作方式往往相差很大，这就使得设备管理成为操作系统中最繁杂且与硬件紧密相关的部分。

9.6.1 I/O 系统

I/O 系统是用于实现数据输入、输出及数据存储的系统。在 I/O 系统中，除了需要直接用于 I/O 和存储信息的设备外，还需要有相应的设备控制器和高速总线。在有的大中型计算机系统中，还配置了 I/O 通道或 I/O 处理机。

1. I/O 设备

I/O 设备种类繁多，从操作系统角度看，其重要的性能指标有设备使用特性、数据传输速率、信息的交换单位、设备共享属性等。可从不同角度对它们进行分类。

1）按设备的使用特性分类

按设备的使用特性可将设备分为两类。一类是存储设备，也称外存、后备存储器、辅助存储器，是计算机系统存储信息的主要设备。该类设备存取速度较内存慢，但容量比内存大得多，价格也相对便宜。另一类是输入/输出设备。输入设备用来接收外部信息，如键盘、鼠标、扫描仪等。输出设备用于将计算机加工处理后的信息送向外部设备，如打印机、显示器、绘图仪等。

2）按传输速率分类

按传输速度的高低可将 I/O 设备分为三类。第一类是低速设备，这是指其传输速率仅为每秒几字节至数百字节的一类设备，如键盘、鼠标等。第二类是中速设备，这是指其传输速率在每秒数千字节至数十万字节的一类设备，如打印机等。第三类是高速设备，这是指其传输速率在数百千字节至千兆字节的一类设备，如磁盘机、光盘机等。

3）按信息交换的单位分类

按信息交换的单位可将 I/O 设备分为块设备和字符设备。块设备是指以数据块为单位来组织和传送数据信息的设备，如磁盘，每个块的大小为 512B～4KB，其特征包括传输速率较高，一般不能与用户直接交互。字符设备指以单个字符为单位来传送数据信息的设备，如交互式终端、打印机等，其特征包括传输速率低，用户可直接交互，不可寻址，采用中断驱动方式。

4）按设备的共享属性分类

按设备的共享属性可将 I/O 设备分为独占设备、共享设备和虚拟设备。独占设备指一段时间内只允许一个用户（进程）访问的设备，如鼠标、打印机等。共享设备指一段时间内允许多个进程同时访问的设备，如硬盘等。虚拟设备指通过虚拟技术将一台独占设备变换为若干台逻辑设备，供若干个进程同时使用，如 SPOOLing 技术。

2. 设备控制器

设备控制器是计算机中的一个实体，其主要职责是控制一个或多个 I/O 设备，以实现 I/O 设备和计算机之间的数据交换。它是 CPU 与 I/O 设备之间的接口，它接收从 CPU 发来的命令，并控制 I/O 设备工作，以使处理机从繁杂的设备控制事务中解脱出来。

设备控制器是一个可编制的设备，当它仅控制一个设备时，它只有一个唯一的设备地址；若控制器连接多个设备，则应含有多个设备地址，并使每一个设备地址对应一个设备。

设备控制器的复杂性因不同设备而异，相差很大，于是可把设备控制器分成两类：一类是用于控制字符设备的控制器，另一类是用于控制块设备的控制器。在微型机和小型机中的控制器，通常做成印刷电路卡形式，因而也常称为接口卡，可将它插入计算机。

9.6.2 设备管理

1. 设备管理的体系机构

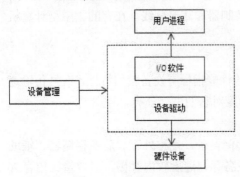

图 9-11　设备管理体系结构

设备管理的结构分为输入/输出控制系统（I/O 软件）和设备驱动程序两层。前者实现逻辑设备向物理设备的转换，提供统一的用户接口；后者控制设备控制器完成具体的输入/输出操作。其结构如图 9-11 所示。

"I/O 软件"层实现设备的分配、调度功能，并向用户提供一个统一的调用界面，而无须了解所访问的输入/输出设备的硬件属性。例如，在 Windows 操作系统中，可以通过统一的界面将文件存储到硬盘、U 盘上。"设备驱动"是一种系统过程，由设备驱动程序构成，设备驱动程序在系统启动时被自动加载，是操作系统的一部分，它直接控制硬件设备的打开、关闭和读/写操作。

2. 输入/输出控制方式

输入/输出控制是指对外部设备与主机之间 I/O 操作的控制。随着计算机技术的发展，I/O控制方式也在不断地发展。常用的控制方式有程序 I/O 方式、中断驱动 I/O 控制方式、DMA控制方式和 I/O 通道控制方式。应当指出，在 I/O 控制方式的整个发展过程中，始终贯穿着这样一条宗旨，即尽量减少主机对 I/O 控制的干预，把主机从繁杂的 I/O 控制事务中解脱出来，以便更多地去完成数据处理任务。

1）程序 I/O 方式

程序直接控制方式是指由用户进程直接控制内存或 CPU 和外部设备之间的信息传递，这种方式的控制者是用户进程。其工作过程是：当用户进程需要数据时，通过 CPU 发出启动设备准备数据的命令，然后用户进程进入测试等待状态。在等待时间内，CPU 不断地用测试指令检查描述外部设备工作状态的控制寄存器的状态值。当外部设备将数据传送的准备工作完成后，将控制状态寄存器设置为准备好的信号值。CPU 检测到这个状态后，启动设备开始往内存传送数据。

在程序 I/O 方式中，由于 CPU 的高速性和 I/O 设备的低速性，致使 CPU 的绝大部分时间都处于等待 I/O 设备完成数据 I/O 的循环测试中，造成对 CPU 的极大浪费。在该方式中，CPU之所以要不断地测试 I/O 设备的状态，就是因为在 CPU 中无中断机构，使 I/O 设备无法向 CPU报告它已完成了一个字符的输入操作。

2）中断驱动 I/O 控制方式

现代计算机系统中都毫无例外地引入了中断机构，致使对 I/O 设备的控制广泛采用中断驱动方式，即当某进程要启动某个 I/O 设备工作时，便由 CPU 向相应的设备控制器发出一条I/O 命令，然后立即返回继续执行原来的任务。设备控制器于是按照该命令的要求去控制指定I/O 设备。此时，CPU 和 I/O 设备并行操作。

在 I/O 设备输入某个数据的过程中，由于不需 CPU 干预，因而可使 CPU 与 I/O 设备并行工作。仅当输入完一个数据时，才需 CPU 花费极短的时间进行中断处理。可见，这样可使CPU 和 I/O 设备都处于忙碌状态，从而提高了整个系统的资源利用率及吞吐量。

3）直接存储器访问（Direct Memory Access，DMA）控制方式

虽然中断驱动 I/O 控制方式比程序 I/O 方式更有效，但必须注意，它仍是以字（节）为单位进行 I/O 的，每当完成一个字（节）的 I/O 时，控制器便向 CPU 请求一次中断。换言之，采用中断驱动 I/O 方式时的 CPU 是以字（节）为单位进行干预的。如果将这种方式用于块设备的 I/O，显然是极其低效的。例如，为了从磁盘中读出 1KB 的数据块，需要中断 CPU 1024次。为了进一步减少 CPU 对 I/O 的干预而引入了直接存储器访问方式，该方式在存储器与外设之间开辟了一条高速数据通道，使外设与存储器之间可以直接进行批量数据传送。

实现 DMA 传送，需要 CPU 让出系统总线的控制权，然后由专用硬件设备（DMA 控制器）来控制外设与存储器之间的数据传送。

4）I/O 通道控制方式

通道控制方式是 DMA 方式的发展，也是一种以内存为中心实现外部设备与内存直接交换数据的控制方式。所不同的是，在 DMA 方式中，数据的传送方向、存放数据的内存地址

以及所传送的数据块长度等都是由 CPU 控制的,而通道方式下是由专门负责输入/输出的通道来进行控制的。

"通道"是独立于 CPU 的专门负责输入/输出控制的处理机,它通过通道程序与设备控制器共同实现对 I/O 设备的控制。通道程序由一系列的通道指令构成,这些通道指令由 CPU 启动,并在操作结束时向 CPU 发出中断信号。在通道方式下,CPU 只需发出启动命令,指出通道的操作和设备,该命令就可启动通道并使通道从内存中调出相应通道指令执行。

3. 设备的分配与调度

在多道程序环境下,系统中的设备供所有进程共享。为防止诸进程对系统资源的无序竞争,特规定系统设备不允许用户自行使用,必须由系统统一分配。每当进程向系统提出 I/O 请求时,只要是可能和安全的,设备分配程序便按照一定的策略,把设备分配给请求进程。如果进程的申请没有成功,就要在资源的等待队列中排队等待,直到获得所需的资源。

1)设备分配原则和设备分配算法

设备分配的原则是:一是要充分发挥设备的使用效率,同时要避免不合理的分配方式造成死锁、系统工作紊乱等现象,使用户在逻辑层面上能够合理方便地使用设备;二是考虑设备的特性和安全性,设备的特性是设备本身固有的属性,一般分为独占、共享和可虚拟设备,不同属性设备的分配方式是不同的。

对设备进行分配的算法与进程调度的算法有些相似之处,通常采用先来先服务和优先级高者优先两种分配算法。先来先服务就是当多个进程同时对一个设备提出 I/O 请求时,系统按照进程提出请求的先后次序把它们排成一个设备请求队列,设备分配程序总是把设备分配给队首进程。优先级高者优先,就是给每个进程提出的 I/O 请求分配一个优先级,在设备请求队列中把优先级高的进程排在前面,而对于优先级相同的 I/O 请求,则按先来先服务原则排队。

2)独占设备的分配与虚拟设备

独占设备每次只能分配给一个进程使用,这种使用特性隐含着死锁的必要条件,所以在考虑独占设备的分配时,一定要结合有关防止和避免死锁的安全算法。

系统中的独占设备是有限的,往往不能满足诸多进程的要求,会引起大量进程由于等待某些独占设备而阻塞,成为系统中的"瓶颈"。另一方面,申请到独占设备的进程在其整个运行期间虽然占有设备,利用率却常常很低,设备还是经常处于空闲状态。为了解决这种矛盾,最常用的方法就是用共享设备来模拟独占设备的操作,从而提高系统效率和设备利用率。这种技术称为虚拟设备技术,实现这一技术的软硬件系统被称为假脱机(Simultaneous Peripheral Operation On Line,SPOOL)系统,又称为 SPOOLing 系统。

3)磁盘分配和调度算法

磁盘是典型的共享设备。磁盘存储器不仅容量大,存取速度快,而且可以实现随机存取,是当前存放大量程序和数据的理想设备。磁盘 I/O 调度算法的优劣将直接影响到系统的效率。目前常用的磁盘调度算法有先来先服务、最短寻道时间优先及扫描等算法。

先来先服务是一种最简单的磁盘调度算法。它根据进程请求访问磁盘的先后次序进行调度。这种算法的优点是公平、简单,且每个进程的请求都能依次得到处理。在用户请求均匀分布的情况下,先来先服务算法就相当于随机访问,没有对访问进行任何优化。当访问请求较多时,这种算法对于设备吞吐量和响应时间会产生不良影响,平均寻道时间较长。

最短寻道时间优先(Shortest Seek Time First,SSTF)算法要求其访问的磁道与当前磁头所在的磁道距离最近，以使每次的寻道时间最短。采用这种策略可以保证每次寻道时间最短，对于提高设备吞吐量有一定好处。其缺点是请求被响应的机会不均等，中间磁道的访问较为优先，而越偏离中心的磁道访问响应越差。

扫描（SCAN）算法克服了 SSTF 算法的缺点，不仅考虑到欲访问的磁道与当前磁道间的距离，更优先考虑的是磁头当前的移动方向。例如，当磁头正在自里向外移动时，SCAN 算法所响应的下一个访问对象应该是当前磁道之外且距离最近的。这样自里向外地访问，直至再无更外的磁道需要访问，才将磁臂换向自外向里移动。类似的，响应的下一个请求应该是要访问的磁道在当前磁道以里且距离最近的，直到再没有向里方向上的请求。由于这种算法中磁头移动的规律与电梯运行的规律相似，所以也称为电梯调度算法。

循环扫描（Circular SCAN，CSCAN）算法是对 SCAN 算法的一种改进，CSCAN 算法规定磁头单向移动，如只自里向外移动，当磁头移动到最外面一个被访问的磁道以后，不反向移动，而是直接返回到最里面的欲访问的磁道上，仍旧自里向外扫描。

9.7 Windows 7 操作系统的基本操作

现代操作系统，特别是 Windows 系列操作系统提供了一种人性化的、界面友好的、简单易用的操作环境，可以运行在家庭和商业环境下的桌面计算机、笔记本电脑、平板电脑、多媒体中心和企业服务器上。本节简要介绍 Windows 操作系统的发展历史，并以 Windows 7 为基础介绍 Windows 7 操作系统的基本操作。

9.7.1 Windows 操作系统的发展历史

1985 年 Windows 1.0 正式推出，Windows 用短短 30 多年的历史使其成为目前应用最广泛的操作系统，它的用户界面生动、形象，操作方法简便。

Windows 家族产品繁多，其两个产品线的用户较多：一是面向客户机开发的，如 Windows 95/98/2000/XP/Vista/7/8；二是面向服务器开发的，如 Windows Server 2000/2003/2008/2012。

2009 年 10 月微软于中国正式发布 Windows 7。Windows 7 可供家庭及商业工作环境、笔记本电脑、平板电脑、多媒体中心等使用。Windows 7 包含 32 位与 64 位两种版本，最低硬件配置要求：CPU 1GHz 及以上，内存 1GB 及以上，硬盘 16GB 以上可用磁盘空间，支持 DirectX 9 显卡、WDDM 1.0 或更高版本。如果安装 64 位操作系统则需要 CPU 支持才可以，内存 2GB 及以上，硬盘 20GB 以上可用磁盘空间。

Windows 8 是微软公司于 2012 年 10 月正式推出的具有革命性变化的操作系统。系统具有独特的开始界面和触控式交互系统，PC 触摸革命就此开始。

9.7.2 Windows 7 基本操作

1. 桌面

桌面是用户启动计算机登录到系统后看到的整个屏幕界面，它是用户和计算机进行交流的窗口。初始时桌面上只有一个"回收站"图标，以后用户可根据自己的喜好进行桌面设置。

1）"开始"菜单与任务栏

在 Windows 7 开始菜单选项中，我们可以看到有很多创新，如图 9-12 所示，将各种程序

图 9-12 Windows 开始菜单

进行归类，将其和包括 Office 文档、记事本等的程序进行有效整合，方便快速进行管理，调用对应文件等。

任务栏位于桌面底部，其最左端为"开始"按钮；中间显示了系统正在运行的程序和打开的窗口，最右端为时钟和计算机设置状态图标等。

Windows 7 操作系统在任务栏方面进行了较大程度的革新，将快速启动栏和任务选项进行合并处理，这样通过任务栏即可快速查看各个程序的运行状态、历史信息等。

2）回收站

"回收站"是一个文件夹，用来存储被删除的文件和文件夹。用户也可以将"回收站"中的文件恢复到原来的位置。

2. 控制面板

控制面板是 Windows 图形用户界面的一部分，可通过"开始"菜单访问。它允许用户查看并操作基本的系统设置和控制，可以根据用户喜好对桌面、用户等进行设置和管理，更改辅助功能选项等，如图 9-13 所示。

3. 任务管理器的使用

任务管理器是 Windows 中非常实用的系统工具，按 Ctrl+Alt+Del 组合键启动如图 9-14 所示的任务管理器窗口，任务管理器显示计算机上当前正在运行的程序、后台进程和服务。可以使用任务管理器监视计算机的性能或者关闭没有响应的程序。

图 9-13 Windows 7 控制面板

图 9-14 Windows 7 任务管理器

4. 用户管理

Windows 允许多个用户共同使用同一台计算机，这就需要进行用户管理，包括创建新用户以及为用户分配权限等。Windows 中的用户有 3 种类型，每种类型为用户提供不同的计算机控制级别。

标准用户：可以使用大多数软件以及更改不影响其他用户或计算机的系统设置。

管理员：可以对计算机进行最高级别的控制。

来宾用户：无法安装软件或硬件，也不能更改设置或者创建密码，主要针对需要临时使用计算机的用户。

5. 系统维护和其他附件

系统运行中难免发生故障和错误，轻则影响正常使用，重则导致系统崩溃及数据丢失，因此有必要适时对系统进行备份以便还原。打开"控制面板"窗口，选择"系统和安全"选项，打开"备份和还原"窗口即可进行备份或还原。

Windows 自带了一些非常方便而且非常实用的应用程序，它们一般存在于"附件"组中，如"记事本"、"计算器"、"画图"等。

习 题

一、填空题

1. 操作系统是计算机硬件和用户（其他软件和人）之间的接口，它使得用户能够方便地操作计算机，能有效地对计算机软件和_____进行管理和使用。

2. Windows 操作系统支持单用户_____任务，即可以有_____程序在 Windows 的支持下在机器中运行。

3. 操作系统的功能主要是管理计算机的所有资源，一般认为操作系统管理的资源主要有_____、_____、_____和输入/输出设备。

4. 进程管理是操作系统的核心。现代操作系统把进程管理归纳为一个_____，被选中后成为_____，进而进入内存运行而成为_____，运行结束后再次保存在磁盘中。

5. 支持多道程序处理的操作系统有时需要在内存和_____之间进行数据交换，以便把程序的执行代码转载到_____中。

6. Windows 的文件系统有两种存储结构，一种是 FAT，即_____，另一种是_____，即新技术文件系统。

二、选择题

1. 操作系统是_____的接口。

A. 用户和软件　　　　　　　　　B. 系统软件和应用软件

C. 主机和外设　　　　　　　　　D. 用户和计算机

2. 通常，任何软件都需要依赖其运行环境，这个环境也称为平台，它是指_____。

A. 硬件，主要是指 CPU　　　　　B. 指机器的规模

C. 机器运行的操作系统　　　　　D. 机器使用的编程语言

3. 采用虚拟存储器的目的是_____。

A. 提高主存的速度　　　　　　　B. 扩大外存的容量

C. 扩大内存的寻址空间　　　　　D. 提高外存的速度

4. 下面不属于操作系统功能的是_____。

A. CPU 管理　　　　　　　　　　B. 文件管理

C. 编写程序　　　　　　　　　　D. 设备管理

5. 多任务操作系统运行时，内存中有多个进程。如果某个进程可以在分配给它的时间片中运行，那么这个进程处于_____状态。

A．运行　　　　　　　B．等待　　　　　C．就绪　　　　　D．空闲

三、简答题

1．什么是操作系统？它是如何分类的？

2．处理机管理有哪些主要功能？它们的主要任务是什么？

3．内存管理有哪些主要功能？其主要任务是什么？

4．文件管理有哪些主要功能？其主要任务是什么？

5．什么是进程和线程？它们有什么区别？

6．FCFS 和 SPF 两种进程调度算法各自的特点是什么？

7．为什么要引入动态重定位？

8．为什么说分段系统比分页系统更易于实现信息的共享和保护？

四、讨论题

1．根据你所学的知识，谈一谈操作系统的发展历史。查一查你所用的手机使用的是哪一种操作系统，列举常用于手机的操作系统还有哪些。

2．随着 Windows 7 系统的普及，我们发现市场上的操作系统开始分为 32 位和 64 位，连处理器也有 32 位和 64 位的区别，那么 32 位和 64 位具体指的是什么？哪个性能更好呢？

3．结合上机实践说说你所使用过的操作系统有哪些，它们各自有什么特点。

第 10 章　常用应用软件简介

问题讨论

（1）你知道你的计算机一般安装哪些应用软件，说说它们的主要用途。

（2）我们常说的 Office 组件有哪些？在我们的日常学习、工作中一般需要熟练掌握哪些操作技能？

（3）请你谈一谈软件还可能安装在我们身边的哪些设备上？

学习目的

（1）了解计算机应用软件的概念、分类。

（2）了解计算机常用应用软件的种类、功能。

（3）熟练掌握 Word、Excel、PPT 的操作。

学习重点和难点

（1）Word 文档的高级排版、自动化功能的使用。

（2）Excel 中表格公式、函数、排序、筛选、分类汇总、图表的使用。

（3）PPT 的版面设置、幻灯片背景的设置及动画效果设计。

应用软件泛指专门用于为最终用户解决各种具体应用问题的软件。按照应用软件的开发方式和适用范围，应用软件可分为通用应用软件和定制应用软件两大类。通用应用软件分为若干类，如文字处理软件、电子表格软件、演示软件、媒体播放软件、网络通信软件等。在普及计算机的应用进程中，它们起到了很大的作用。

10.1　文字处理软件

常用的字处理软件有微软的 Word、金山的 WPS 等，它们都是基于 Windows 平台的文字处理软件。其中 Word 的功能强，大多数用户都使用它。

Word 是 Office 所有应用软件中使用最为广泛的文字处理软件之一，其强大的功能可以帮助用户创建高质量的文档，提供优秀的文档排版工具，能更有效地组织和编写文档。本节重点介绍 Word 2010 的操作方法。

10.1.1　Word 的窗口组成

Word 窗口由标题栏、快速访问工具栏、标尺、文档编辑区、功能区、滚动条、状态栏等部分组成，如图 10-1 所示。

Word 2010 与 Word 2003 最大的差别是界面和操作发生了很大的变化，用选项卡、功能区取代了以前的菜单栏和工具栏；功能区按任务分为不同的组，能通过右下方的 " ⬚ " 组对话框启动器打开该组对应的对话框或任务窗格。

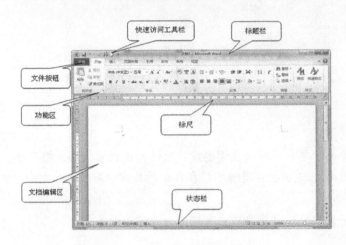

图 10-1　Word 2010 窗口界面

10.1.2　Word 文档的基本操作

1. 新建文档

在 Word 中，依据所选定的模板新建文档，如图 10-2 所示。

图 10-2　"文件"新建窗口

如果需要创建一个空白文档，最简单快速的方法是在快速访问工具栏中单击"新建"按钮或者使用 Ctrl+N 组合键。

当 Word 启动之后，就自动建立了一个新文档，标题栏上的文档名称是"文档 1.docx"，这是新建一个文档最常用的方法。

2. 文档输入

在 Word 中，输入的途径有多种，最常用的是通过键盘输入；也可以通过"插入"选项卡的"文本"组中的"对象"下拉列表插入已存在的文件；还可通过 Windows 提供的语音输入、联机手写输入等辅助输入以及扫描仪输入等。

3. 文档编辑

文档的编辑是对输入的内容进行选择、删除、插入、改写、移动和复制文本等操作。这些操作都可以通过 Word 的编辑功能来快速实现。方法是先选定要编辑的内容，然后通过复制、剪切与粘贴来实现。如果操作失误，可通过左上方快速访问工具栏中的按钮"🔄"来撤销该次操作。

　　4．文档的快速批量编辑

　　通过"查找"、"替换"功能来实现对大量数据的重复编辑工作，不但可以作用于具体的文字，也可以作用于格式、特殊字符、通配符等。

　　【例 10-1】　将文档中所有的"计算机"替换为带有红色双下划线的"计算机"。

　　具体步骤为：在功能区"开始"选项卡"编辑"组中单击"替换"命令，出现"查找和替换"对话框，在"查找内容"文本框中输入要查找的内容"计算机"，在"替换为"文本框中输入要替换的内容"计算机"，单击"格式"按钮，在对应的"字体"对话框中进行格式设置，界面如图 10-3 所示，最后单击"全部替换"按钮进行批量替换。

　　5．保存文档

　　保存文档是一项很重要的工作，在文档的编辑过程中，应当经常或者周期性地保存文档，以避免突发事件而影响对文档的编辑工作。在 Word 中也可设置文档的自动保存功能，方法是在功能区"文件"选项卡中选择"选项"命令，在弹出的"Word 选项"对话框保存选项中设置合适的保存自动恢复时间间隔即可。

　　保存文档最简单快速的方法是在快速访问工具栏中单击"保存"按钮，Word 2010 文档的默认扩展名为.docx，为便于在 Word 2003 等低版本下通用，可选择保存类型为.doc。电子文档处理中经常遇到不同格式、版本的问题，Word 2010 直接提供将 Word 文档以 PDF 等格式保存的功能，避免了以往利用专门的转换软件进行转换的不便，如图 10-4 所示。

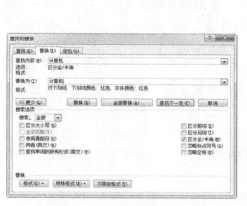

图 10-3　"查找和替换"对话框

图 10-4　"另存为"对话框

10.1.3　Word 文档的格式化和排版

　　1．格式刷、样式和模板

　　为提高格式效率和质量，Word 提供了 3 种工具来实现格式化。

　　（1）格式刷 ✍：单击格式刷按钮可以方便地将选定源文本的格式复制给目标文本，从而实现文本或段落格式快速格式化。双击格式刷按钮后可以将源文本的格式多次复制给其他目标文本，复制多次后再单击"格式刷"按钮取消格式复制状态。

　　（2）样式：已经命名的字符和段落格式供直接引用，通过"开始"选项卡的"样式"组来实现。利用样式可以提高文档排版的一致性，尤其在多人合作编写的文档、长文档的目录生成时必不可少。通过更改样式可建立个性化的样式。

（3）模板：系统已经设计好的扩展名为.docx 的文档，为文档提供基本框架和一整套样式组合，在创建新文档时套用，如信封、贺卡、证书和奖状模板等。

2. 字符和段落排版

在 Word 文档中往往包含一个或多个段落，每个段落都由一个或多个字符构成，这些段落或字符都需要设置固定的外观效果，这就是所谓的格式。文字的格式包括文字的字体、字号、颜色、字形、字符边框或底纹等，而段落的格式包括段落的对齐方式、缩进方式以及段落或行边距、项目符号和编号、边框和底纹等。这些操作可通过如图 10-5 所示的"开始"选项卡的"字体"及"段落"组中的相应按钮来实现。

图 10-5 "开始"选项卡"字体"、"段落"组

3. 页面排版

页面排版反映了文档的整体外观和输出效果，包括对整个页面进行设置，如页面大小、页边距、分栏、页面版式布局以及页眉/页脚等。

1）页眉和页脚

页眉和页脚是指在每一页顶部和底部加入的信息。这些信息可以是文字或图形形式，内容可以是标题名、日期、页码、单位名、单位徽标等。页眉和页脚的内容还可以是用来生成各种文本的"域代码"（如页码、日期等）。域代码与普通文本不同的是，它在打印时将被当前的最新内容代替。

【例 10-2】 将某一文档页脚设置为第 X 页共 X 页。

具体步骤为：单击"插入"选项卡，单击"页脚"按钮选择"编辑页脚"选项，键入自己想要的格式（如输入"第 X 页共 X 页"），然后将光标放到"第"和"页"之间，此时如图 10-6 所示出现"页眉和页脚工具"选项卡，单击"页眉和页脚工具"选项卡上面的"文档部件"按钮，然后在里面选择域 page，在右边选择需要的格式即可。用同样的方法可在"共"和"页"之间插入 numberpage。

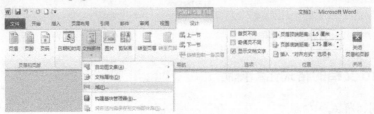

图 10-6 "页眉和页脚工具"选项卡

2）页面

通过对页面大小、方向和页边距的设置，可以使 Word 2010 文档的正文部分跟页面边缘保持比较合适的距离。通过单击如图 10-7 所示"页面布局"选项卡的"页面设置"组右下方的" "按钮打开对话框，对话框如图 10-8 所示，有"页边距"、"纸张"、"版式"、"文档网格"4 个选项卡。

图 10-7　"页面布局"选项卡　　　　　　　图 10-8　"页面设置"对话框

4. 表格和图文混排

Word 不仅可以编辑文字，还可以插入和处理各种各样的图片、文本框、公式等。图文混排文档图文并茂、生动形象。

1）表格的制作

打开"插入"选项卡"表格"下拉列表框，单击相应按钮建立表格，如图 10-9 所示可采用多种方法生成表格。单击建立好的表格，出现如图 10-10 所示动态"表格工具"标签，利用"表格工具"中的"设计"和"布局"选项卡可直接对表格进行编辑，如增加/删除行、列或单元格，设置表格边框和底纹，设置表格样式，对表格内容格式化等。

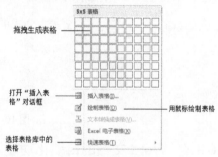

图 10-9　插入表格

图 10-10　"表格工具"选项卡

2）图片编辑与图形绘制

插入图片和格式化：Word 2010 中新增了针对图形、图片、图表、艺术字、自动形状、文本框等对象的样式设置，样式包括渐变效果、颜色、边框、形状和底纹等多种效果，可以帮助用户快速设置上述对象的格式。值得一提的是，当鼠标指针悬停在一个图片样式上方时，Word 2010 文档中的图片会即时预览实际效果。对插入的图片进行格式化的效果如图 10-11 所示。

绘制图形和格式化：Word 2010 中的自选图形是指用户自行绘制的线条和形状，用户可以直接使用 Word 2010 提供的线条、箭头、流程图、星星等形状组合成

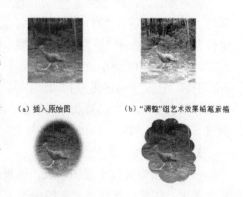

（a）插入原始图　　　　　（b）"调整"组艺术效果铅笔素描

（c）柔化边缘椭圆图片样式　　　　（d）裁剪形状云形

图 10-11　格式化效果

更加复杂的图形。对图形的格式化主要是设置边框线、填充颜色以及添加文字等。对图形编辑很重要的一个工作是将绘制的图形组合成一个整体，当进行移动、复制、剪切、改变大小等操作时，就相当于对单个图形操作。用鼠标配合 Shift 键选中欲组合的图形并右击，在弹出的快捷菜单中选择"组合"选项即可使之成为整体。

3）文字图形效果

文字图形效果就是将输入的文字以图形方式编辑、格式化等处理，如首字下沉、艺术字、公式等。

首字下沉：从"插入"选项卡"文本"组的"首字下沉"下拉列表框中选择首字下沉的形式，这时将插入点所在段落的首字变成图形效果，还可进行字体、位置布局等格式设置。

艺术字：单击"插入"选项卡"文本"组中的"艺术字"按钮，在弹出的"艺术字样式"面板中选择某种样式后，就可进行格式编排和文字录入。

公式：在很多场合，经常需要在文档中录入数学公式、化学方程式等。通过在"插入"选项卡"符号"组中单击"公式"按钮，在弹出的"公式"面板中选择"插入新公式"命令，再配合如图 10-12 所示的公式工具"设计"功能区的"工具"组、"符号"组和"结构"组，完成如 $(x+a)^n = \sum_{k=0}^{n} \binom{n}{k} x^k a^{n-k}$ 公式的插入。

图 10-12　"公式工具"选项卡

10.1.4　Word 文档的自动化功能

1. 文档目录生成

目录是按照一定次序编排而成的反映文档内容和层次结构的工具。一般编写书籍、论文时都应有目录，利用自动生成的目录可快速查找文档内容。只需将光标移动到目录中的标题上，按住 Ctrl 键，单击目录即快速定位到文档的相应内容处。

【例 10-3】　为正文生成目录，并将目录和正文以两种页码形式格式排版。

具体步骤为：首先利用"开始"选项卡"样式"组的标题样式对文档各级标题初始化，然后利用"引用"选项卡"目录"组插入目录，自动生成目录默认只能提取标题 1 标题 3。将插入点定位到正文前，选择"页面布局"选项卡的"页面设置"组的"分隔符"下拉列表中的"下一页"选项，如图 10-13 所示，将文档分成两个节，设置不同页码格式，目录的页码格式为罗马字母Ⅰ、Ⅱ、Ⅲ等，正文页码格式为 1、2、3 等。这两个节的起始页码都从 1 开始。注意设置不同节不同的页眉/页脚时，在页眉/页脚编辑状态，单击如图 10-6 所示"页眉和页脚工具"选项卡中"链接到前一条页眉"按钮，即可取消"与上一节相同"的提示，表明从这里开始重新设置页眉/页脚。

2. 文档中图、表的自动编号

一个文档中有几十张图、表，如果改变其中一个图、表，则所有的编号都要改变，工作量非常大。因此，有必要对文档中的图、表进行自动编号。

1）图的自动编号

选中图片，选择"引用"选项卡，单击"插入题注"按钮，弹出如图 10-14 所示对话框。单击此对话框中的"新建标签"按钮，输入"图 1."或"图 2."或"图 1"-或"图 2-"，根据要求设置好标签，一般图的自动编号选择在图片的下方，单击"确定"按钮后对插入的图进行命名。

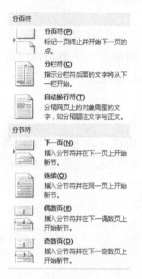

图 10-13 "分隔符"下拉列表　　　　　　图 10-14 "题注"对话框

2）表格的自动编号

表格的自动编号方法与图的自动编号方法相同，在新建标签时输入"表 1-"或是"表 2-"，在"题注"对话框的"位置"下拉列表框中选择"所选项目上方"选项，即表格的题注一般放在表格上方。

3．邮件合并

为了提高工作效率，Word 2010"邮件合并向导"用于帮助用户在文档中完成信函、电子邮件、信封、标签等的邮件合并工作。

【例 10-4】 生成江苏理工学院录取通知书。

具体步骤为：首先在主文档"邮件"选项卡的"开始邮件合并"组选择"选择收件人"下拉列表选择"使用现有列表"选项，打开之前建立的数据源文件。然后将光标定位到要插入数据源的位置，选择"编写和插入域"组的"插入合并域"下拉列表中的所需字段名插入到主文档，效果如图 10-15 所示。最后选择"完成合并文档"下拉列表的选项形成合并文档，如图 10-16 所示。

图 10-15 邮件合并插入合并域　　　　　　图 10-16 邮件合并完成

10.2　电子表格

Excel 2010 功能非常强大，主要用于进行各种数据处理、统计分析和辅助决策操作，广泛地应用于管理、统计、金融等众多领域。在 Excel 中大量的公式函数可以应用选择，实现许多功能，给使用者提供方便。本节将重点介绍 Excel 2010 的操作方法。

10.2.1　Excel 的窗口组成

Excel 2010 的工作界面由"文件"按钮、快速访问工作栏、标题栏、功能选项卡和功能区、编辑栏、行号、列号、工作表标签、滚动条、状态栏等组成，如图 10-17 所示。

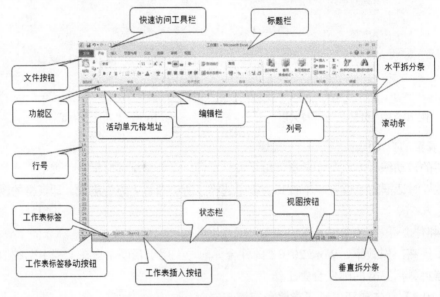

图 10-17　Excel 2010 窗口界面

Excel 几个基本概念如下。

1）工作簿

工作簿用来存储并处理数据，一个 Excel 文件称为一个工作簿，以.xlsx 扩展名保存。一个工作簿中最多包含 255 个工作表，在 Excel 新建的工作簿中，默认包含 3 个工作表，名字分别是"Sheet1"、"Sheet2"和"Sheet3"。

2）工作表

Excel 窗口的主体为工作表，由若干行和列组成，行号和列号交叉的方框称为单元格。一个工作表最多有 65536 行和 256 列，行号依次为 1、2、3、…、65536，列号依次 A、B、C…Y、Z、AA、AB、…、IV。

3）单元格

工作表中行列交叉处的方格称为单元格。每个单元格用行号和列标来标识，如 B3、E8 等，B3:E8 表示一个由单元格组成的矩形区域，该区域的左上角为 B3 单元格，右下角为 E8 单元格。为了表示不同工作表的单元格，可在地址前加工作表名称，例如，Sheet1!B3 表示 Sheet1 工作表的 B3 单元格。

4）活动单元格

活动单元格是指目前正在操作的单元格，由黑框框住。此时可对该单元格进行输入、修改或删除内容等操作。在活动单元格的右下角有一个小黑方块，称为填充柄，利用该填充柄可以填充某个单元格区域的内容。

5）编辑栏

对单元格内容进行输入、查看和修改使用。

10.2.2　Excel 表格的基本操作

1. 工作表的基本操作

默认情况下，一个新工作簿中只包含 3 个工作表，对工作表的管理通过左下角标签进行，单击标签可选择工作表，右击标签，弹出快捷菜单，可对工作表进行更名、添加、删除、移动、复制等操作。插入工作表时右击工作表标签右侧的工作表插入按钮，或按 Shift+F10 快捷键。

2. 输入数据

在 Excel 中，单元格中存放的数据主要有 3 种类型：日期、数值和文本。输入方式如下。

日期型：输入日期时可采用多种格式，最简单的输入方法是遵循默认格式 yyyy.mm.dd，也可用"/"分隔。按 Ctrl+;键可输入当前系统日期。

数值型：数值型数据是最常见、最重要的数据类型，Excel 2010 强大的数据处理功能离不开数值数据，当输入的数据太长时，在单元格中自动以科学计数法显示，若输入 123456789，则以 1.23E+08 显示。在编辑栏中可以看到原始输入的数据。特殊数值数据输入如下，分数：0□分子/分母，如 0□1/2（□表示空格）。百分数：50%或者%50。负数：.3 或者（3）。

文本型：文本型数据不能进行算术运算，系统默认对齐方式是单元格左对齐，学号、身份证号等，在输入数字前加单引号，如在单元格输入'09141410，则以 09141410 显示。当输入文字长度超出单元格宽度时，如果右边单元格无内容，则扩展到右边列，否则将截断显示。如需输入多行文本，可使用 Alt+Enter 组合键在单元格内换行。

3. 数据的自动填充

在 Excel 中，对于某些有规律的数据序列可采用自动填充技术，自动将数据填充到指定的单元格中，可大大加快数据的录入效率。在同一行或列中填充数据，只需选中包含填充数据的单元格，按住右下方的"+"填充柄往下拖拽，系统默认以等差方式填充，也可在"开始"选项卡"编辑"组单击"填充"按钮旁的下拉按钮，打开如图 10-18 所示的"序列"对话框，然后在"预测趋势"、"步长值"、"终止值"等选项中进行选择，单击"确定"按钮即可。

4. 表格的格式设置

使用 Excel 创建工作表后，还可以对工作表进行格式化操作，主要有对表格设置边框线、底纹、数据显示方式、对齐等，使其更加美观。

（1）设置单元格格式。

选定要格式化的区域，右击并在其快捷菜单中选择"设置单元格格式"选项，打开如图 10-19 所示对话框进行设置，也可直接在"开始"选项卡的"字体"、"数字"、"设置单元格格式"等组中单击相应按钮实现。

（2）设置行高和列宽。

在向单元格输入数据时，经常会在单元格显示一串"#"符号，而在编辑栏中却能看见对应单元格的数据。其原因是单元格的宽度和高度不够，此时把鼠标指针移到两列号中间，当鼠标指针变成双向箭头时双击，左边列立即调整到最合适列宽。也可在"开始"选项卡的"单元格"组中单击"格式"命令打开下拉菜单进行行高和列宽设置。

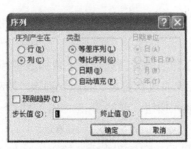

图 10-18　"序列"对话框

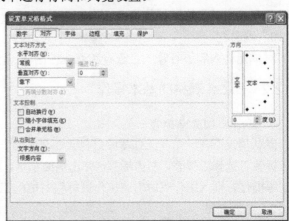

图 10-19　"设置单元格格式"对话框

（3）设置条件格式。

条件格式功能可以根据指定的条件来确定搜索条件，然后将格式应用到符合搜索条件的选定单元格中，并突出显示要检查的动态数据。单击"开始"选项卡"样式"组中的"条件格式"按钮来实现。

（4）自动套用表格样式。

Excel 提供了许多预定义的表格格式，可以快速地格式化整个表格。这可通过"开始"选项卡"样式"组中的"套用表格格式"按钮来实现。

10.2.3　Excel 表格公式和函数的使用

Excel 的强大功能体现在计算上，分析和处理 Excel 工作表中的数据离不开公式和函数。利用公式和函数可以对表中数据进行总计、平均以及更为复杂的运算。

1. 公式

Excel 一般在编辑栏输入公式，公式必须以"="开头，由圆括号、运算符、数据、单元格地址、区域名称和 Excel 函数组成。Excel 2010 中包含了 4 种运算符，如表 10-1 所示。

表 10-1　Excel 运算符

运算符名称	符号及说明
算术运算符	－（负号）、%（百分号）、^（乘方）、*（乘）、/（除）、+（加）、－（减）
文本运算符	&（字符串连接）
比较运算符	=、>=、<=、<、>
逻辑运算符	NOT（逻辑非）、AND（逻辑与）、OR（逻辑或）

当多个运算符同时出现在公式中时，运算符优先级从高到低依次为算术运算符、文本运算符、比较运算符、逻辑运算符。算术运算符内部优先级从高到低依次为负号、百分号和乘方、乘除、加减。比较运算符优先级相同。逻辑运算符优先级从高到低依次为逻辑非、逻辑与、逻辑或。公式中也可增加圆括号改变运算的优先次序。

【例 10-5】 销售报表如图 10-20 所示，按“销售额=单价*数量”的公式计算每一行中的销售额。

在编辑栏对第一个销售产品单元格输入计算公式，其余产品的销售额只要利用自动填充的方式快速完成即可。

F4　f_x　=E4*D4

	A	B	C	D	E	F
1	一季度《邓选》销售					
2						
3	月份	经销商	地区	销售量（本）	单价	销售额
4	1	东方	华南	2314	18	41652
5	1	新华	华南	5000	18	
6	1	中国	华南	2250	18	
7	1	东方	华西	2800	18	
8	1	新华	华西	2500	18	
9	1	求知	华北	650	18	
10	1	中国	华北	1200	18	

图 10-20　公式计算效果

2. 函数

Excel 提供了丰富的函数，包括账务函数、日期与时间函数、数量与三角函数、统计函数、查找与引用函数、数据库函数、文本函数、逻辑函数、信息函数和工程函数 10 大类。

函数的语法形式如下：

　　函数名称（参数 1，参数 2，…）

其中，参数可以是常量、单元格地址、区域、公式或其他函数。

表 10-2 列出了常用函数，图 10-21 表示原始数据及举例结果（有底纹的为结果）。

表 10-2　Excel 常用函数

函数形式	函数功能	举例
AVERAGE(参数列表)	求参数列表的平均值	=AVERAGE(F3:F12)
SUM(参数列表)	求参数列表数值和	=SUM(F3:F12)
SUMIF(参数列表，条件)	求参数列表中满足条件的数值和	=SUMIF(F3:F12,">80")
COUNT(参数列表)	求参数列表中数值的个数	=COUNT(F3:F12)
COUNTIF(参数列表，条件)	求参数列表中满足条件的数值个数	=COUNTIF(F3:F12,">" & C15)
MAX(参数列表)	求参数列表中最大的数值	=MAX(F3:F12)
MIN(参数列表)	求参数列表中最小的数值	=MIN(F3:F12)
RANK(数值，参数列表)	数值在参数列表中的排序名次	=RANK(F3,$F$3:$F$12)
IF(条件，结果 1，结果 2)	指定条件判断，返回相对应结果	=IF(F3>=60,"合格","不合格")

计算机考试成绩表

学号	系科	姓名	性别	考试成绩	等级	名次	奖励
121014	政法系	李远岱	男	78	合格	2	无
121028	金融系	张文东	男	60	合格	5	无
121032	金融系	吴力	男	60	合格	5	无
121035	政法系	李四根	男	67	合格	4	无
121036	金融系	李伟	女	50	不合格	8	无
121040	金融系	张国杰	女	45	不合格	9	无
121044	外贸系	辛建楠	女	91	合格	1	有
122006	动力系	吴宁生	男	56	不合格	7	无
122011	建筑系	孙祥吉	女	67.5	合格	3	无
122015	建筑系	肖鹏举	男	45	不合格	9	无
最高分	91						
最低分	45						
平均分	61.95						
人数	10						
高于平均分人数	4						
总分	619.5						
高于80分的总分	91						

图 10-21　函数计算效果

对于简单、常用的函数不难使用，但有时会用到几个函数的嵌套，即函数的参数又引用了函数。

【例 10-6】 求奖励，要求考试成绩在 90 分以上（包括 90 分），并且名次为前 3 名（包括第 3 名）的同学有奖励。求解公式为 "=IF（AND（F3>=90,H3<=3）,"有","无"）"。

说明：①参数列表一般为单元格区域；②SUMIF 和 COUNTIF 中的条件是一对英文双引号引起的，见 SUMIF 举例，若要表示单元格值，则要加连接符号&，见 COUNTIF 举例。

3．单元格引用 3 种方式

在公式或函数的使用中，经常用单元格地址引用单元格中的数据，当用填充柄复制公式或函数时，就涉及复制后的单元格地址是否发生变化，其引用方式有如下 3 种，在编辑栏选中单元格后，按 F4 功能键可进行切换。

1）相对引用

单元格的相对地址为 B3、D8、B3:D8 等形式，相对引用是当公式在复制、移动时根据移动的位置自动调节公式中引用单元格的地址。

2）绝对引用

绝对地址为 $B$3、$D$8 等形式。绝对引用是当公式在复制、移动时不会根据移动的位置自动调节公式中引用单元格的地址。

3）混合引用

混合引用是指单元格地址的行号或列号前加上$符号，如$B3、D$8 等。混合引用是当公式在复制、移动时是上述两者的结合。

10.2.4　Excel 数据的管理

电子表格与其他数据管理软件一样，拥有强大的排序、筛选和汇总等数据管理方面的功能，其操作方便、直观、高效，比一般数据库更胜一筹。

1．数据排序

以某一个或几个字段为依据，进行由小到大（升序）或由大到小（降序）的重新排列。排序后表格大小不变，只是改变次序。

（1）单字段排序（单列排序）：只按一个关键字排序，先单击该栏的任一单元格，再单击"数据"选项卡"排序和筛选"组中的升序↓或降序↓按钮。

（2）多字段排序（多列排序）：按多个关键字排序，先单击数据区域内任一单元格，再单击"数据"选项卡"排序和筛选"组的排序按钮打开其对话框，进行所需排序字段的设置。

（3）自定义排序：文字的普通排序是按拼音来排的。如要按特定的序列排，则先要自定义文字序列后，然后才可以排序。打开"文件"选项卡，单击"选项"命令打开如图 10-22 所示的"Excel 选项"对话框，单击"高级"按钮，在右侧找到"编辑自定义列表"按钮并单

图 10-22　"Excel 选项"对话框

击，在打开的"自定义序列"对话框中导入要排序的自定义序列。

【例 10-7】　对销售表以"月份"为第一关键字进行升序排序，月份相同的以"销售量"为次要关键字降序排序。

先单击数据区域内任一单元格，再单击"数据"选项卡"排序和筛选"组中的排序按钮打开其对话框进行图 10-23 所要求的排序设置。排序结果如图 10-24 所示。

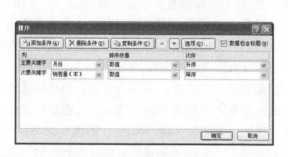

图 10-23　"排序"对话框　　　　　　　　　　　图 10-24　排序结果

【例 10-8】　对销售表地区按华东、华南、华西、华北的顺序排列。

如图 10-25 所示，首先将华东、华南、华西、华北加入自定义序列，再单击"数据"选项卡"排序和筛选"组中的排序按钮打开其对话框进行图 10-26 所要求的排序设置。排序结果如图 10-27 所示。

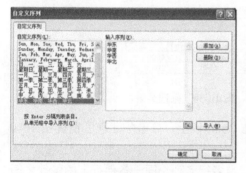
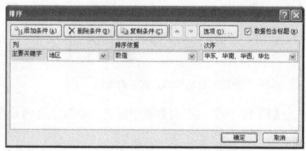

图 10-25　"自定义序列"对话框　　　　　　　　图 10-26　"排序"对话框

图 10-27　排序结果

2. 数据筛选

依据某些条件选出符合条件的内容，不符合的暂时隐藏。筛选的结果是原表中的一部分，比原表小。

图 10-28　自动筛选

自动筛选：可以筛选一个或多个数据列。先单击数据区域内任一单元格，再单击"数据"选项卡"排序和筛选"组中的"筛选"按钮，数据表处于筛选状态，每个字段旁有个下拉按钮，如图 10-28 所示，在所需筛选的字段名下拉列表框中选择所需要的确切值，当自带的筛选条件无法满足时，也可以根据需要打开自定义筛选条件。

高级筛选：当筛选条件很复杂，自动筛选不能完成任务时，可使用高级筛选功能。在进行高级筛选前要先设置条件区域，单击　"数据"选项卡"排序和筛选"组中的"高级"按钮，在弹出的"高级筛选"对话框中完成相应设置。

【例 10-9】　　在销售表中筛选出华南地区销量在 3000 以上的记录。

对销售量的筛选表示一定的范围，必须打开如图 10-29 所示的自动筛选设置条件对话框，筛选结果如图 10-30 所示。

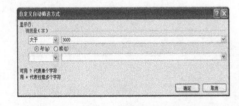

图 10-29　"自定义自动筛选方式"对话框

月份	经销商	地区	销售量（本）	单价	销售额
3	求知	华南	4000	￥18.00	￥72,000.00
1	新华	华南	5000	￥18.00	￥90,000.00

图 10-30　筛选结果

【例 10-10】　　在销售表中筛选出华南地区销量在 3000 以上，或者华北地区销量在 1000 以上的记录。

首先设置如图 10-31 所示条件区域，条件区域可为多行多列，同一条件行上的条件之间具有"与"关系，不同条件行上的条件之间具有"或"关系。该条件区域所表达的条件相当于条件表达式：

地区="华南"and 销售量>3000 or 地区="华北"and 销售量>1000

在高级选项对话框中设置好条件区域、数据区域即可得到如图 10-32 所示筛选结果。

地区	销售量（本）
华南	>3000
华北	>1000

图 10-31　条件设置

月份	经销商	地区	销售量（本）	单价	销售额
1	中国	华北	1200	￥18.00	￥21,600.00
2	东方	华北	3000	￥18.00	￥54,000.00
3	中国	华北	3200	￥18.00	￥57,600.00
3	求知	华南	4000	￥18.00	￥72,000.00
1	新华	华南	5000	￥18.00	￥90,000.00
3	新华	华北	7900	￥18.00	￥142,200.00

图 10-32　筛选结果

3. 分类汇总

分类汇总对数据库中指定的字段进行分类，然后统计同一类记录的有关信息。统计的内容可以由用户指定，也可以统计同一类记录的记录条数，还可以对某些数值段求和、求平均值等。要注意在分类汇总前，必须对要分类的字段进行排序，否则分类无意义。

【例 10-11】 在销售表中统计出各月销售额合计。

首先按月份排序，然后单击"数据"选项卡"分级显示"组中的"分类汇总"按钮，在如图 10-33 所示的"分类汇"总对话框中按题目要求进行设置即可得到如图 10-34 所示的分类汇总结果。

图 10-33 "分类汇总"对话框

月份	经销商	地区	销售量（本）	单价	销售额
1 汇总					￥300,852.00
2 汇总					￥237,780.00
3 汇总					￥370,800.00
总计					￥909,432.00

图 10-34 分类汇总结果

4. 数据透视表

数据透视表是交互式报表，可以快速合并和比较大量数据。可旋转其行和列以查看源数据的不同汇总，尤其是在要合计较大的列表并对每个数字进行多种比较时，可以使用数据透视表。

【例 10-12】 统计各地区各经销商销售额合计。

数据透视表通过单击"插入"选项卡的数据透视表建立按钮来建立，打开"数据透视表"对话框，选择数据列表范围和透视表的放置位置，显示如图 10-35 所示的"数据透视表字段列表"任务窗格，根据题目要求设置行标签、列标签及数值则完成了透视表的建立。当要对建立的透视表进行修改时，鼠标指针指向透视表并右击，在弹出的快捷菜单中选择相应的选项即可。

图 10-35 "数据透视表字段列表"任务窗格

10.2.5 Excel 数据的图表化

Excel 除了有强大的计算功能外，还可以将处理的数据或统计的结果以各种统计图表的形式显示，这样就能更加形象、直观地反映数据的变化规律和发展趋势。当工作表中的数据源发生变化时，图表中对应项的数据也自动更新。

1. 图表的创建

使用 Excel 2010 提供的图表向导，可以方便、快捷地建立一个标准类型或自定义类型的图表。选择"插入"选项卡，在"图表"分组中选择相应的图表类型。或者单击图表下方的箭头按钮，打开"插入图表"对话框，如图 10-36 所示。

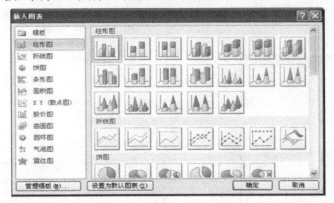

图 10-36　"插入图表"对话框

2. 图表的编辑

如果已经创建好的图表不符合用户的要求，可以对其进行编辑。例如，更改图表类型、调整图表位置、在图表中添加和删除系列、设置图表的图案、改变图表字体、改变数值坐标轴的刻度和设置图表中数字的格式等。如图 10-37 所示，在各区域右击，在弹出的快捷菜单中选中相应项进行修改即可。

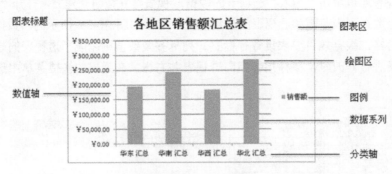

图 10-37　Excel 图表

10.3　演 示 文 稿

近几年来演示文稿软件的应用越来越广泛，教师上课、学生论文答辩、公司介绍产品等，演讲者都可利用计算机直接展示他的演讲内容。PowerPoint 和 Word、Excel 等应用软件一样，是微软公司推出的 Office 系列产品之一，是集文字、图形、动画、声音于一体的专门制作演示文稿的多媒体软件，本节将重点介绍 PowerPoint 2010 的操作方法。

10.3.1　PowerPoint 窗口组成

PowerPoint 2010 的工作界面由"文件"按钮、快速访问工具栏、标题栏、功能选项卡和功能区、幻灯片/大纲浏览窗格、幻灯片窗格、备注窗格、滚动条、状态栏等组成，如图 10-38 所示。

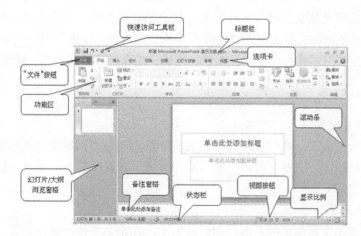

图 10-38　PPT 窗口界面

10.3.2　PowerPoint 基本操作

1. 建立和保存演示文稿

新建 PowerPoint，系统默认建立一个空演示文稿，通过"文件"→"新建"命令在"可用模板和主题"列表框中选择"主题"，建立具有每张幻灯片风格统一的演示文稿，也可通过"样本模板"预安装的模板来快速创建演示文稿。

保存演示文稿默认扩展名为.pptx，也可通过选择保存扩展名为.ppt，在 PowerPoint2003 中打开。

2. 演示文稿的视图方式

PowerPoint 提供的视图有普通视图、幻灯片浏览视图、阅读视图和幻灯片放映视图，这可通过 PowerPoint 界面右下方的视图按钮来切换。

普通视图方式下可编辑每张幻灯片的内容和格式；幻灯片浏览视图可同时浏览多张幻灯片，可方便地删除、复制和移动幻灯片；幻灯片放映视图可全屏放映幻灯片，观看动画等效果，但不能修改幻灯片；阅读视图非全屏方式观看放映效果，可方便地切换视图方式。

3. 演示文稿中对象的插入

在普通视图下，将光标定在左侧的窗格中，按下回车键，可快速插入一张新的空白幻灯片。用户在建立的幻灯片上除可插入所需的文本、图片、表格等对象外，还可插入 SmartArt 图形、超链接、视频和音频文件等。通过如图 10-39 所示的"插入"选项卡可插入所需要的对象。

图 10-39　"插入"选项卡

4. 演示文稿的播放

选择功能区"幻灯片放映"选项卡，在"开始放映幻灯片"组中单击相应播放按钮即可放映。当选择"自定义放映"时，可选择某一部分幻灯片当做一个整体进行放映，这个整体就是一个自定义放映方案。也可单击"幻灯片放映"选项卡"设置"组的"设置幻灯片放映"按钮进行幻灯片放映方式设置，即演讲者放映方式、观众自行浏览方式、展台浏览放映方式。

10.3.3　PowerPoint 版面设置

1. 设置幻灯片版式

在标题幻灯片下面新建的幻灯片，默认情况下给出的是"标题和文本"版式，用户可以根据需要重新设计版式：选择"开始"选项卡，单击"新建幻灯片"命令，在打开的下拉列表中选择一种版式即可。

2. 使用设计方案

一般新建的演示文稿使用的是黑白幻灯片方案，如果需要使用其他方案，可以应用其内置的设计方案来快速添加：选择"设计"选项卡，在功能区中选择一种设计方案，然后单击右侧下拉按钮，在弹出的下拉列表中根据需要应用即可。

3. 设置页眉/页脚

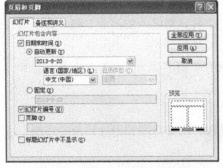

图 10-40　"页眉和页脚"对话框

每张幻灯片若希望有日期、作者、幻灯片编号等，可单击"插入"选项卡"文本"组的"页眉和页脚"按钮，打开如图 10-40 所示对话框进行设置。

4. 修改幻灯片母版

修改和使用幻灯片母版的主要优点是可以对演示文稿中的每张幻灯片进行统一的样式更改。如果希望为每张幻灯片添加相同的信息（如学校图片），则可以通过母版来实现。选择"视图"选项卡，单击"幻灯片母版"按钮，进入"幻灯片母版"编辑状态，插入图片，调整好大小写、位置等，单击"关闭母版视图"按钮即可。

10.3.4　PowerPoint 动画设计

1. 添加预设动画

预设动画是系统提供的一组基本的设计效果，主要针对标题和正文等。选中对象，选择"动画"选项卡的"动画"级的快翻按钮，按"进入"、"强调"、"退出"、"动作路径"状态和对应子类选择动画，其中"动作路径"选项可以指定动画对象的运动轨迹。

2. 添加自定义动画

自定义动画体现了个性化的动画效果，主要用于幻灯片中插入的图片、表格、艺术字等多种类型的对象。

（1）设置动画：打开"动画"选项卡"高级动画"组的"添加动画"下拉列表，选择添加动画的效果。

（2）编辑动画：选择"动画窗格"选项打开该窗格，在该任务窗格可看到已经设置的动画效果列表，如图 10-41 所示。通过"计时"命令可设置计时、触发其他对象的动画，如图 10-42 所示。

图 10-41　动画窗格　　　　　　　　　　图 10-42　自定义动画触发器设置

【例 10-13】　制作我国实践七号科学试验卫星在酒泉发射成功的演示文稿。

（1）动画设置：第二张幻灯片的动画出现顺序为先文本后图片。文本动画设置为"擦除"、"自顶部"，图片的动画设置为"切入"、"自底部"。自定义动画"动画窗格"的设置如图 10-43 所示。

图 10-43　"动画窗格"设置

（2）背景设置：第三张幻灯片的背景为预设"茵茵绿原"，底纹样式为"线性对角-左上到右下"。背景设置如图 10-44 所示。

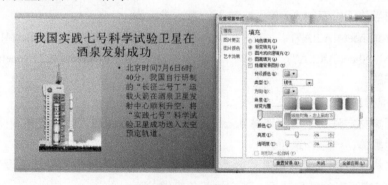

图 10-44　设置背景格式

习　　题

一、填空题

1. 在 Excel 中处理数据，若对数据列表进行分类汇总，则必须先对作为分类依据的字段进行_____操作。

2．要停止正在放映的幻灯片，只要按_____键即可。

3．在 Word 中创建目录首先要_____。

二、选择题

1．在 Word 中有关表格的操作以下说法不正确的是_____。

A．文本能转换成表格 　　　　　　　B．表格能转换成文本

C．文本与表格可以相互转换 　　　　D．文本与表格不能相互转换

2．Excel 工作表中，_____是单元格的混合引用。

A．E10 　　　　B．$E$10 　　　　C．E$10 　　　　D．以上都不是

3．对 Excel 中的数据表要显示出满足给定条件的数据，_____方法最合适。

A．排序 　　　　B．筛选 　　　　C．分类汇总 　　　　D．有效数据

4．在当前演示文稿中要新增一张幻灯片，采取_____方式。

A．选择"文件"选项卡的"新建"命令

B．单击"开始"选项卡的"复制"和"粘贴"按钮

C．单击"开始"选项卡的"新建幻灯片"按钮

D．以上都不可以

5．Word 的查找和替换功能很强，不属于其中之一的是_____。

A．能够查找和替换带格式或样式的文本

B．能够查找图形对象

C．能够用通配字符进行快速、复杂的查找和替换

D．能够查找和替换文本中的格式

6．如果某单元格显示为若干个"#"号(如#######)，这表示_____。

A．公式错误 　　B．数据错误 　　C．行高不够 　　D．列宽不够

7．要在当前工作表(Sheet1)的 A2 单元格中引用另一个工作表(如 Sheet4)中 A2～A7 单元格的和，则在当前工作表的 A2 单元格输入的表达式应为_____。

A．=SUM(Sheet4!A2:A7) 　　　　　B．=SUM(Sheet4!A2:Sheet4!A7)

C．=SUM((Sheet4)A2:A7) 　　　　　D．=SUM((Sheet4)A2:(Sheet4)A7)

三、操作题

1．图文混排（图 10-45）

（1）打开素材文件夹下植树造林.docx 文件，给文章加标题"植树造林"，居中显示，设置标题文字为黑体、一号、绿色；

（2）参考样张，给正文中粗体文字"保持水土"、"防风固沙"、"经济建设"、"清除环境污染"加 1.5 磅带阴影的红色边框，填充浅蓝色底纹；

（3）参考样张，在适当位置以四周型环绕方式插入图片"植树造林.jpg"，图片的高度、宽度缩放均为 120%；

（4）参考样张，在适当位置插入艺术字"植树造林的好处"，采用第 4 行第 1 列样式，设置字体为隶书、40 号字、加粗，环绕方式为衬于文字下方；

（5）参考样张，在适当位置插入"椭圆形标注"自选图形，设置其环绕方式为紧密型，填充颜色 RGB(204,233,173)，并在其中添加文字"清除污染"；

（6）设置奇数页页眉为"植树造林"，偶数页页眉为"利国利民"，均居中对齐，所有页页脚为页码，右对齐；

（7）将文章后 5 行转换成 5 行 4 列的表格，在表格最右边插入一空列，输入列标题"造林总面积"，在这一列下面的各单元格中计算其左边相应 3 个单元格中数据的总和；

（8）将表格第 4 列设置为 3 厘米，其他列设置为 2.4 厘米；表格外围框线为 3 磅红色单实线，表内线为 1 磅单实线；表内所有内容对齐方式为水平居中；

（9）将表格标题"造林情况表"设置为宋体、小二号、居中；

（10）将编辑好的文章以文件名"植树造林"，文件类型"Word 文档（*.docx）"进行保存。

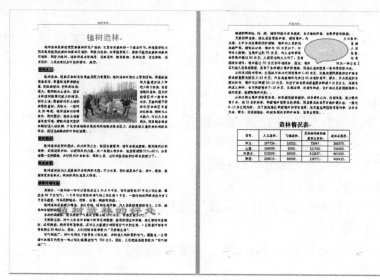

图 10-45　文字处理样张

2．论文排版

（1）打开素材文件夹下的"论文.docx"、"论文样张.docx"两个文档，参考"论文样张.docx"给"论文.docx"设计论文封面；

（2）文档中所有中文设置为宋体、小四号，英文设置为 Times New Roman、小四号，利用"开始"选项卡样式组的标题样式对文档各级标题进行初始化，生成如"论文样张.docx"文档中所示的目录；

（3）参考"论文样张.docx"，在"论文.docx"文档适当位置插入分节符，设置每一节各自的页眉和页脚，其中封面无页眉和页脚。摘要页眉为"江苏理工学院毕业设计说明书（论文）"，页脚为如 1、2 的页码。目录页眉为"江苏理工学院毕业设计说明书（论文）"，页脚为如Ⅰ，Ⅱ的页码。正文奇数页页眉为"江苏理工学院毕业设计说明书（论文）"，偶数页页眉为"第 X 章　XXX"，如"第 3 章　系统需求分析与设计"，页脚为"第 X 页　共 X 页"。结束语、参考文献、致谢等页眉和页脚设计效果如"论文样张.docx"文档所示；

（4）参考"论文样张.docx"，在"论文.docx"文档适当位置插入图片，给图片插入题注实现图片的自动编号；

（5）参考"论文样张.docx"，将"论文.docx"文档中部分文字转换成表格，给表格插入题注实现表格的自动编号；

（6）将编辑好的论文以文件名"论文"、文件类型"Word 文档（*.docx）"进行保存。

3．电子表格

（1）打开素材文件夹下"excel.xlsx"，在"造林情况"工作表 A1 单元格中输入标题"各地区造林面积"，并设置其在 A1:F1 区域合并及居中，文字格式为蓝色、加粗、20 号字；

（2）在"造林情况"工作表的 F 列，利用公式分别计算各省市造林总面积（造林总面积为前 3 列之和）；

（3）在"造林情况"工作表中，按地区分类汇总，分别统计东北、华东、华南、华北、西南、西北地区的人工造林总面积，要求汇总项显示在数据下方；

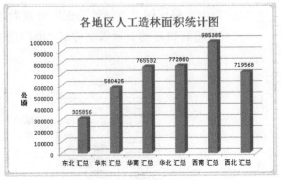

（4）参考样张（图 10-46），根据"造林情况"工作表中的东北、华东、华南、华北、西南、西北地区的人工造林总面积，生成一张三维簇状柱形图，嵌入当前工作表中，要求数值（Y）轴标题为"公顷"，无图例，数据标志显示值，图表标题为"各地区人工造林面积统计图"，图表标题字号为 18 号、红色；

图 10-46　电子表格样张

（5）将编辑好的工作簿以文件名"excel"、文件类型"Excel 工作簿（*.xlsx）"进行保存。

4．演示文稿（图 10-47）

（1）打开素材文件夹下 Web.pptx 文件，设置所有幻灯片背景图片为 bjt.gif，幻灯片切换效果为旋转自右侧；

（2）在第一张幻灯片后添加一张版式为空白的幻灯片，插入图片 festival.jpg，并设置图片的动画效果为自左侧切入，并伴有鼓掌声；

（3）将第一张幻灯片中的标题"玩转丽江"转换为艺术字，采用第四行第四列样式，字体为隶书，字号为 80 号，艺术字字符间距加宽 3 磅；

（4）为第三张幻灯片带项目符号的文字创建超链接，分别指向具有相应标题的幻灯片；

（5）将制作好的演示文稿以文件名"Web"、文件类型"演示文稿（*.pptx）"进行保存。

图 10-47　演示文稿样张

第 11 章　计算机网络及其分类

问题讨论

（1）根据你的了解，说说你对计算机网络的理解。

（2）如果你的计算机要上网，需要做哪些准备工作呢？

（3）计算机网络常用的传输介质有哪些？简单描述其特点。

（4）网络发展到现在，可以说安全维护是必不可少的，在这方面你的策略是什么？

学习目的

（1）了解网络基本概念，熟悉网络基本工作原理。

（2）了解 TCP/IP 的基本原理与分层结构、IP 地址与域名的区别。

（3）认识计算机病毒，了解常用网络安全策略与方法。

学习重点和难点

（1）网络通信介质，网络拓扑结构。

（2）TCP/IP 的基本原理与分层结构。

信息化社会中，越来越多的应用领域需要一定地理范围内的计算机联合起来进行工作，实现相互通信和资源共享等。计算机网络就是现代通信技术与计算机技术相结合的产物。本章重点介绍计算机网络功能、分类等。

11.1　计算机网络概述

计算机网络的发展日新月异，从以太网到无线局域网，从 IPv4 到 IPv6 等。可以说计算机网络对人们的生活、经济和文化都产生了深远的影响，并对社会的发展发挥着巨大的作用。

11.1.1　网络的概念及功能

1. 网络的概念

计算机网络是将分散在不同地理位置的且具有独立功能的多台计算机（或其他智能设备），利用通信设备和线路相互连接起来，在网络协议和软件的支持下进行数据通信，实现资源共享的计算机系统。

如图 11-1 所示为一个简单的计算机网络示意图，它将若干台计算机、打印机和其他外部设备互连成一个整体。整个系统由通信线路、通信设备等构成通信子网，服务器、工作站、计算机等构成资源子网。

2. 网络的功能

计算机网络主要提供以下 3 个方面的功能。

（1）数据通信。通信是网络最基本的功能之一，用来实现计算机与计算机之间的信息传递，使分散在不同地理位置的计算机或者用户可以方便地交流，也可以实现相互之间的协同工作。

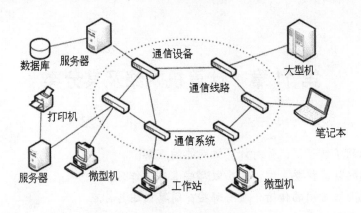

图 11-1　计算机网络示意图

（2）资源共享。资源共享是网络最主要的功能，它包括硬件、软件和数据等的共享，如利用浏览器浏览网页信息或访问网络中其他计算机上的文件。

（3）分布式处理。分布式处理也是计算机网络提供的基本功能之一，所谓分布式处理是指将一个比较大的任务分解成若干个相对独立的小任务由网络中不同的计算机来处理。

计算机网络扩展了计算机系统的功能，提高了可靠性，实现了综合数据传输，为社会提供了广泛的应用服务。

11.1.2　网络的分类

计算机网络的种类较多，从不同的角度可分为不同的种类。按传输介质可以分为有线网和无线网两大类；按通信协议可以分为总线网、令牌环网等；按拓扑结构可分为星型网和环型网等；按地理范围可分为局域网、城域网和广域网。

1. 按网络覆盖的地理范围分类

1）局域网

局域网（Local Area Network，LAN）是将较小地理区域内的计算机或数据终端设备连接在一起的通信网络。局域网覆盖的地理范围比较小，一般在几十米到几千米之间。它常用于组建一个办公室、一栋楼、一个楼群、一个校园或一个企业的计算机网络。局域网可以由一个建筑物内或相邻建筑物的几百台至上千台计算机组成，也可以是连接一个房间内的几台计算机、打印机和其他设备。图 11-2 所示为一个由几台计算机和打印机组成的典型局域网。局域网距离比较近，所以传输速率一般比较高，误码率较低。局域网主要用于实现短距离的资源共享。

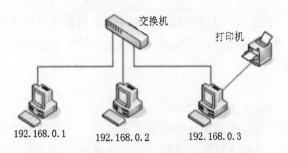

图 11-2　由 3 台计算机组成的星型结构局域网

2）广域网

广域网（Wide Area Network，WAN）是大型、跨地域的网络系统，其覆盖范围可达上千千米甚至全球，如 Internet。由于远距离数据传输的带宽有限，因此广域网的数据传输速率比局域网要慢得多，误码率也高于局域网。在广域网中，为了保证网络可靠性，采用比较复杂的控制机制，造价相对较高。图 11-3 所示为一个简单的广域网。

3）城域网

城域网（Metropolitan Area Network，MAN）的覆盖范围介于局域网和广域网之间，一般为几千米至几万米，通常为一个城市和地区，它将位于一个城市之内不同地点的多个计算机局域网连接起来实现资源共享，如图 11-4 所示。城域网的传输速度相对局域网来说低一些。

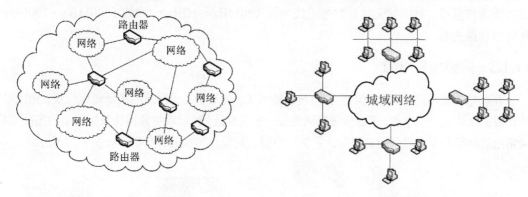

图 11-3　广域网示意图　　　　　　　　　图 11-4　城域网示意图

2. 按传输介质分类

1）有线网

传输介质采用有线介质连接的网络称为有线网，目前常用的有线介质有如下几种。

（1）双绞线

双绞线（Twisted Pair，TP）是最常用的一种传输介质，如图 11-5 所示。它由两条具有绝缘保护层的铜导线相互绞合组成，多根这样的双绞线捆在一起，外面包上护套，就构成双绞线电缆。一对双绞线形成一条通信链路。双绞线电缆的连接器一般为 RJ-45 类型，俗称水晶头。

双绞线电缆的优点是价格便宜，能适应当前更快的网络传输速率，普遍用于计算机局域网。双绞线电缆的缺点是易受外部高频电磁波干扰，误码率较高，通常用于建筑物内部。双绞线电缆按特性可分为两类：屏蔽双绞线（STP）和非屏蔽双绞线（UTP）。

（2）光纤

光导纤维（Optical Fiber，简称光纤）是目前发展迅速、应用广泛的传输介质。它是一种能够传输光束的、细而柔软的通信媒体。光纤通常是由石英玻璃拉成的细丝，由纤芯和包层构成的双层通信圆柱体，中心部分为纤芯。

光纤有很多优点：频带宽、传输速率高、传输距离远、抗冲击和电磁干扰性能好、数据保密性好、损耗和误码率低、体积小和重量轻等。

因为光纤本身脆弱，易断裂，直接与外界接触易产生接触伤痕，甚至被折断。因此在实际通信线路中，一般都是把多根光纤组合在一起形成不同结构形式的光缆，如 11-6 所示。

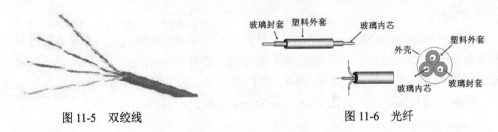

图 11-5 双绞线 图 11-6 光纤

2）无线网

采用无线介质连接的网络称为无线网。无线传输介质通过空间进行信号传输。根据电磁波的频率，无线传输系统大致分为广播通信系统、地面微波通信系统、卫星微波通信系统和红外线通信系统。对应的无线介质是无线电波（30MHz～1GHz）、微波（300MHz～300GHz）、红外线和激光等。

11.1.3 网络拓扑结构

拓扑结构就是网络设备及电缆的物理连接形式。如果不考虑网络的实际地理位置，把网络中的计算机认为是一个节点，把通信线路认为是一根直接连线，这就抽象出计算机网络的拓扑结构。最常用的网络拓扑一般分为总线型、星型、环型、树型和网状五种类型，如图 11-7 所示。

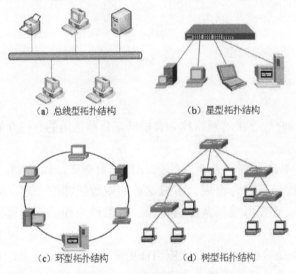

（a）总线型拓扑结构 （b）星型拓扑结构

（c）环型拓扑结构 （d）树型拓扑结构

图 11-7 局域网的拓扑结构

1）总线型

所有节点都连到一条主干电缆上，这条主干电缆称为总线（Bus）。总线型结构的优点是电缆连接简单，易于安装，成本低。缺点是故障诊断困难，特别是总线上的任何一个故障都将引起整个网络瘫痪。

2）星型

星型结构局域网是目前应用最广泛的局域网络，通常以集线器（Hub）或者交换机（Switch）作为中央节点，其他外围节点都连接在中央节点上，各外围节点之间不能直接通信，必须通过中央节点接收某个外围节点的信息，再转发给另一个外围节点。这种结构的优点是结构简单，便于管理与维护，易于节点扩充等。缺点是若中央节点出现故障，将影响整个网络的运行。

3）环型

各个节点构成一个封闭的环，信息在环中作单向流动，可实现任意两点间的通信，这就是环型结构。环型网络的优点是电缆长度短，成本低。缺点是环中任意一处的故障都会引起网络瘫痪，因而可靠性低。

4）树型

树型结构是星型结构的一种变形，它是一种分级结构，计算机按层次进行连接。树枝节点通常采用集线器或交换机，叶子节点就是计算机。叶子节点之间的通信需要通过不同层的树枝节点进行。树型结构除具有星型结构的优缺点外，最大的优点就是可扩展性好，当计算机数量较多或者分布较分散时，比较适合采用树型结构。目前树型结构在以太网中应用较多。

5）网状结构

网状结构中每台计算机至少有两条线路与其他计算机相连，网络中无中心设备，因此也称为无规则型结构。网状结构的优点是：可靠性高，因为计算机之间路径多，局部的故障不会影响整个网络的正常工作。其缺点是：结构复杂，协议复杂，实现困难，不易扩充。

11.2　计算机网络分层结构

计算机网络从一开始就采用了分层结构，最著名的结构有两种：开放系统互连参考模型（OSI）和 TCP/IP 模型，如图 11-8 所示。OSI 模型概念清楚但过于复杂，运行效率低，现在获得广泛应用的是 TCP/IP 模型。

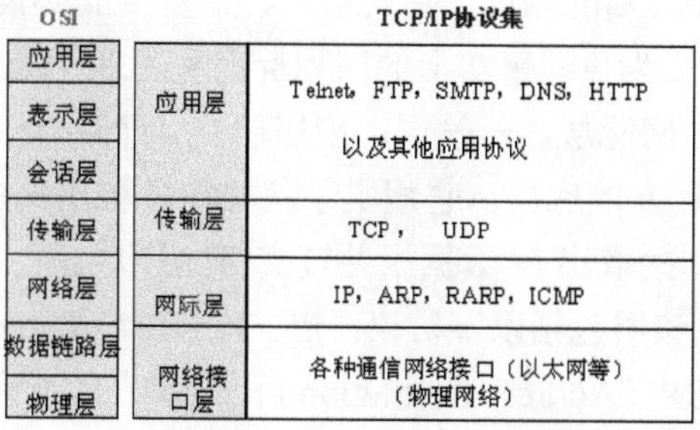

OSI	TCP/IP协议集	
应用层	应用层	Telnet, FTP, SMTP, DNS, HTTP 以及其他应用协议
表示层		
会话层		
传输层	传输层	TCP，　UDP
网络层	网际层	IP, ARP, RARP, ICMP
数据链路层	网络接口层	各种通信网络接口（以太网等）（物理网络）
物理层		

图 11-8　计算机网络分层结构

11.2.1　OSI 参考模型

1977 年 3 月，国际标准化组织（ISO）的技术委员会 TC97 成立了一个新的技术分委会 SC16 专门研究"开放系统互连"，并于 1983 年提出了开放系统互连参考模型。经过各国专家的反复研究，OSI 采用了 7 个层次的体系结构，如图 11-8 所示，它们由低到高分别是物理层、数据链路层、网络层、传输层、会话层、表示层和应用层。

（1）物理层。实行相邻计算机节点之间比特数据流的透明传送，尽可能屏蔽具体传输介质和物理设备的差异。

（2）数据链路层。通过一些数据链路层协议和链路控制规程，在不太可靠的物理链路上实现可靠的数据传输。

（3）网络层。分组传送、路由选择和流量控制，主要用于实现端到端通信系统中间节点的路由选择。

（4）传输层。从端到端透明地传送报文，完成端到端通信链路的建立、维护和管理。

（5）会话层。提供一个面向用户的连接服务，它给合作的会话用户之间的对话和活动提供组织和同步所必需的手段，以便对数据的传输提供控制和管理。

（6）表示层。对源站点内部的数据结构进行编码，形成适合于传输的比特流，到了目的站再进行解码，转换成用户所要求的格式，同时保持数据的意义不变。

（7）应用层。作为与用户应用进程的接口，负责用户信息的语义表示，并在两个通信者之间进行语义匹配，它不仅要提供应用进程所需要的信息交换，而且要作为互相作用的应用进程的用户代理来完成一些为进行语义上有意义的信息交换所必需的功能。

每层完成一定的功能，每层都直接为其上层提供服务，并且所有层次都互相支持。只要遵循OSI标准，一个系统就可以和位于世界上任何地方的、遵循同一标准的其他任何系统进行通信。

OSI各个层次的划分遵循下列原则。

（1）网络中各节点都有相同的层次，相同的层次具有同样的功能。

（2）同一节点内相邻层之间通过接口通信。

（3）每一层使用下层提供的服务，并向其上层提供服务。

（4）不同节点的同等层按照协议实现对等层之间的通信。

11.2.2　TCP/IP

所谓协议是计算机之间通信必须共同遵循的规定。TCP/IP一共包含100多个协议，其中TCP（传输控制协议）和IP（网际协议）是最基本、最重要的协议，因此通常用TCP/IP表示整个协议系列。TCP/IP已成为目前事实上的国际标准和工业标准。如图11-8所示，TCP/IP从底至顶分为网络接口层、网际层、传输层、应用层共4个层次，各层功能如下。

（1）网络接口层。TCP/IP的底层，它规定了怎样与各种不同的物理网络进行接口，其功能是从网络上接收物理帧，抽取出IP数据报并转交给网际层。

（2）网际层（IP层）。该层包括以下协议：IP、ICMP（Internet Control Message Protocol，因特网控制报文协议）、ARP（Address Resolution Protocol，地址解析协议）、RARP（Reverse Address Resolution Protocol，逆地址解析协议）。该层负责相同或不同网络中计算机之间的通信，主要处理数据报和路由。ARP用于将IP地址转换成物理地址，RARP用于将物理地址转换成IP地址，ICMP用于报告差错和传送控制信息。

（3）传输层。该层提供TCP（传输控制协议）和UDP（Use Datagram Protocol，用户数据报协议）两个协议，它们都建立在IP的基础上，其中，TCP提供可靠的面向连接服务，UDP提供简单的无连接服务。传输层提供端到端，即应用程序之间的通信，主要功能是数据格式化、数据确认和丢失重传等。

（4）应用层。TCP/IP的应用层相当于OSI模型的会话层、表示层和应用层，它向用户提供一组常用的应用层协议，其中包括HTTP、Telnet、SMTP、DNS等。

11.2.3　IP地址与域名

1. IP地址结构

人们为了通信的方便给每一台计算机都事先分配一个类似于身份证的唯一的标识地址，

即 IP 地址。目前，Internet 地址使用的是 IPv4 的 IP 地址，它由 32 位二进制数（4 字节）组成。例如，某台连在 Internet 上的计算机的 IP 地址为 11010010 01001001 10001110 00001011。人们为了方便记忆，就将 32 位二进制分成 4 段，每段 8 位，然后将每 8 位二进制数转换成十进制数，段与段之间用圆点隔开，这样上述 IP 地址就变成了 210.73.142.11。

网络号	主机号

图 11-9　IP 地址结构

IP 地址分为两部分，即网络号与主机号，如图 11-9 所示。其中，网络号用来标识一个逻辑网络，主机号用来标识网络中的一台主机。

Internet 2 采用 IPv6，其地址增大到了 118 位，几乎可以不受限制地提供地址。按保守方法估算 IPv6 实际可分配的地址，整个地球的每平方米面积上仍可分配 1000 多个地址，可以满足未来对 IP 地址的需求。

2. IP 地址编码方案

为了便于对 IP 地址进行管理，同时考虑到网络的差异很大，有些网络拥有很多主机，而有些网络上的主机则很少。因此 IP 地址被分成 A、B、C、D、E 五类，其中 A 类、B 类和 C 类是分配给一般用户或单位使用的基本地址，其格式如图 11-10 所示；D 类是组播地址，主要是留给 Internet 体系结构委员会（Internet Architecture Board，IAB）使用；E 类地址是保留地址。

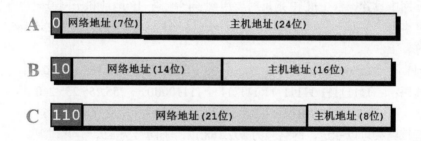

图 11-10　基本 IP 地址

A 类：网络号为 8 位，第一位为 0，第一字节的地址范围是 1～116（0 和 117 有特殊用途），即只能有 116 个网络可获得 A 类地址。主机地址为 24 位，一个网络中可以拥有主机 $2^{24}-2=16777214$ 台。A 类地址用于大型网络。

B 类：网络号为 16 位，前两位为 10，第一字节的地址范围是 118～191（10000000B～10111111B）。主机地址为 16 位，一个网络可含有 $2^{16}-2=65534$ 台主机。B 类地址用于中型网络。

C 类：网络号为 24 位，前三位为 110，第一字节地址范围是 192～223（11000000B～11011111B）。主机地址为 8 位，一个网络可含有 $2^8-2=254$ 台主机，C 类地址用于主机数量不超过 254 台的小型网络。

另外有一些特殊的 IP 地址不能分配给主机使用，如主机地址每一位是 0 的 IP 地址，称为网络地址，用来表示整个网络，它指的是物理网络本身。主机地址每一位都为 1 的 IP 地址称为直接广播地址。

由于地址资源紧张，因而在 A、B、C 类 IP 地址中，按表 11-1 所示的范围保留部分地址，保留的 IP 地址段不能在 Internet 上使用，但可重复地使用在各个局域网内。

表 11-1　保留的 IP 地址段

网络类型	地址段	网络数
A 类网	10.0.0.0～10.255.255.255	1
B 类网	172.16.0.0～172.31.255.255	16
C 类网	192.168.0.0～192.168.255.255	256

3. 子网掩码

在实际应用中，IP 地址的 32 个二进制位所表示的网络数目是有限的，因为每一个网络都需要一个唯一的网络地址来标识。在制定实际方案时，人们常常会遇到一个很少节点数的网络却占据了一个节点数很大的网络地址，容易出现网络地址数目不够用的情况，解决这一问题的有效手段是采用子网寻址技术。所谓"子网"，就是把一个 A 类、B 类、C 类的网络地址划分成若干个小的网段，这些被划分更小的网段称为子网，子网号是主机号的前几位，如图 11-11 所示。为了从 IP 地址中分离出网络号和子网号，引出一个新的概念：子网掩码（Subnet Mask）。

图 11-11　IP 地址

子网掩码和 IP 地址相似，也是一个 32 位二进制串。其中与 IP 地址中网络号、子网号对应位置处的二进制位是 1，与主机号对应位置处的二进制位是 0。

在校园网中设置一台主机 IP 地址时要用到子网掩码，IP 地址和子网掩码进行逻辑与运算即分离出网络号和子网号。例如，IP 地址为 192.168.11.180，子网掩码为 255.255.255.240，进行下列运算。

```
IP 地址：    11000000 10101000 00001100 10110100    192.168.12.180
子网掩码：   11111111 11111111 11111111 11110000    255.255.255.240
结果：       11000000 10101000 00001100 10110000    192.168.12.176
```

根据运算结果可以知道，网络号为 192.168.12，子网号为 11。

4. 域名

利用 IP 地址能够在计算机之间进行通信，但这 4 个十进制数字也是难以记忆的，因此，因特网采用域名（Domain Name）作为 IP 地址的文字表示，易用易记。域名系统（Domain Name System，DNS）主要负责把域名地址转化为相对应的 IP 地址。用户可以按 IP 地址访问主机，也可按域名访问主机。

DNS 采用层次结构，整个域名空间就像一棵倒着的树，树上每个节点上都有一个名字。网络中一台主机的域名就是从树叶到树根路径上各个节点名字的序列，中间用"."隔开。例如，域名 www.jsut.edu.cn 表示江苏理工学院的 WWW 服务器，如图 11-12 所示。

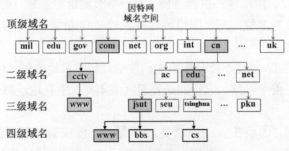

图 11-12　因特网域名层次结构

域名从右到左分别称为顶级域名、二级域名、三级域名等，DNS 的一般结构为"主机名.单位名.机构名.国家名"。

顶级域名代表建立网络的部门、机构或网络所隶属的国家、地区。大体可分为两类，一类是组织性顶级域名，一般采用由三个字母组成的缩写来表明各机构类型，如表 11-2 所示；另一类是地理性顶级域名，以两个字母的缩写代表其所处的国家。其中 cn 代表中国，uk 代表英国，jp 代表日本。

单位名和主机名一般由用户自定，但需要向相应的域名管理机构申请并获得批准。

表 11-2　组织性顶级域名

最高层域名	机构类型	最高层域名	机构类型
.com	商业类	.store	商场
.edu	教育机构	.web	主要活动与 WWW 有关的实体
.gov	政府类	.arts	文化娱乐
.mil	军事类	.arc	康乐活动
.net	网络机构	.info	信息服务
.org	非营利组织	.nom	个人
.firm	商业或公司		

二级域名分为类别域名和行政区域名两类。其中，行政区域名对应我国的各省、自治区和直辖市，采用两个字符的汉语拼音表示。例如，bj 为北京市、js 为江苏省等。

11.3　计算机网络安全简介

网络安全威胁是指某个人、物、事件等对网络资源的机密性、完整性、可用性或合法性所造成的危害。病毒的破坏和黑客的攻击就是网络威胁的具体实现。

面对网络安全的脆弱性，除了在网络设计上增加安全服务功能，完善系统的安全保密措施外，用户也必须了解常见的网络安全威胁，掌握必要的防范措施，防止泄露自己的重要信息。

11.3.1　网络病毒及其防范

1. 网络病毒

计算机病毒是 1983 年美国计算机科学专家首先提出的，并明确提出了计算机病毒是一段计算机程序，就像生物病毒一样，计算机病毒有独特的复制能力，它可以很快地蔓延，又难以根除。它能在计算机系统中生存，通过自我复制来传播，满足一定条件时被激活，从而给计算机系统造成一定的损害甚至更为严重的破坏。轻则影响机器运行速度，使机器不能正常运行；重则使机器瘫痪，给用户带来损失。随着反病毒技术的不断发展，查毒和杀毒技术日益成熟，传统的单机病毒已经比较少见了。

网络病毒传播途径多，扩散速度快。病毒与网络紧密结合，通过系统漏洞、局域网、网页、邮件等方式进行传播，破坏性极强，病毒往往与其他技术相融合，传播感染网络中的可执行文件。网络病毒主要分为蠕虫病毒和木马病毒两大类。

1）蠕虫病毒

与传统的计算机病毒相比，蠕虫病毒具有更大的危害性。它具有病毒的一些共性，如传播性、隐蔽性、破坏性等，同时具有自己的一些特性，如不利用文件寄生（有的只存在于内存中）、对网络造成拒绝服务，以及和黑客技术相结合等。

传统计算机病毒主要通过计算机用户之间的文件复制来进行传播，并且病毒的发作需要计算机运行病毒文件，其影响的只是本地计算机。而蠕虫病毒是一个独立的程序，它会主动搜索网络上存在缺陷的目标系统，利用各种漏洞获得被攻击的计算机系统的使用权限，进行感染，并且蠕虫病毒本身可能就包含了传统病毒功能。蠕虫病毒的传播不仅可以对目标系统造成破坏，占用被感染主机的大部分系统资源，还会抢占网络带宽，造成网络严重堵塞，甚至整个网络瘫痪。

2）木马病毒

木马病毒源自古希腊神话的特洛伊木马记。传说古希腊士兵就是藏在木马内进入并攻占特洛伊城的。特洛伊木马因此而得名。人们之所以用特洛伊木马来命名各种远程控制软件，因为它是隐藏在合法程序中的未授权程序，这个隐藏的程序完成用户不知道的功能。当合法的程序被植入了非授权代码后就认为是木马病毒。木马病毒一旦入侵用户的计算机，就悄悄地在宿主计算机上运行，在用户毫无察觉的情况下，让攻击者获得远程控制系统的权限，进而在宿主计算机中修改文件、修改注册表、控制鼠标、监视/控制键盘或窃取用户信息。

2. 网络病毒的防范

在防范网络病毒的斗争中，仍然要做到防重于杀。预防网络病毒首先必须了解网络病毒进入计算机的途径，然后想办法切断这些入侵的途径就可以提高网络系统的安全性，下面是常见的病毒入侵途径及相应的预防措施。

（1）通过安装插件程序：用户浏览网页的过程中经常会提示安装某个插件程序，有些木马病毒就隐藏在这些插件程序中，如果用户不清楚插件程序的来源就应该禁止其安装。

（2）通过浏览恶意网页：由于恶意网页中嵌入了恶意代码或病毒，用户在不知情的情况下浏览这样的恶意网页就会感染病毒，所以不要随意浏览那些具有诱惑性的恶意站点。另外，可以安装360安全卫士和Windows清理助手等工具软件来清除那些恶意软件，修复被更改的浏览器地址。

（3）通过在线聊天：QQ、MSN等聊天工具可以用来被当做向好友发送病毒的工具，除了信得过的好友，双方约定发送文件外，不要接收任何陌生人发送的文件，不要随意单击聊天软件发送来的超级链接。

（4）通过邮件附件：邮件附件中可能隐藏病毒，遇到邮件中带有可执行文件（*.exe、*.com）或带有宏功能的文件（*.doc）时，不要直接打开，应该利用"另存为"命令将附件保存到磁盘中，然后用杀毒软件查杀。不要心存好奇打开有字样"Good Times"、"Penpal Greetings"等的邮件，而是应该直接删除它们及其所带的附件，或者通过邮件工具的过滤功能将这些主题的邮件过滤掉。

（5）通过局域网的文件共享：设置共享文件夹必须慎重，实在需要共享，也不要将Windows目录或整个驱动器共享；建议设置专门的共享目录，将必须共享的文件复制到该目录中共享。

以上传播方式大都利用了操作系统或软件中存在的安全漏洞，所以应该定期更新操作系统，安装系统的补丁程序，也可以用一些杀毒软件进行系统的漏洞扫描，并进行相应的安全设置，以提高计算机和网络系统的安全性。

11.3.2　网络攻击及其防范

1. 黑客攻防

黑客（Hacker）指的是热衷于计算机技术、水平高超的计算机专家，尤其是程序设计人员。他们精通计算机技术和网络技术，善于发现系统中存在的漏洞。他们会利用自己的计算机入侵国家、企业、个人的计算机、服务器，对数据进行篡改、破坏或是窃取数据。为了尽可能地避免受到黑客的攻击，首先要了解黑客常用的攻击手段和方法，然后才能有针对性地进行防范。

1）黑客攻击方式

（1）密码破解。通常的做法是通过监视通信信道上的口令数据包，破解口令的加密形式。有 3 种方法：一是通过网络监听非法得到用户口令，这类方法有一定的局限性，但危害性极大，监听者往往能够获得其所在网段的所有用户账号和口令，对局域网安全威胁巨大；二是在知道用户的账号后利用一些专门软件强行破解用户口令，这种方法不受网段限制，但黑客要有足够的耐心和时间；三是在获得一个服务器上的用户口令文件（此文件称为 shadow 文件）后，用暴力破解程序破解用户口令，该方法的使用前提是黑客获得口令的 shadow 文件。此方法在所有方法中危害最大，因为它不需要像第二种方法那样一遍又一遍地尝试登录服务器，而是在本地将加密后的口令与 shadow 文件中的口令相比较就能非常容易地破解用户密码。

应对的策略就是使用安全密码，首先在注册账户时设置强密码（8～15 位），采用数字与字母的组合，这样不容易破解；其次在电子银行和电子商务交易平台尽量采用动态密码（每次交易时密码会随机改变），并且使用单击模拟数字键盘输入而不通过键盘输入，可以避免黑客通过记录键盘输入而获取自己的密码。

（2）IP 嗅探。黑客利用网络监听的工作模式，使主机可以接收到本网段在同一条物理通道上传输的所有信息，而不管这些信息的发送方和接收方是谁。此时，如果两台主机进行通信的信息没有加密，只要使用某些网络监听工具，就可以轻而易举地截取包括口令和账号在内的信息资料。

应对的措施就是对传输的数据进行加密，这样即使被黑客截获，也无法得到正确的信息。

（3）欺骗（网络钓鱼）。黑客伪造电子邮件地址或 Web 页地址，从用户处骗得口令、信用卡号码等。当一台主机的 IP 地址假定为有效，并为 TCP 和 UDP 服务所相信。利用 IP 地址的源路由，黑客的主机可以被伪装成一个被信任的主机或客户。黑客将用户要浏览的网页的 URL 改写为指向黑客自己的服务器，当用户浏览目标网页的时候，实际上是向黑客服务器发出请求，黑客就可以达到欺骗的目的了。

防范此类网络诈骗的最简单方法就是不要轻易单击邮件发送来的超级链接，除非是确实信任的网站，一般都应该在浏览器的地址栏中输入网站地址进行访问；其次是及时更新系统，安装必要的补丁程序，堵住软件的漏洞。

（4）端口扫描。利用一些远程端口扫描工具，如 Superscan、IP Scanner、Fluxay（流光）等对被攻击的目标计算机进行端口扫描，查看该机器的哪些端口是开放的，然后通过这些开放的端口发送木马程序到目标计算机上，利用木马来控制被攻击的目标。

应对的措施是关闭闲置和有潜在危险的端口，定期检测端口，有端口扫描的症状时，立即屏蔽该端口。

2）防止黑客攻击的策略

（1）身份认证：通过密码、指纹、视网膜、签字或智能卡等特征信息来确认操作者身份的真实性，只对确认了的用户予以授权。

（2）访问控制：采取各种措施保证系统资源不被非法访问和使用。访问控制通常用于系统管理员控制用户对服务器、目录、文件等网络资源的访问。

（3）审计：通过一定的策略，通过记录和分析历史操作事件发现系统的漏洞并改进系统的性能和安全。

保护 IP 地址：通过路由器可以监视局域网内数据包的 IP 地址，只将带有外部 IP 地址的数据包路由到 Internet 中，其余数据包被限制在局域网内，这样可以保护局域网内部数据的安全。路由器还可以对外屏蔽局域网内部计算机的 IP 地址，保护内部网络的计算机免遭黑客攻击。

2. 防火墙

防火墙是指内部网络与外部网络之间的一道防御系统。它可以在用户的计算机和 Internet 之间建立起一道屏障，把用户和外部网络隔离，用户可以通过设定规则来决定哪些情况下防火墙应该隔断计算机与 Internet 间的数据传输，哪些情况下允许两者间的数据传输。通过这样的方式，防火墙挡住了来自外部网络对内部网络的攻击和入侵，从而保障了用户的网络安全。

1）防火墙的功能

防火墙的主要功能包括监控进出网络的信息，仅让安全的、符合规则的信息进入内部网络，为用户提供安全的网络环境；限制他人进入内部网络，过滤掉不安全服务和非法用户；防止入侵者接近内部网络的防御措施；限定内部用户访问特殊站点；为监视 Internet 安全提供方便。

防火墙是加强网络安全非常流行的方法。在 Internet 上的 Web 站点中，超过 1/3 的 Web 网站都是由某种形式的防火墙加以保护，这是对黑客防范最严、安全性最强的一种方式。任何关键性的服务器都应该放在防火墙之后。

2）Windows 防火墙

Windows 操作系统中自带了 Windows 防火墙，用于阻止未授权用户通过 Internet 或网络访问用户计算机，从而帮助保护用户的计算机。Windows 防火墙能阻止从 Internet 或网络传入的"未经允许"的尝试连接。当用户运行的程序需要从 Internet 或网络接收信息时，防火墙会询问用户是否取消"阻止连接"，若取消"阻止连接"，Windows 防火墙将创建一个"例外"，即允许该程序访问网络，以后该程序需要从 Internet 或网络接收信息时，防火墙就不会再询问用户了。

Windows 防火墙只是一个网络防火墙，对于绝大多数网络病毒却无能为力。Windows 防火墙能做到：阻止计算机病毒和蠕虫到达用户的计算机；请求用户的允许，以阻止或取消阻止某些连接请求；创建记录（安全日志），可用于记录对计算机的成功连接尝试和不成功的连接尝试，此日志可用作故障排除工具。

Windows 防火墙不能做到检测或禁止计算机病毒和蠕虫（如果它们已经在用户的计算机上）；阻止用户打开带有危险附件的电子邮件；阻止垃圾邮件或未经请求的电子邮件出现在用户的收件箱中。

习　题

一、填空题

1．计算机网络就是用通信线路和_____将分布在不同地点的具有独立功能的多个计算机系统相互连接起来，在网络软件的支持下实现彼此之间的数据通信和资源共享的系统。

2．计算机网络主要有_____、资源共享、提高计算机的可靠性和安全性、分布式处理等功能。

3．在计算机网络中，所谓的资源共享主要是指硬件、软件和_____资源共享。

4．计算机网络在逻辑上分为资源子网和_____。

5．当前的网络系统，由于网络覆盖面积大小、技术条件和工作环境不同，通常分为广域网、_____和城域网三种。

6．常用的通信介质主要有有线介质和_____介质两大类。

7．Internet 是全球最大的计算机网络，它的基础协议是_____。

8．目前广泛使用的交换式以太网采用的是_____拓扑结构。

9．从地域覆盖范围来分，计算机网络可分为局域网、广域网和城域网。中国教育科研网（CERNET）属于_____。

10．目前，局域网的传输介质主要有_____和光纤。

11．通用顶级域名由三个字母组成，gov 表示有_____机构。

12．给每一个连接在 Internet 上的主机分配的唯一的 32 位地址又称为_____。

13．有一个 IP 地址的二进制形式为 10000011 11000100 00000101 00011001，则其对应的点分十进制形式为_____。

14．在 IPv4 中，IP 地址由_____和主机地址两部分组成。

15．IP 地址分为 A、B、C、D、E 五类，若某台主机的 IP 地址为 110．195．118．11，则该 IP 地址属于_____类地址。

16．通过 IP 地址与_____进行与运算，可以得到计算机子网号。

17．IPv6 用_____个二进制位来描述一个 IP 地址。

18．域名系统的英文缩写是_____。

19．网络病毒主要包括_____病毒和木马病毒。

20．网络安全系统中的_____是位于计算机与外部网络之间或内部网络与外部网络之间的一道安全屏障。

二、选择题

1．计算机网络的最突出的优点是_____。

A．存储容量大　　　　B．资源共享　　　　C．运算速度快　　　　D．运算精度高

2．计算机网络按使用范围划分为_____。

A．广域网和局域网　　　　　　　　　B．专用网和公用网

C．低速网和高速网　　　　　　　　　D．部门网和公用网

3．OSI 参考模型的最底层是_____。

A．传输层　　　　　　B．网络层　　　　　　C．物理层　　　　　　D．应用层

4．文件传输协议是_____上的协议。

A．网络层　　　　　　　B．运输层　　　　　　C．应用层　　　　　　D 物理层

5．网上共享的资源有_____。

A．硬件、软件、文件　　　　　　　　　B．软件、数据、信道

C．通信子网、资源子网、信道　　　　　D．硬件、软件、数据

6．下列选项属于网络操作系统的是_____。

A．DOS 操作系统　　　　　　　　　　　B．Windows7 操作系统

C．Windows Server 2003 操作系统　　　　D．数据库操作系统

7．LAN 通常是指_____。

A．广域网　　　　　　　B．资源子网　　　　　C．局域网　　　　　　D．城域网

8．为网络提供共享资源进行管理的计算机称为_____。

A．网卡　　　　　　　　B．服务器　　　　　　C．工作站　　　　　　D．网桥

9．在计算机网络中，TCP/IP 是一组_____。

A．支持同类型的计算机（网络）互连的通信协议

B．局域网技术

C．支持异种类型的计算机（网络）互连的通信协议

D．广域网技术

10．在 TCP/IP（IPv4）下，每一台主机设定一个唯一的_____位二进制 IP 地址。

A．16　　　　　　　　　B．32　　　　　　　　C．8　　　　　　　　　D．4

11．B 类地址中用_____位来标识网络中的一台主机。

A．8　　　　　　　　　　B．14　　　　　　　　C．16　　　　　　　　D．24

12．局域网的网络硬件主要包括网络服务器、工作站、_____和通信介质。

A．计算机　　　　　　　B．网络协议　　　　　C．网络拓扑结构　　　D．网卡

13．局域网的网络软件主要包括_____。

A．网络操作系统、网络应用软件和网络协议

B．网络操作系统、网络数据库管理系统和网络应用软件

C．工作站软件和网络应用软件

D．网络传输协议和网络数据库管理系统

14．在计算机网络中，一般局域网的数据传输速率要比广域网的数据传输速率_____。

A．高　　　　　　　　　B．低　　　　　　　　C．相同　　　　　　　D．不确定

15．局域网中的计算机为了相互通信，必须安装_____。

A．调制解调器　　　　　B．电视卡　　　　　　C．声卡　　　　　　　D．网络接口卡

16．下列的_____不属于无线网络的传输媒体。

A．无线电波　　　　　　B．微波　　　　　　　C．红外线　　　　　　D．光纤

17．不合法的 IP 地址是_____。

A．201.109.39.68　　　　　　　　　　　B．110.34.0.18

C．21.18.33.48　　　　　　　　　　　　D．117.0.257.1

18．不属于局域网常用的拓扑结构是_____。

A．星型结构　　　　　　B．环型结构　　　　　C．集中式结构　　　　D．树型结构

19. _____是纯粹 AP 与宽带路由器的一种结合体。

A．网卡　　　　　B．无线路由器　　C．Modem　　　　　D．交换机

20．在 IP 地址方案中，159.226.181.1 是一个_____。

A．A 类地址　　　　B．B 类地址　　　C．C 类地址　　　　D．D 类地址

21．Internet 是由_____发展而来的。

A．局域网　　　　　B．ARPANET　　　C．标准网　　　　　D．WAN

22．Internet 上有许多应用程序，其中用来传输文件的是_____。

A．WWW　　　　　B．FTP　　　　　C．Telnet　　　　　D．SMTP

23．一个 IP 地址由网络地址和_____两部分组成。

A．广播地址　　　　B．多址地址　　　C．主机地址　　　　D．子网掩码

24．已知接入 Internet 的计算机用户为 Xinhua，而连接的服务商主机名为 public.tpt.tj.cn，它相应的 E-mail 地址为_____。

A．Xinhua@public.tpt.tj.cn　　　　　　B．@Xinhua.public.tpt.tj.cn

C．Xinhua.public@tpt.tj.cn　　　　　　D．public.tpt.tj.cn@Xinhua

25．互联网上的服务都是基于一种协议，WWW 基于_____协议。

A．SNMP　　　　　B．SMIP　　　　　C．HTTP　　　　　D．Telnet

26．IE 8.0 是一个_____。

A．操作系统平台　　B．浏览器　　　　C．管理软件　　　　D．翻译器

27．DNS 的中文含义是_____。

A．邮件系统　　　　B．地名系统　　　C．服务器系统　　　D．域名服务系统

28．具有异种互连能力的网络设备是_____。

A．路由器　　　　　B．网关　　　　　C．网桥　　　　　D．桥路器

29．下列叙述中，_____是不正确的。

A．黑客是指黑色的病毒　　　　　　　　B．计算机病毒是程序

C．网络蠕虫是一种病毒　　　　　　　　D．防火墙是一种被动防卫技术

30．下述_____不属于计算机病毒特征。

A．隐蔽性　　　　　B．破坏性　　　　C．自灭性　　　　　D．传染性

三、简答题

1．简述计算机网络的概念、功能及分类。

2．A 类、B 类、C 类 IP 地址的区别是什么？

3．简述 IPv4 和 IPv6，其 IP 地址分别占多少位？

4．简述 TCP/IP。

5．简述计算机网络域名系统。

第 12 章　Internet 与网页制作

问题讨论

（1）根据你的了解，简单谈一谈 Internet 的发展。

（2）什么是网页？网页用来干什么？怎样才能制作出精美的网页？

（3）请你罗列出 Internet 提供的一些服务，举一个例子详细谈一谈。

学习目的

（1）了解 Internet 的发展。

（2）了解 Internet 提供的服务。

（3）了解 HTML，熟悉网页制作流程。

学习重点和难点

（1）Internet 提供的服务。

（2）网页制作的方法。

随着 Internet 的快速发展，Internet 提供的服务越来越多，WWW 服务成为最重要的网络服务之一。WWW 服务中 Web 站点是由大量相关联的网页构成的。本章主要介绍几种常见的 Internet 服务及如何制作网页。

12.1　Internet 基础

Internet 起源于美国国防部高级研究计划管理局建立的 ARPANET 计划，建立初期只有四台主机，现发展为由大大小小不同拓扑结构的网络通过成千上万个路由器及各种通信线路连接而成的网络。

如今的 Internet 已演变为转变人类工作和生活方式的大众媒体和工具。由于用户量的激增和自身技术的限制，Internet 无法满足如多媒体实时图像传输、视频点播、远程教学等技术的广泛应用；也无法满足如电子商务、电子政务等高安全性应用的需要。因此，1996 年美国率先发起下一代高速互联网络及其关键技术的研究，其中具有代表性的是 Internet 2 计划，建设了 Abilene，并于 1999 年 1 月开始提供服务。2006 年开始 Internet2 的主干网由 Level3 公司提供，简称 Internet 2 Network。2011 年 Internet 2 得到了美国国家电信和信息管理局（BTOP）计划的支持，将全面升级主干网带宽至 100GB，主干网总带宽可扩展到 8.8TB。

Internet 2 的特点是更快、更大、更安全、更方便。Internet 2 将逐渐放弃 IPv4，启用 IPv6 地址协议。它与第一代互联网的区别不仅存在于技术层面，而且存在于应用层面。例如，目前网络上的远程医疗、远程教育，在一定程度上并不是真正的远程医疗或网络教育。远程医疗只能说是远程会诊，并不能进行远程的手术，尤其是精细的手术，几乎不可想象。对于这些互动性、实时性极强的网络应用还是一时难以实现。但在下一代互联网上，这些应用都将实现。

我国通过中国科技网（CSTNET）、中国公用计算机互联网（ChinaNET）、中国教育和科研计算机网（CERNET）、中国金桥信息网（ChinaGBN）于 1994 年正式进入 Internet，实现了和 Internet 的 TCP/IP 连接，从而开通了 Internet 的全功能服务。

　　我国在实施国家信息基础设施计划的同时，也积极参与了国际下一代互联网的研究和建设。1996 年中国开始跟踪和探索下一代互联网的发展；1998 年 CERNET 采用隧道技术组建了我国第一个连接国内八大城市的 IPv6 试验床，获得中国第一批 IPv6 地址；2001 年，CERNET 提出建设全国性下一代互联网 CERNET 2 计划，首次实现了与国际下一代互联网络 Internet 2 的互联。2002 年，中日 IPv6 主干网开通；2003 年 8 月，CERNET 2 计划被纳入由国家发改委等八部委联合领导的中国下一代互联网示范工程 CNGI，决定把 CERNET 2 建设成 CNGI 中最大的也是唯一的学术性核心网。2004 年 3 月，中国第一个下一代互联网主干网——CERNET 2 试验网正式向用户提供 IPv6 下一代互联网服务。CERNET 2 全国网络中心位于清华大学，其主干网基于 CERNET 高速传输网，传输速率达到 2.5～10Gbit/s，目前连接分布在北京、上海、广州等 20 个城市的 CERNET 2 核心节点。

12.2　Internet 应用

12.2.1　WWW 服务

　　WWW（World Wide Web）中文名为万维网。WWW 服务也称为 Web 服务，是目前 Internet 上最方便和最受欢迎的服务类型。通过 WWW，用户可以获得从全世界任何地方调来的文本、图像（包括活动影像）、声音等信息。

　　1）网页和 Web 站点

　　WWW 中的信息资源主要是一个个网页，网页是一个文件，它存放在某一台与互联网相连的计算机中，网页由网址来识别和存取，多个相关的网页合在一起便组成一个 Web 站点，如图 12-1 所示。放置 Web 站点的计算机称为 Web 服务器，主要提供 WWW 服务。使用 WWW 浏览器访问 Internet 上的任何 Web 站点所看到的第一个页面称为主页（Home Page），它是一个 Web 站点的首页。从主页出发，通过超链接可以访问有关的所有页面。主页的文件名一般为 index.html 或者 default.html。

　　2）统一资源定位器

　　WWW 系统使用统一资源定位器（Uniform Resource Locators,URL）来标识 Web 站点中每个信息资源（网页）的位置。URL 是一种标准化的命名方法，它提供一种 WWW 页面地址的寻址方法。URL 由四部分构成：资源类型、存放资源的主机域名、端口号、文件路径文件名，如图 12-2 所示。

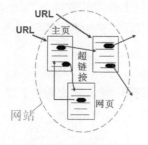

图 12-1　Web 站点

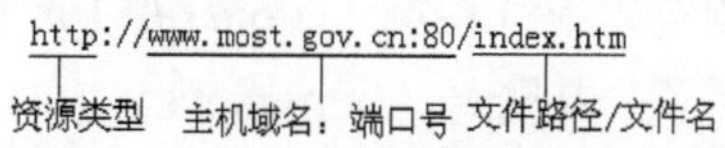

```
http://www.most.gov.cn:80/index.htm
```
资源类型　主机域名　端口号　文件路径/文件名

图 12-2　URL 的组成

其中，http 表示客户端和服务器执行 HTTP，将 Web 服务器上的网页传输给用户的浏览器；主机域名指的是提供此服务的计算机的域名；端口号通常是默认的，如 Web 服务器使用的是 80 端口，一般不需要给出；文件路径/文件名指的是网页在 Web 服务器中的位置和文件名，如果不明确指出，则表示访问 Web 站点的主页。

3）浏览器和服务器

WWW 采用客户机/服务器工作模式，即 C/S 模式。WWW 的客户端程序被称为 WWW 浏览器，它是用来浏览 Internet 上 WWW 页面的软件。Web 服务器上运行着 Web 服务器程序，它们是信息资源（网页）的提供者。用户在客户机上运行浏览器发出访问请求，服务器响应浏览器请求，传送网页文件给浏览器。浏览器和服务器之间交换数据使用超文本传输协议（Hypertext Transfer Protocol，HTTP）。

常用的浏览器有 Microsoft Internet Explorer、360 安全浏览器、Mozilla Firefox；常用的 Web 服务器软件有 Microsoft IIS、Apache 和 Tomcat。

12.2.2 电子邮件

电子邮件（Electronic Mail，E-mail）是一种通过 Internet 与其他用户联系的网络通信手段，具有快速、简便、可靠、价廉的特点，是 Internet 用户使用频率最高、最受欢迎的服务之一。

用户使用电子邮件服务必须拥有自己的电子邮箱。电子邮箱是邮件服务提供商在邮件服务器上为用户分配的一个存放该用户往来邮件的专用磁盘存储区域，这个区域是由电子邮件系统管理的。每个电子邮箱都有一个唯一确定的邮箱地址，称为 E-mail 地址。

E-mail 地址具有统一的标准格式：用户名@邮件服务器域名。其中，@是英文 at 的意思。例如，chinaonetest@163.com 为一个电子邮件地址，其中 163.com 为邮件服务器名，chinaonetest 为该服务器上的一个合法账户名。

电子邮件应用程序种类较多，它们具有不同的用户界面和命令形式，但功能基本相似，常用的有 Outlook、Foxmail 等。发送邮件时使用的协议是 SMTP（Simple Mail Transfer Protocol），接收邮件时使用的协议是 POP3（Post Office Protocol Version 3）。

12.2.3 文件传输

文件传输协议（File Transfer Protocol，FTP），用于 Internet 双向文件传输控制。FTP 采用客户机/服务器工作方式。用户的本地计算机称为客户机，用户从远程服务器上复制文件至自己的计算机上称为下载（Download），将文件从自己的计算机复制至远程服务器上称为上传（Upload）。

FTP 服务器端最有名的软件是 Serv-U；FTP 客户机上使用的软件有 Internet Explorer 和 CuteFT。FTP 用户的权限是在 FTP 服务器上设置的，不同的 FTP 用户拥有不同的权限。

使用浏览器访问 FTP 服务器有以下两种方式。

（1）匿名方式。

例如，在浏览器地址栏输入 ftp://192.168.119.2，即采用匿名方式登录 FTP 服务器。这种形式相当于使用了公共账号 Anonymous。

（2）使用账号和密码。

在地址栏输入 ftp://test:123123@192.168.119.2，就是以 test 用户登录到 FTP 服务器，密码

是 123123。

12.2.4　搜索引擎

Internet 的发展为我们提供了一个海量的信息资源库，用户在上网时遇到的最大问题就是如何快速、准确地获取有价值的信息。搜索引擎的使用解决了这个难题。搜索引擎是用来搜索网上资源的工具。它能在未知对方站点的 IP 地址和域名的情况下，通过对主页进行分类、搜索与检索，在 Internet 上进行信息搜索。当用户以某个关键词查找时，搜索引擎中的检索器从索引数据库中找出匹配的网页，这些结果将按照与搜索关键词的相关度高低依次排列，呈现给用户的是到达这些网页的链接。

目前广泛使用的搜索引擎有百度（baidu）、搜搜（soso）、搜狗（sogou）等。国外则以 Google 等最为有名。如表 12-1 所示为常用搜索引擎。

表 12-1　常用搜索引擎

URL 地址	搜索引擎名称	说明
http://www.google.com	Google	全球最大的搜索引擎
http://www.baidu.com	百度	全球最大的中文搜索引擎
http://www.soso.com	搜搜	腾讯公司搜索引擎
http://www.sogou.com	搜狗	搜狐公司搜索引擎

12.2.5　即时消息

即时消息（Instant Message，IM）就是实时通信，它是因特网提供的一种允许人们实时快速地交换消息的通信服务。与电子邮件通信方式不同，参与即时通信的双方或多方必须同时在网上（Online，也称为在线），它属于同步通信，而电子邮件属于异步通信方式。

即时通信不再是一个单纯的聊天工具，它已经发展成集交流、资讯、娱乐、电子商务、办公协作和企业客户服务等于一体的综合化信息平台。随着移动互联网的发展，互联网即时通信也在向移动化扩张，用户可以通过手机与其他已经安装了相应客户端软件的手机或计算机收发消息。

常用的即时通信服务有腾讯的 QQ、新浪的 UC、微软的 MSN 和阿里旺旺等。

12.2.6　博客和微博

博客（Blog），又称为网络日志，是一种通常由个人管理、不定期张贴新的文章的网站。博客上的文章通常根据张贴时间以倒序方式由新到旧排列。一个典型的博客结合了文字、图像、其他博客或网站的链接及其他与主题相关的媒体，能够让读者以互动的方式留下意见。博客是社会媒体网络的一部分，比较著名的有新浪、网易、搜狐等博客。

微博（MicroBlog）是一个基于用户关系的分享、传播以及获取信息的平台。用户可以通过 Web、WAP 等各种客户端组建个人社区，以 140 字左右的文字更新信息，并实现即时分享。最早也是最著名的微博是美国的 Twitter，2009 年 8 月中国门户网站新浪推出新浪微博，成为门户网站中第一家提供微博服务的网站，我国使用最广泛的是新浪微博。

12.3　HTML

　　HTML（Hypertext Markup Language）即超文本标记语言，是一种制作 Web 网页的标准语言，由万维网协会（W3C）于 20 世纪 80 年代制定，最新版本是 HTML5。

　　【例 12-1】　一个用 HTML 编写的简单网页，浏览效果如图 12-3 所示。

```
<html>
<head>
<meta http-equiv="Content-Type" content="text/html; charset=utf-8" />
<title>HTML 示例</title>
</head>
<body>
<h1 align="center">中国美食</h1>
<p align="left">中国传统食品豆腐</p>
</body>
</html>
```

图 12-3　网页设计工具

　　一个标准的 HTML 文件一般包括以下标签。

　　<html>标签：此标签告诉浏览器此文件是 HTML 文档。

　　<head>标签：用来说明文件的相关信息，如文件的编写时间、所使用的编码方式、关键字等。标记中的内容不在浏览器窗口中显示。

　　<body>标签：网页的正文部分内容。

　　由于 HTML 简单易学，WWW 上的大多数网页是采用 HTML 描述的一种超文本文档。其在网页设计领域被广泛应用。但 HTML 也存在缺陷，主要表现为太简单，数据与表现混杂，难以满足日益复杂的网络应用需求。

　　为了满足未来网络应用的更多需求，在 HTML 的基础上发展了 XHTML（Extensible Hypertext Markup Language，可扩展超文本标记语言），它是一种基于可扩展标记语言（Extensible Markup Language，XML）的标记语言，它结合了部分 XML 的强大功能及大多数 HTML 的简单特性，主要表现为可扩展性和灵活性强。

12.4　Dreamweaver 网页制作

12.4.1　Dreamweaver 简介

　　直接使用 HTML 或 XHTML 编写网页需要一定的编程基础并且费时费力，通过网页制作工具可以将代码编写的时间大幅度缩短，即使是非专业人员也能制作出精美、漂亮的网页来。

常用的网页制作工具有 Microsoft 公司的 Frontpage 和 Macromedia 公司的 Dreamweaver。Frontpage 使用简单，很受初学者欢迎。而 Dreamweaver 集网页制作和网站管理于一身，它的可视化编辑功能使得用户可以快速创建 Web 页面而无须编写任何代码。本节以 Dreamweaver CS5 为例介绍 Web 页面的制作。

1. 窗口布局

Dreamweaver 采用将全部元素置于一个窗口中的集成布局，如图 12-4 所示。

图 12-4　Dreamweaver CS5 工作窗口

（1）文档窗口：有 3 种视图，可以通过文档工具栏切换。

设计视图：显示网页编辑界面，查看网页的设计效果。

代码视图：显示网页的源代码。

拆分视图：同时显示当前文档的代码视图和设计视图，上面为网页的源代码，下面为可视化网页的设计区域。

（2）属性面板：在网页中选择对象，可用来检查和编辑当前选定页面元素的最常用的属性。

2. 网页模板

Dreamweaver 为网页设计提供了不同类型的模板供用户选择，如图 12-5 所示，利用模板可以方便地制作各种专业网页。

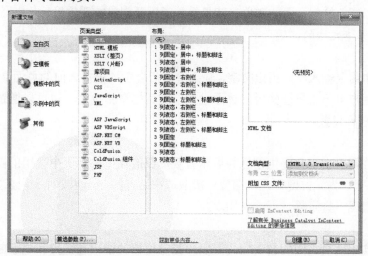

图 12-5　网页模板

3．站点管理

Web 站点是一组相关联的网页和资源的集合。Dreamweaver，不仅可以创建单独的网页，还可以创建完整的 Web 站点。创建站点后，可以将站点上传到 Web 服务器、自动跟踪和维护链接、管理文件以及共享文件。

（1）创建本地站点。选择"站点"→"新建站点"选项，弹出"站点设置对象"对话框，对站点名称、本地根文件夹等进行设置，完成本地站点的创建。

（2）管理站点文件。创建站点后，"文件"面板中显示站点中的文件夹和文件。在"文件"面板中，可以对本地站点内的文件夹和文件进行创建、删除、重命名、移动和复制等操作。

12.4.2　Dreamweaver 网页设计

1．页面布局

设计一个网页首先考虑的问题是页面布局。页面布局是对网页中各个元素在网页上进行合理安排，使其具有和谐的比例和艺术效果。在 Dreamweaver 中常常用表格、框架和 DIV+CSS 布局页面。

1）表格布局

表格是现代网页制作的一个重要组成部分，表格可以实现网页的精确排版和定位。表格插入的方法是选择"插入"→"表格"命令，表格和单元格的属性通常在属性面板中进行设置。

2）框架布局

框架布局和表格布局一样，把不同的对象放到不同的页面加以处理。框架的边框可以取消，因此一般不影响整体美观。

在浏览网页时常常用导航结构图，如链接在左边，单击链接后的目标出现在右边，这种效果必须使用框架。执行"窗口"→"框架"命令，在右下角框架面板中选中整个框架，然后在属性面板中对其进行设置。

3）DIV+CSS 布局

DIV 是指 HTML 标记集中的标记，可以理解为层的概念。它相当于 Microsoft Word 中浮动的文本框，可以用鼠标拖动到任何地方；CSS 是层叠样式表，它不仅可以统一大多数文本的格式，还可以统一控制页面的颜色、背景等外观以及创建特殊效果。

2．网页中基本元素的编辑

1）文本

网页设计中需要输入一些指定文字，输入文字后会主动根据之前的页面文字字体、大小、颜色来设置。用户可单击属性面板"页面设置"对话框重新设置，也可以通过"格式"菜单创建 CSS 样式进行设置。

2）图像

图像元素在网页中具有提供信息并展示直观形象的作用。网页中使用的图像文件主要有 GIF 和 JPEG 格式。为了方便管理，图像一般应放在站点的 image 文件夹内，文件名用英文，否则使用时会出现一些问题。

3）超链接

超链接可实现网页之间的超链接、网页中指定位置的锚记超链接和电子邮件的超链接。超链接目标有：-blank 或-new，将目标网页在新浏览器窗口打开；-parnet，将目标网页在父窗口中打开（使用框架时）；-self，将目标网页在当前窗口中打开（默认值）；-top，将目标网页在上级窗口中打开（使用多级框架时）。

（1）网页之间超链接

在网页中单击了某些图片、有下划线或有明示链接的文字，就会跳转到相应的网页中去。创建网页之间的相对链接要指定一个相对于站点根文件夹的相对路径，这样当网站文件夹更名或者更换位置时，就不需要修改链接了，如图 12-6 所示。网页之间的绝对链接主要用于链接到其他网站，绝对链接要给出目标完整的 URL，如图 12-7 所示。

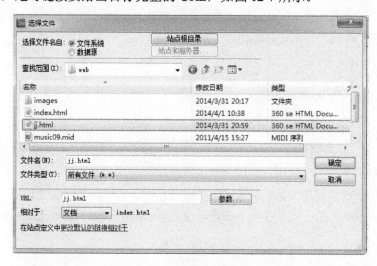

图 12-6　超链接到本站点网页

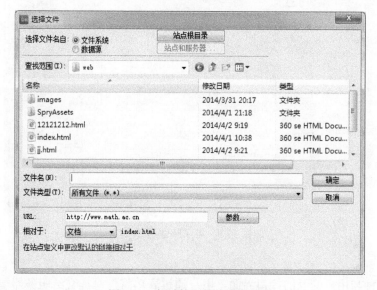

图 12-7　超链接到其他站点网页

（2）锚记超链接

锚记超链接是指链接到同一网页或不同网页中指定位置的超链接。当页面中的文章很长时，仅靠上下移动滚动条寻找需要的部分比较麻烦，这时可以创建页面内的锚记，以便迅速定位到指定的部分。设置锚记超链接时其 URL 为#锚记名称，如#a，如图 12-8 所示。

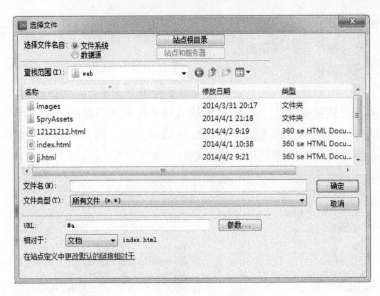

图 12-8　锚记超链接

（3）电子邮件超链接

在网页设计中经常使用一些超链接，当单击链接时，会弹出邮件发送程序，联系人地址已经填好。建立电子邮件超链接是在电子邮箱前加上"mailto:",如 mailto:mathematics@163.com,如图 12-9 所示。

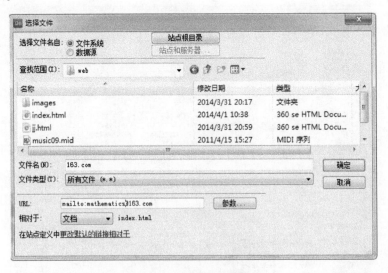

图 12-9　电子邮件超链接

（4）表单

表单是一种与用户交互的接口界面，用户通过表单将信息提交给服务器端相应程序进行处理。常用的表单域有文本域、单选按钮、复选框、列表、按钮等。建立表单的方法是执行"插入"→"表单"命令。

3．设计一个简单网页

【例 12-2】　创建名为 cjr 的站点，并在其中按如下要求设计简单网页 index.html，如图 12-10 所示。

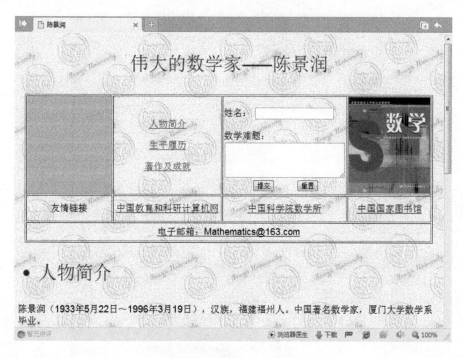

图 12-10　index.html 网页

要求：

（1）网页背景为 Tj.gif，标题为"陈景润"。

（2）创建 CSS 样式。

S1：Fontfamily(F):Arial, Helvetica, sans-serif, Fongsize(S):36, Color(C):#F00。

S2：Fontfamily(F): Arial, Helvetica, sans-serif, Fongsize(S):18, Color(C):#F0F。

S3：Arial, Helvetica, sans-serif, Fongsize(S):18, Color(C):#00F。

S4：Arial, Helvetica, sans-serif, Fongsize(S):18, Color(C):#000。

（3）表格第 1 行第 1 列和第 4 列是图片，其中鼠标指针靠近第 1 列图片则交换为另一图片，第 2 列文字超链接到相应锚记，第 3 列是一个表单，其中姓名字符宽度和最多字符数均为 20 个字符，数学难题字符宽度为 30 个字符，行数为 4 行，"提交"按钮动作为提交表单，"重置"按钮动作为重置表单。

（4）第 2 行 3 个超链接分别链接到中国教育和科研计算机网、中国科学院数学所、中国国家图书馆。

（5）Mathematics@163.com 超链接到电子邮件地址。

设计步骤：

（1）创建 C:\Web 作为站点文件夹，并在其中创建 Images 文件夹用于存放网页的图片。

（2）执行"站点"→"创建站点"命令创建 cjr 站点。

（3）执行"文件"→"新建"命令制作 HTML 基本页，初始文件名为 Untitled-1.html，保存时改为 index.html。

（4）执行"修改"→"页面属性"命令，打开"页面属性"对话框，在"外观"类中设置背景图像为 Tj.gif，如图 12-11 所示；在"标题/编码"类中设置网页标题为"陈景润"，如图 12-12 所示。

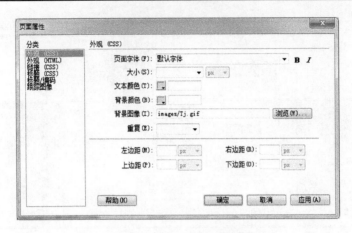

图 12-11　设置网页背景图片

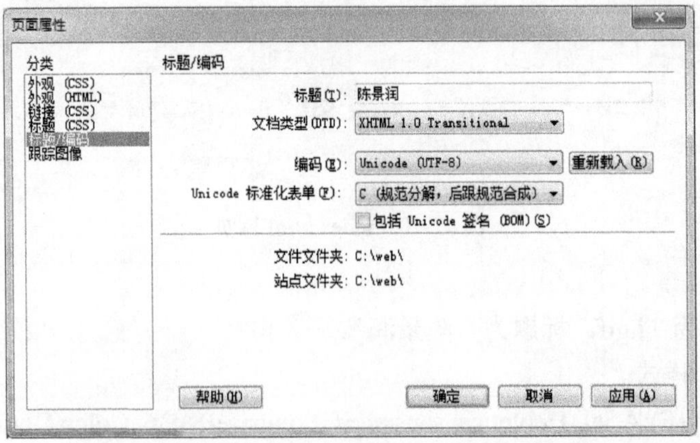

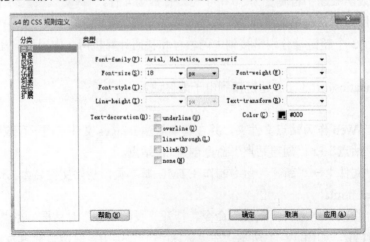

图 12-12　设置网页标题

（5）执行"格式"→"CSS 样式"→"新建"命令建立 S1、S2、S3、S4 样式。

创建 CSS，若选择"新建样式表文件"选项，则以文件的形式单独保存 CSS 代码，扩展名为.CSS，将来可以在其他网页中使用；若选择"仅对该文档"选项，则 CSS 代码保存在网页文件中，只能在当前网页中使用。"CSS 规则定义"对话框如图 12-13 所示。

图 12-13　"CSS 规则定义"对话框

（6）输入标题"伟大的数学家——陈景润"，并用 S1 格式化；执行"插入"→"表格"命令插入 3×4 的表格。输入表格中的文字，并按要求用 S2 和 S3 进行格式化。

使用 CSS 格式化的方法是：首先选定文本，然后在属性面板的"样式"下拉列表中选择所需的 CSS 样式，如图 12-14 所示。

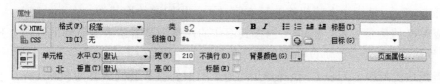

图 12-14　使用 CSS 格式化

（7）插入图片，并调整大小。鼠标指针靠近交换图像时，要选择"插入"→"图像对象"→"鼠标经过图像"命令，按图 12-15 设置好原始图像及鼠标指针经过图像。

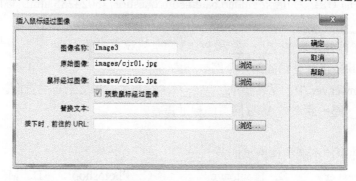

图 12-15　"插入鼠标经过图像"对话框

（8）表格下方插入文字具体的人物简介、生平履历、著作及成就，并按要求利用 S4 格式化。人物简介、生平履历、著作及成就用 S1 格式化，设置圆点项目符号，并分别插入锚记 a、b、c，如图 12-16 所示。

图 12-16　"命名锚记"对话框

（9）设置超链接。

表格文字"人物简介"、"生平履历"、"著作及成就"链接到锚记标记#a、#b、#c。

"中国教育和科研计算机网"链接到 http://www.edu.cn。

"中国科学院数学所"链接到 http://www.math.ac.cn。

"中国国家图书馆"链接到 http://www.nlc.gov.cn。

"Mathematics@163.com"链接到 mailto: Mathematics@163.com。

（10）执行"插入"→"表单"命令插入表单，并且在其中插入 2 个文本域、2 个按钮，根据题目要求在属性面板设置相应属性。

（11）按键盘功能键 F12 保存并浏览网页。

习　题

一、填空题

1. Home Page 是指个人或机构的基本信息页，我们通常称其为_____。

2. WWW 服务是按客户机/服务器模式工作的，当浏览器请求服务器下载一个 HTML 文档时，必须使用 HTTP，该协议的中文名称是_____协议。

3. 若用户的邮箱名为 chf，他开户（注册）的邮件服务器的域名为 Sohu.com，则该用户的邮件地址表示为_____。

4. Internet 提供的主要服务有_____、文件传输、远程登录、超文本查询等。

5. 我国即时通信用户数量最多的是腾讯公司的_____软件。

6. 某个网页的 URL 为 http://zhidao.baidu.com/question/76024285.html，该网页所在的 Web 服务器的域名是_____。

7. 传输电子邮件是通过_____和 POP3 两个协议完成的。

8. 进入 Web 站点时看到的第一个网页称为_____。

9. 在 Dreamweaver 中，常常借助_____、_____和层来布局页面。

10. _____是一种制作 Web 网页的标准语言。

二、选择题

1. 下列软件中，不能制作网页的是_____。

A. Dreamweaver　　　B. Frontpage　　　C. Photoshop　　　D. MS Word

2. 制作网页时，若要使用链接目标在新窗口中打开，则应选择_____。

A. _blank　　　　　　B. _self　　　　　　C. _top　　　　　　D. _parent

3. 万维网的网址以 http 为前导，表示遵从_____协议。

A. 纯文本　　　　　　B. 超文本传输　　　C. TCP/IP　　　　　D. POP

4. 在 IE 中，若要把整个网页的文字和图片一起保存在一个文件中，则文件的类型应为_____。

A. HTM　　　　　　　B. HTML　　　　　　C. MHT　　　　　　D. TXT

5. 在浏览网页时，若超链接以文字方式表示，文字上通常带有_____。

A. 引号　　　　　　　B. 括号　　　　　　　C. 下划线　　　　　D. 方框

6. HTML 的中文名是_____。

A. WWW 编程语言　　　　　　　　　　　B. Internet 编程语言

C. 超文本标记语言　　　　　　　　　　　D. 主页制作语言

7. URL 的组成格式是_____。

A. 资源类型、存放资源的主机域名和资源文件名

B. 资源类型、资源文件名和存放资源的主机域名

C. 主机域名、资源类型、资源文件名

D. 资源文件名、主机域名、资源类型

8. 当从 Internet 获取电子邮件时，你的电子信箱设在_____。

A. 你的计算机上　　　　　　　　　　　B. 发信给你的计算机上

C．你的 ISP 的邮件服务器上 　　　D．根本不存在电子信箱

9．匿名 FTP 服务的含义是_____。

A．在 Internet 上没有地址的 FTP 服务

B．允许没有账号的用户登录 FTP 服务器

C．发送一封匿名信

D．可以不受限制地使用 FTP 服务器上的资源

三、网页制作

1．打开站点 Web，编辑网页 Index.htm（图 12-17），设置上框架高度为 70 像素，左框架宽度为 340 像素，右框架初始网页为 right.htm。

2．新建上框架网页，插入字幕"美丽古城丽江欢迎您"，方向向右，表现方式为滚动条，设置字幕样式中字体格式为默认、24pt、加粗、红色，设置上框架网页背景色为 RGB=(153,255,102)。

3．在左框架网页文字下方插入图片 lj01.jpg，当鼠标指针悬停时图片变换成 lj02.jpg，并为该网页中文字"景点介绍"和"民俗特色"创建超链接，分别指向 jdjs.htm 和 msts.htm，目标框架均为网页默认值（main）。

4．设置 jdjs.htm 和 msts.htm 网页过渡效果均为圆形收缩，进入网页时发生，周期为 2 秒，利用 IE 浏览器预览网页过渡效果（提示：在"插入"→"HTML"→"文件头标签"→"meta"中输入相应参数，产生类似代码：<meta http-equiv="Page-Enter"content="Revealtrans(Duration=10,Transition=2)"/>，）。

5．将制作好的上框架网页以文件名 Top.htm 保存，其他修改过的网页以原文件名保存，文件均存放于 Web 站点中。

图 12-17　网页制作样张

参 考 文 献

董荣胜. 2007. 计算机科学导论——思想与方法. 北京：高等教育出版社.

窦万峰. 2013. 软件工程方法与实践. 2版. 北京：机械工业出版社.

段跃兴, 王幸民. 2012. 大学计算机基础进阶与实践. 北京：人民邮电出版社.

龚沛曾, 杨志强. 2013. 大学计算机. 6版. 北京：高等教育出版社.

胡明, 王红梅. 2008. 计算机科学概论. 北京：清华大学出版社.

黄国兴, 陶树平, 丁岳伟. 2013. 计算机导论. 3版. 北京：清华大学出版社.

蒋银珍, 周红, 张志强. 2012. 计算机信息技术案例教程. 北京：清华大学出版社.

林旺. 2012. 大学计算机基础. 北京：人民邮电出版社.

陆汉权. 2011. 计算机科学基础. 北京：电子工业出版社.

孙良营. 2013. 网站制作. 北京：人民邮电出版社.

陶树平. 2002. 计算机科学技术导论. 北京：高等教育出版社.

修毅, 洪颖, 邵熹雯. 2013. 网页设计与制作——Dreamweaver CS5 标准教程. 北京：人民邮电出版社.

瞿中, 刘玲, 熊安萍, 等. 2014. 计算机科学导论. 4版. 北京：清华大学出版社.

张海藩, 吕翔云. 2013. 软件工程. 4版. 北京：人民邮电出版社.

郑人杰, 马素霞, 殷人昆. 2011. 软件工程概论. 北京：机械工业出版社.

周苏. 2008. 新编计算机导论. 北京：机械工业出版社.

Dale N, Lewis J. 2009. 计算机科学概论. 张欣, 胡伟, 译. 北京：机械工业出版社